U0158906

聊城大学学术著作出版基金资助

国家社科基金重点项目“爱斯基摩史前史与考古学研究”
（项目编号：18AKG001）阶段性成果

主编 曲枫

A Prehistory of the North

北极史前史

人类在高纬度地区的定居

〔美〕约翰·F. 霍菲克尔（John F. Hoffecker） 著

崔艳嫣 周玉芳 曲 枫 译

Human Settlement of the Higher Latitudes

北冰洋译丛编委会

总　序

正如美国斯坦福大学极地法学家乔纳森·格林伯格（Jonathan D. Greenberg）所言，北极不但是地球上的一个地方，更是我们大脑意识中的一个地方，或者说是一个想象。[①] 很久以来，提起北极，人们脑海中也许马上会浮现出巨大的冰盖以及在冰盖上寻找猎物的北极熊，还有坐着狗拉雪橇旅行的因纽特人。然而，当气候变暖、冰川消融、海平面上升、北极熊等极地动物濒危的信息不断出现在当下各类媒体中而进一步充斥在我们大脑中的时候，我们已然意识到，北极已不再遥远。

全球气温的持续上升正引起北极环境和社会的急剧变化。更重要的是，这一变化波及了整个星球，没有任何地区和人群能够置身于外，因为这样的变化通过环境、文化、经济和政治日益密切的全球网络在一波接一波地扩散着。[②]

2018 年 1 月，中国国务院向国际社会公布了《中国的北极政策》

---

① J. D. Greenberg, The Arctic in World Environmental History, *Vanderbilt Journal of Transnational Law*, Vol. 42 (2009): 1307 - 1392.

② UNESCO, Climate Change and Arctic Sustainable Development: Scientific, Social, Cultural and Educational Challenges (Paris: UNESCO Publishing, 2009).

白皮书，提出中国是北极的利益攸关方，因为在经济全球化以及北极战略、科研、环保、资源、航道等方面价值不断提升的前提下，北极问题已超出了区域的范畴，涉及国际社会的整体利益和全球人类的共同命运。

中国北极社会科学研究并不缺乏人才，然而学科结构却处于严重的失衡状态。我们有一批水平很高的研究北极政治和政策的国际关系学学者，却很少有人研究北极人类学、考古学、历史学和地理学。我们有世界一流水准的北极环境科学家，却鲜有以人文科学和社会科学为范式研究北极环境的学者。人类在北极地区已有数万年的生存历史，北极因而成为北极民族的世居之地。在上万年的历史中，他们积累了超然的生存智慧来适应自然，并创造了独特的北极民族文化，形成了与寒冷环境相适应的北极民族生态。如果忽略了对北极社会、文化、历史以及民族生态学的研究，我们的北极研究就显得不完整，甚至会陷入误区，得出错误的判断和结论。

北极是一个在地理环境、社会文化、历史发展以及地缘政治上都十分特殊的区域，既地处世界的边缘，又与整个星球的命运息息相关。北极研究事关人类的可持续性发展，也事关人类生态文明的构建。因此，对北极的研究要求我们从整体上入手，建立跨学科研究模式。

2018 年 3 月，聊城大学成立北冰洋研究中心（以下称“中心”），将北极社会科学作为研究对象。更重要的是，中心以跨学科研究为特点，正努力构建一个跨学科研究团队。中心的研究人员为来自不同国家的学者，包括环境考古学家、语言人类学家、地理与旅游学家以及国际关系学家等。各位学者不仅有自身的研究专长，还与同事展开互动与合作，形成了团队互补和跨学科模式。

中心建立伊始，就定位于国际性视角，很快与国际知名北极研究机构形成积极的互动与合作。2018 年，聊城大学与阿拉斯加大学签订了两校合作培养人类学博士生的协议。2019 年新年伊始，中心与著名的人文环境北极观察网络（Humanities for Environment Circumpolar Observatory）迅速建立联系并作为中国唯一的学术机构加入该研究网络。与这一国际学术组织的合作得到了联合国教科文组织（UNESCO）的支持。我因此应联合国教科文组织邀请参加了 2019 年 6 月于巴黎总部举行的全球环境与社会可持续发展会议。

2019 年 3 月，中心举办了“中国近北极民族研究论坛”。会议建议将中国北方民族的研究纳入北极研究的国际大视角之中，并且将人文环境与生态人类学研究作为今后中国近北极民族研究的重点。

令人欣喜的是，一批优秀的人类学家、考古学家、历史学家加盟中心的研究团队，成为中心的兼职教授。另外，来自聊城大学外国语学院的多位教研人员也加盟中心从事翻译工作，他们对北极研究抱有极大的热情。

中心的研究力量使我们有信心编辑出版一套“北冰洋译丛”系列丛书。这一丛书的内容涉及社会、历史、文化、语言、艺术、宗教、政治、经济等北极人文和社会科学领域，并鼓励跨学科研究。

令人感动的是，我们的出版计划得到了社会科学文献出版社的全力支持。无论在选题、规划、编辑、校对等工作上，还是在联系版权、与作者（译者）沟通等事务上，出版社编辑人员体现出难得的职业精神和高水准的业务水平。他们的支持给了我们研究、写作和翻译的动力。在此，我们对参与本丛书出版工作的各位编辑表示诚挚的谢意。

聊城大学校方对本丛书出版提供了经费支持，在此一并表示谢意。

最后，感谢付出辛勤劳动的丛书编委会成员、各位作者和译者。中国北极社会科学学术史将铭记他们的开拓性贡献和筚路蓝缕之功。

曲　枫

2019 年 5 月 24 日

译　序

我们将约翰·F. 霍菲克尔的《北极史前史——人类在高纬度地区的定居》作为"北冰洋译丛"的第一部推出，基于以下理由。首先，读者有必要知道，北极尽管寒冷，却并非发现于近代。上万年之前，北极地区就已成为人类的家园。本书虽然篇幅不长，却以高度的概括性向我们描述了人类进军极地的历史。其次，人类定居北极的历史展现了人类对寒带地理环境的高度适应性，人类在极端环境中形成的生存智慧因而成为人类文化的宝贵财富。

约翰·F. 霍菲克尔是美国科罗拉多大学博尔德分校（University of Colorado Boulder）北极和高山研究所研究员。他于1979年获得阿拉斯加大学人类学硕士学位，于1986年获得芝加哥大学人类学博士学位，其研究主要关注寒冷环境中的人类生态。他在东欧、俄罗斯、阿拉斯加地区做过多年的田野发掘工作，积累了大量实地考古考察经验和第一手田野资料。该书集中反映了人类从非洲起源以后如何在200万年的时间中逐渐适应北方环境，最终进入北极地区的过程。书中结合了许多重大的考古发现以及考古学科学分析成果，集中展示了人类与北极环境的互动。对于研究人类对寒冷地带的开发和利用，同时从人类学角度研究人类的生存智慧有着非同寻常的意义。

从书中我们可以看到，史前人类并不是简单地从非洲起源地向北漂流，他们应对寒冷气候的能力是逐渐演化而来的。人类最初定居欧洲和亚洲北部等地区，以及后来向北极和美洲迁移，实际上是在相对迅速的扩张中发生的。史前人类对北方寒冷环境的适应过程，既体现在生理结构的进化上，也体现在技术的发展上。关于这一点，我们或许可以看到美国人类学家斯图尔德（Julian Steward）文化生态学理论对其写作的影响。

一开始，当我将翻译计划同约翰·F. 霍菲克尔教授谈起时，他并不十分赞同。他认为，自 2005 年原书出版以来，大量新的考古发现与研究出现，原书的一些结论已经过时。后来，经过多次商榷，他最后同意出版，但希望在“中文版序言”中将 2005 年以来的新发现和研究介绍给中国读者，并对一些过时观点进行纠正。作者认真、负责的治学态度让我深为感动。为保证中文译本的印刷质量，霍菲克尔教授还从档案中找到了十多年前的插图，专门通过邮局寄送给我。同时，他又专门为我们写了图片使用授权书。说实话，如果没有霍菲克尔教授的全力支持，本书的出版是根本不可能的。在此向他致以深深的谢意，感谢他对《北极史前史——人类在高纬度地区的定居》中文版的倾情奉献。

本书翻译团队由聊城大学外国语学院崔艳嫣教授和周玉芳副教授与该校外国语学院和历史文化与旅游学院的硕士研究生以及一位海外中国本科生组成。崔艳嫣教授和周玉芳副教授同时是聊城大学北冰洋研究中心的兼职研究员，她们是这一翻译工程的指导老师，并在重要章节中亲自担任翻译工作。

这是一支非常年轻的翻译队伍。他们自 2018 年 7 月开始着手翻译工作，到2019年3月截稿，共花费了9个月的时间。除了崔艳嫣教授与周玉芳副教授，译者还包括聊城大学历史文化与旅游学院硕士研究生宋晨曦、刘文翠、于波，聊城大学外国语学院硕士研究生郑李璐、任晓霞、谢梦梦、王欣宇，以及美国巴德学院西蒙洛克分校（Bard College at Simon's Rock）的本科生曲朔酩（Howie Qu）。

本书初稿的审校工作由崔艳嫣与周玉芳负责，最后的全面修改与审校由我负责。聊城大学北冰洋研究中心的齐山德博士也参与了校对与出版联系工作。

本书的翻译组织工作得到了聊城大学外国语学院院长陈万会教授以及聊城大学“一带一路”沿线非通用语研究中心的全力支持。谨致谢意。

本书涉及大量的考古学、人类学、古生物学专有名词以及地名、族群名称。由于水平有限，疏漏和错误之处在所难免，求同人不吝赐教，给予指正。

曲　枫

2019年3月26日于聊城大学北冰洋研究中心

中文版前言

自 2005 年《北极史前史》首次出版以来，高纬度地区已经发生很多变化。最重要的变化就是全球气候变暖带来的冲击，它快速改变了北极和次北极地区，而这些改变是人类以往从未见过的。上一次地球变得如此温暖之时，似乎人类的遗迹还没有跨出中纬度地区。同样，新的考古与相关领域的发现与研究改变了我们对人类在高纬度地区生存的理解。将于 2020 年出版的中译本译者非常友好地提供给我这个机会，借此可以在新的前言中把这一知识领域的重要变化带给读者。

最显著的变化涉及北极全新世史前史——尼安德特人和现代人在过去几十万年前寒冷环境中的定居点。我们对这一地区的人类史前史的理解由于遗传学的进步与应用得到改观，这包括从人类遗骸中提取 DNA 以及对整体基因排列的分析。因为遗骸在冷冻或寒冷沉积层中会保存完好，大部分对古代 DNA 的分析都取样于欧亚北部和北美的高纬度地区。人类遗传学研究甚至发现了一个以前未能确认的古人类亚科——丹尼索瓦人（Denisovan）。这一人种曾与尼安德特人和我们当代人的直系祖先一起居住在北部亚洲。[1]在《北极史前史》写作期

[1] D. Reich, R. E. Green, M. Kircher, J. Krause, N. Patterson, et al., “Genetic History of an Archaic Hominin Group from Denisova Cave in Siberia,” *Nature* 468（2010）: 1053 – 1060.

间，丹尼索瓦人当时还不为人所知。

新的发现与研究并没有从根本上改变我们对第二章和第三章所记述的史前史的理解。然而，新的发现更加澄清了这两章所讨论的问题，在某种程度上纠正了年代序列，尤其是在北欧和北亚。在东非的新发现或多或少地证明了大约200万年前就存在狩猎大型动物和中心点觅食模式。[①]这一点与早期人类向中纬度地区和温带迁移总的来说是吻合的。二者之间是否吻合是非常重要的，因为它可以证实这样的理论，即人类生态改变成为他们占据温带较冷且物产较贫乏土地的基础。

对火的早期使用与控制的考古证据与2005年版本的描写基本相同。但是，一个有关火与熟食的更有力的研究案例是根据熟食增加能量好处理论（也称“熟食能量理论”）做出来的。[②]可以非常明显地看到，对火的控制是人类生态改变进而在中纬度地区定居的另一个关键因素（是对高纬度地区重要的预备适应）。

中国最新考古发现数据也刷新了我们对最初“走出非洲”年代的理解。2018年，考古学家在位于北纬34度的陕西蓝田上陈遗址发现了210万年前的人工制品，代表了目前除非洲之外的最早人类居住地。[③]而河北泥河湾遗址群发现的距今160万～170万年的人工制品显示人类在亚洲北纬40度地区居住的时间基本与欧亚大陆西端（南高

---

① J. V. Ferraro, T. W. Plummer, B. L. Pobiner, J. S. Oliver, L. C. Bishop, et al., “Earliest Archaeological Evidence of Persistent Hominin Carnivory,” *PLoS ONE* 8 (2013): e62174; M. Domínguez-Rodrigo, H. T. Bunn, A. Z. P. Mabulla, G. M. Ashley, F. Diez-Martin, et al., “New Excavations at the FLK *Zinjanthropus* Site and Its Surrounding Landscape and Their Behavioral Implications,” *Quaternary Research* 74 (2010): 315–332.

② R. Wrangham, *Catching Fire: How Cooking Made Us Human* (New York: Basic Books, 2009).

③ Z. Zhu, R. Dennell, W. Huang, Y. Wu, S. Qiu, et al., “Hominin Occupation of the Chinese Loess Plateau since about 2.1 Million Years Ago,” *Nature* 559 (2018): 608–612.

加索山脉）的时间相当。[①]

尽管2005年以来的新发现层出不穷，但我们对至少100万年前的欧洲早期定居的理解基本上与以前相同。然而，从目前看来，智人祖先（Homo antecessor）进入西北欧洲（北纬52度以北）的时间比我们先前预想的要早得多。英格兰南部黑斯堡（Happisburgh）发现的石器和人类脚印经年代测定，距今80万年之久。[②]在原书中，我没有发现任何新的适应性变化的证据（如生理上的、生态上的或技术上的证据）可以证明人类这一时期在欧洲定居。我只是简单地提到，早期人类冲出中纬度的范围进入充满北大西洋暖流带来的温暖、湿润空气（海洋效应）的较高纬度的西南欧洲。

然而，从几十万年前的早期欧洲定居者进化而来的尼安德特人则是另外一回事。他们展示了一整套对寒冷天气的生理上和行为上的适应方式，许多方面与北极地区的现代人类定居者相同。自2005年以来，我们之所以对尼安德特人知道得更多，很大程度上可以归因为对人类遗骸古代DNA分析的进步。现在，我们已然得知，他们以小型人口群的形式生存，有着非常高的近亲繁殖率；他们的生存压力很大，很可能受困于不断重复发生的人口衰竭。[③]从一个对因洞穴倒塌而被埋葬的西班牙尼安德特人群组的DNA研究中我们得知，他们与现代人相似，采用父系异族通婚模式。[④]

---

① Hong Ao, M. J. Dekkers, Q. Wei, X. Qiang and G. Xiao, "New Evidence for Early Presence of Hominids in North China," *Scientific Reports* 3 (2013): 2403.

② N. Ashton, Lewis, S. G., De Groote, I., Duffy, S. M., Bates, M., et al., "Hominin Footprints from Early Pleistocene Deposits at Happisburgh, UK," *PLoS ONE* 9 (2) (2014): e88329.

③ S. E. Churchill, *Thin on the Ground: Neanderthal Biology, Archeology, and Ecology* (Ames [Iowa]: Wiley Blackwell, 2014).

④ C. Lalueza-Fox, A. Rosasb, A. Estalrrich, E. Gigli, P. F. Campos, et al., "Genetic Evidence for Patrilocal Mating Behavior among Neandertal Groups," *Proceedings of the National Academy of Sciences* 108 (2011): 250-253.

我们还知道，与我在 2005 年版本中所述相反的是，尼安德特人携有与现代人语言能力相联系的 FOXP2 基因。[①]更重要的是，我们原先有关他们的喉部与现代人相比更靠近颈部上方的判断是错误的。

总之，没有遗传学和生理学的证据可以推断出尼安德特人不能像现代人一样说复杂的语言。新的证据证明，尼安德特人至少有简单的几何设计艺术绘在洞穴墙壁上，这个年代早于南欧现代人的到来。[②]总之，远非我在原书中所描述的那样，尼安德特人实际上更像我们一样对他们的社会文化生活充满敬重。

我们还得到了一些有关尼安德特人（包括早期尼安德特人）技术方面的新知识。我们知道他们曾制造了很多的木质工具与武器，其中一些工具制作过程复杂。[③]与此同时，我的一些同行根据寒冷时期火塘证据的缺乏而坚定认为尼安德特人不具有制火技术，比如钻石取火。[④]在抵御寒冷的技术方面，我们仍然有许多负面证据说明他们可能没有保暖的衣服和为住所取暖的技术。[⑤]尼安德特人及丹尼索瓦人在这些技术上的明显缺乏为我们解释了他们为何不能进驻欧亚北部寒冷地区和不能穿越白令海峡进入西半球，尽管我们已经有了尼安德特

---

① J. Krause, C. Lalueza-Fox, L. Orlando, W. Enard, R. E. Green, et al., "The Derived FOXP2 Variant of Modern Humans Was Shared with Neandertals," *Current Biology* 17 (2007): 1908 - 1912.

② D. L. Hoffmann, C. D. Standish, M. García-Diez, P. B. Pettitt, J. A. Milton, et al., "U-Th dating of Carbonate Crusts Reveals Neandertal Origin of Iberian Cave Art," *Science* 359 (2018): 912 - 915.

③ J. F. Hoffecker, "Commentary: The Complexity of Neanderthal Technology," *Proceedings of the National Academy of Sciences* 115 (2018): 1959 - 1961.

④ D. M. Sandgathe, H. L. Dibble, P. Goldberg, S. P. McPherron, A. Turq, et al., "On the Role of Fire in Neandertal Adaptations in Western Europe: Evidence from Pech de l'Aze IV and Roc de Marsal, France," *Paleo Anthropology* 2011 (2011): 216 - 242.

⑤ I. Gilligan, "The Prehistoric Development of Clothing: Archaeological Implications of a Thermal Model," *Journal of Archaeological Theory and Method* 17 (2010): 15 - 80.

人可以在生理上和饮食上适应寒冷气候的证据。

自2005年以来，通过对几个洞穴中骨骼残骸的古代DNA分析，证实了曾有尼安德特人在西伯利亚西南部阿尔泰（Altai）山脉（北纬52度）生存。在一个洞穴中，还发现了几具丹尼索瓦人的遗骸。[①]西伯利亚没有来自大西洋的“海洋效应”，这里的冬天比英格兰南部冷得多。另外，阿尔泰是世界上这一地区动植物生产力较高的地区。尼安德特人和丹尼索瓦人的出现表明，也许每单位面积可用食物资源的数量是限制两个分类群地理分布的一个因素，其限制程度可能与寒冷的气温一样大或更大。如果是这样的话，尼安德特人和丹尼索瓦人可能也缺乏有效捕获小型哺乳动物、鸟类和鱼类的工具（如捕兔器、捕鱼器、投掷飞镖和弓箭），这一事实可能与他们缺乏抵御寒冷天气的装备一样重要。

关于现代人类走出非洲进入北极的新发现与新研究，对我们了解高纬度地区的定居具有更重要的意义。我们现在知道，大约5万年前，现代人类在欧亚大陆北部迅速扩散，占据了早期人类无法居住的地方。在西伯利亚西部北纬57度发现的一块人类骨骼表明，现代人在4.5万年前（温暖时期）就已经进入了亚北极地区，[②]而且至少有初步证据显示当时已有现代人类生活在北极地区。[③]这块来自西伯利亚西部的距今4.5万年的人类骨骼还表明，已知的东北亚的第一批现代人并不是经由南亚到达的，而是沿着一条横跨欧亚大陆的单独的北

① V. Slon, C. Hopfe, C. L. Weiß, F. Mafessoni, M. de la Rasilla, et al., “Neandertal and Denisovan DNA from Pleistocene Sediments,” *Science* 356 (2017): 605 - 608.

② Q. Fu, H. Li, P. Moorjani, F. Jay, S. M. Slepchenko, et al., “Genome Sequence of a 45000-Year-Old Modern Human from Western Siberia,” *Nature* 514 (2014): 445 - 449.

③ V. V. Pitulko, A. N. Tikhonov, E. Y. Pavlova, P. A. Nikolskiy, K. E. Kuper, and R. N. Polozov, “Early Human Presence in the Arctic: Evidence from 45000-Year-Old Mammoth Remains,” *Science* 351 (2016): 260 - 263.

方路线到达的。

2005 年以来的新发现和研究报告极大地拓展了我们对复杂技术的认识，包括机械制品——现代人类用来适应 4 万 ~5 万年前欧亚大陆北部寒冷和资源匮乏的环境。[①]在西伯利亚南部发现了保暖衣物（带眼的针）和机械钻的最早证据，时间可追溯到 4.3 万至 4.9 万年前。[②]在欧亚大陆西部发现的机械弹射武器的证据同样古老，并且与现代人的扩散有关。[③]

位于北纬 70 度的亚纳河（Yana River）遗址，在原书中只简要提到，现在已经确定了其可靠的年代，并对其进行了彻底的调研。这些遗址表明，现代人类最迟在 3.2 万年前（寒冷时期）就已经成功地适应了北极全年的气候。[④]最近对从两颗人类牙齿中提取的古代 DNA 的分析表明，这是一个较大的狩猎 - 采集群体，其近亲繁殖系数较低，与上文描述的小型的、承受压力的尼安德特人群体形成了鲜明对比。[⑤]

目前没有依据将现代人类扩散到欧亚大陆北部（第五章）与对北极地区的占领（第六章）分离开来，而在北部定居点（第一章所述）中“第 4 阶段”和“第 5 阶段”之间的区别也不再有效。第六

---

① J. F. Hoffecker, and I. T. Hoffecker, “Technological Complexity and the Global Dispersal of Modern Humans,” *Evolutionary Anthropology* 26 (2017): 285 – 299.

② K. Douka, V. Slon, Z. Jacobs, C. Bronk Ramsey, M. V. Shunkov, et al., “Age Estimates for Hominin Fossils and the Onset of the Upper Palaeolithic at Denisova Cave,” *Nature* 565 (2019): 640 – 644.

③ J. J. Shea and M. L. Sisk, “Complex Projectile Technology and Homo Sapiens Dispersal into Western Eurasia,” *Paleo Anthropology* 2010 (2010): 100 – 122.

④ V. Pitulko, P. Nikolskiy, A. Basilyan and E. Pavlova, “Human Habitation in Arctic Western Beringia Prior to the LGM,” in *Paleoamerican Odyssey*, edited by Kelly E. Graf, Caroline V. Ketron, and Michael R. Waters (College Station: Texas A&M University Press, 2013), pp. 13 – 44.

⑤ M. Sikora, V. V. Pitulko, V. C. Sousa, M. E. Allentoft, L. Vinner, et al., “The Population History of Northeastern Siberia since the Pleistocene,” *Nature* 570 (2019): 182 – 188.

章中关于冰后期的“萨姆纳金文化”（Sumnagin Culture）是第一个占领西伯利亚北极地区的说法是错误的。北极的早期定居也许可以解释为什么在两万多年前，一种可能与维生素 D 缺乏症（与冬季缺乏阳光照射有关）有关的基因会得到强烈选择（strong selection）。[①]

拥有 3.2 万年历史的亚纳河遗址不仅分布在西伯利亚北极地区，也分布在通常被称为“白令陆桥”（Beringia）的区域内。当海平面降低，楚科奇（Chukotka）和阿拉斯加之间的平原显露出时，这个次大陆便将东北亚与北美连接起来。现在很清楚的是，人们在白令陆桥入住的时间比之前所认为的要早得多，这对美洲的居住人群有一定的影响。虽然东北亚和白令陆桥的高纬度环境可能是尼安德特人、丹尼索瓦人以及其他非现代人类分类群的障碍，但现在看来，它们似乎不太可能阻碍现代人直到 1.5 万年前才在美洲扩散开来。直到大约 1.5 万年前，巨大的冰川阻断了沿西北太平洋海岸和内陆的迁徙路线，这可能为人类在北美洲和南美洲定居的延迟提供了解释。[②]

从现存人类和古代 DNA 中获得的大量新遗传学数据表明，在西半球扩散之前的数千年里，美洲原住居民的祖先就与他们的亚洲本亲群体发生了分化。可想而知，末次冰盛期（Last Glacial Maximum）（约 1.8 万 ~2.8 万年前）的极端寒冷，迫使世界上许多地方的人类放弃寒冷和/或干燥的栖息地，是造成这一事件的原因。一些遗传学家认为，在作为一个独立种群的出现和在美洲扩散之间的漫长时

---

① L. J. Hlusko, J. P. Carlson, G. Chaplin, S. A. Elias, J. F. Hoffecker, et al., “Environmental Selection during the Last Ice Age on the Mother-to-infant Transmission of Vitamin D and Fatty Acids through Breast Milk,” *Proceedings of the National Academy of Sciences* 115 (2018): E4426 – E4432.

② J. F. Hoffecker, V. V. Pitul'ko and E. Yu. Pavlova, “Climate, Technology, and Glaciers: The Settlement of the Western Hemisphere,” *Vestnik Sankt-Peterburgskogo Universiteta: Istoriya* 64 (2) (2019): 327 – 355.

期，美洲原住居民的祖先生活在白令陆桥的某个地方，[1]而“白令海停滞假说”（Beringian Standstill Hypothesis）已成为当前关于高纬度定居和美洲居民争论中的一个主要问题。[2]

如果原书的第五章和第六章（以及第4阶段和第5阶段）应合并，则最后的第七章仍可被视为高纬度地区定居的一个单独部分。尽管在北极地区进行了许多新研究，该章更广泛的问题和结论自2005年以来没有改变。该章的中心主题是欧洲北极区（Arctic Europe）到格陵兰岛的环极区各民族海洋经济的发展。有新证据表明，从陆地饮食到海洋饮食的转变始于北美北极地区的登比－弗林特文化系统（Denbigh Flint Complex）；[3]这是欧洲北极地区发展较早的海洋经济。该章的另一个主题是对加拿大北极和格陵兰岛的大片地区的占领，这些地区的冰川直到几千年前才开始融化。

约翰·F. 霍菲克尔

北极和高山研究所

科罗拉多大学

美国科罗拉多州博尔德市

2019年7月

（曲枫　周玉芳译）

---

① E. Tamm, T. Kivisild, M. Reidla, M. Metspalu, D. G. Smith, et al., “Beringian Standstill and Spread of Native American Founders,” *PLoS ONE* 9 (2007): e829.

② J. F. Hoffecker, S. A. Elias, and D. H. O’Rourke, “Out of Beringia?” *Science* 343 (2014): 979－980.

③ T. Y. Buonasera, A. Tremayne, C. M. Darwent, J. W. Eerkens, and O. Mason, “Lipid Biomarkers and Compound Specific $\delta^{13}C$ Analysis Indicate Early Development of A Dual-economic System for the Arctic Small Tool Tradition in Northern Alaska,” *Journal of Archaeological Science* 61 (2015): 129－138.

谨以此书纪念威廉·罗杰·鲍尔斯

(William Roger Powers, 1942－2003)

目　录

序　言

长期以来，克罗马农人（Cro-Magnons，亦译作“克鲁马努人”）在我们脑海中的固化印象一直都是驯鹿猎人、穴居人和完美艺术家的代表，他们很好地适应了1.8万年前冰河时代晚期的严酷环境。克罗马农人是冰天雪地里杰出的狩猎采集专家，但他们的成功只是直到最近都鲜为人知的恢宏壮丽的史诗的一小部分。恰似为读者展开一幅巨大的画卷一样，《北极史前史》在更广阔的背景下考察人类对北纬寒冷地区的适应情况，从而填补了人类历史知识的巨大空白。

约翰·霍菲克尔为我们呈现了一幅辽阔的画卷，这幅画卷部分基于自身的研究，也基于用多种语言撰写的期刊和专著中包含的大量的百科全书式知识。从热带非洲的人类起源到古代和现代人类在中纬度地区的扩散，再到北欧人向格陵兰岛乃至更远地域的航行，本书中皆有涉及。他探索了人类首次占据欧洲和欧亚大陆，既有像尼安德特人（Neanderthals）这样古老的人类较为有限的成就，还有现代人类（modern humanity）对欧亚苔原的征服与占据。本书描绘了人类如何适应极端季节性气候和低生产力环境，同时也展现了北极荒原对人类的容纳与拒斥。在这样极端的环境下生存，人类要面对许多问题，如人类身体及其行为对寒冷环境的适应、来自猎物的高脂肪和高蛋白的饮食，以及在零摄氏度以下的寒冬对栖身之处的强烈需求等。通过从众多科学领域收集证据，霍菲克尔先生对古人类为什么在世界上最严酷的环境中无法常年定居的问题给出了最令人信服的解释。

这些位于北半球的寒冷地区早已超出尼安德特人和其他同时代人类的生活范围，他们占据像西伯利亚南部这样的地区，却从未在北方开阔的平原上建立永久性狩猎领地。这些荒凉贫瘠之地只是现代人类的区域，他们在4.5万年前占据冰河时期的欧洲，并迅速横跨整个苔原。现代人类拥有完全发展的认知能力、精湛的语言技巧，以及超前规划的能力，能够概念化他们的世界，他们很快就掌控了北方。我们冰河时代的祖先在2.5万年前，也就是1.8万年前维塞尔冰川（Weichsel glaciation）的最后一次寒流爆发之前，就已经占据了欧亚大陆的大部分地区。尽管考古资料稀少驳杂，真伪难辨，但霍菲克尔仔细梳理了那些我们几乎闻所未闻的在长达9个月寒冬的苔原地区生活的最早居民的一些资料，论证了这些先驱以及他们的后继者是如何对极寒天气高度敏感的，在冰川冷锋期向南移动到庇护所更多的区域，而随着环境的变暖，他们追逐着猎物再次向北迁移。

《北极史前史》否定了关于人类占据苔原地区只是一个简单过程的假设。作者揭示了寒冷生存环境中的一种复杂的动态变化。在这里，气候变化像一个巨型动力泵，推动人类不断迁徙。他还描述了顿河流域和乌克兰复杂的狩猎采集文化，以及他们精致的紧贴着地面的圆顶房。他向我们展示了极度严寒是如何在西伯利亚最东北部和美洲首个人类定居地发挥重要影响的。当白令陆桥连通西伯利亚和阿拉斯加间的天堑时，我们第一次对鲜为人知的亚洲东北部有了一个较为可靠的整体认知，从中我们了解到人类美洲定居点最早可追溯到1.9万年前的结论更加令人信服。

从另一种意义上说，我们对克罗马农人的固化印象仍然存在，因为考古学家往往忽略了寒冷地区在冰河时期后全球变暖期间发生的变迁。众所周知，在冰河时代晚期，欧洲东部的人类猎手正在努力适应新的森林环境。本书就描绘了人类在进入后冰川时代后不断改变与适应。在北方，随着海平面不断升高，人类为适应新环境更多地把目光投向海洋及海岸线，尤其是海底自然上升、为渔民提供丰富食物的地区。

一个人如果没有对远古风貌的充分认知，是写不出《北极史前史》这样的著作的。霍菲克尔讨论了诸如纬度地带性这样的神秘话题，在后来的几千年里，这种因素在孤立北方民族的过程中发挥了重要作用。他专门研究欧洲和北美洲最北部繁荣的极地海洋社会，其中许多研究内容仅在北方专家的小圈子内流传，几乎不为其他外人所知。我们也了解到当时格陵兰人所面对的严酷现实，他们的科技水平实在非常有限，以至于面对茫茫寒冬，他们几乎只能选择冬眠。霍菲克尔先生还阐述了遥远北方的孤立状态是如何在 20 世纪被打破的，几千年来人类对地球上一些最严峻环境的适应性也就此消失。

《北极史前史》是一部意义非凡的书，因为它超越了民族乃至大洲的界限，为我们总结出世界上最鲜为人知的考古证据。作者集百家之长，从多个学科领域乃至严寒地区的医药学中吸收精华，并将它们融会贯通，写出这一颇有胆识的著作，它将成为未来研究的坚实基础。此外，在这个科研越发精细化的时代，读一本贯通古今、底蕴深厚又敢为人先的书也可谓一件乐事。这是一位学者更是勇者的创作，他深谙有些观点在将来有被推翻的可能，却仍不骄不躁，勇往直前。我们需要更多像约翰·霍菲克尔先生这样的考古学家，因为他们深知：唯有敢为人先的精神和高瞻远瞩的视野，我们才能源源不断地找到更加先进的研究方法，它们将会以我们难以想象的力量推动科学的巨轮一路向前。这才是一部立志影响几代学子的著作的真正意义所在，本书确实应当出现在每一位考古学家的阅读清单上！

布莱恩·费根

（崔艳嫣　任晓霞 译）

前言

本书讲述了在热带地区进化的人类是如何占据地球寒冷地区的故事。据我所知，这是一个鲜为人知的故事，至少没有以著作的形式出现过。究其原因，很可能是考古学家更倾向于针对某一特定时间或地点展开研究，而这段史前史却横跨了若干个时空。非同寻常的缘分让我在阴差阳错中接触到这跨度极大的时间和地点，为本书的创作奠定了基础。

从整体上看，人类在高纬度地区的定居呈现出一幅复杂的图景。早期人类并不是简单地向北漂泊，因为他们应对寒冷气候的能力是逐渐演化而来的。远古人类对欧洲和亚洲北部地区的占据，还有现代人类对北极和新大陆的踏足，都是在相对迅速的扩张中实现的。

受历史因素和气候地理因素的影响，这一系列扩张往往兼有纵、横两个方向。而这些因素的成因又是多种多样的，这在人类生理和行为方面对寒冷环境的适应上均有体现。只有具有语言能力的现代人类——用自己的力量构建出复杂的生存环境与社会关系网，才克服了北极的极端条件。

这部书跨越了我的大半个职业生涯，成书并不是一件易事，在此向为我提供帮助、为该书付出辛勤汗水的人们表示感谢。按照时间顺序，我想至少要感谢一些主要的作者。我第一次接触关于中更新世晚期和晚更新世早期（即尼安德特人和他们的祖先所处的时期）的欧洲遗址研究是在北高加索地区（1991～2000年），我非常感谢巴瑞辛尼科夫、格洛瓦诺娃和多罗尼切夫邀请我帮助他们分析托鲁戈勒纳亚洞穴（Treugol'naya Cave）、伊斯卡亚（Il'skaya）和梅兹迈斯卡亚洞穴（Mezmaiskaya Cave），以及这个地区的其他遗址。

最近（2001～2003年），我很荣幸能与阿尼科维奇、希尼辛、波波夫以及其他专家一起在科斯滕基最早的欧洲东部现代人类遗址工作。在北高加索和科斯滕基，我从与列夫科夫斯卡亚先生的合作中收获良多。

更广泛地说，我对人类向现代过渡的理解，很大程度上要归功于我在芝加哥大学的博士生导师理查德·克莱因。相比于其他人，克莱因教授更好地阐明了人类进化史中这一至关重要的大事，我则试图从高纬度地区的角度来解释这一事件。

虽然我从未在西伯利亚工作过，但我从同事们的见解和学问中获益匪浅，尤其在威廉·罗杰·鲍尔斯身上，我收获良多。鲍尔斯教授是我在阿拉斯加大学的硕士生导师，他既是我的师长，也是我的合作者与友人。他于2003年9月去世，当时我正在修改本书的草稿，谨以此纪念他。此外，我还要感谢泰德·戈贝尔和弗拉迪米尔·皮图科；感谢阿布拉莫娃，她在1986年亲切地向我展示了来自著名的德武拉扎卡（Dvuglazka）遗址的工艺品。

多年来（1977～1987年），我在尼纳纳山谷与鲍尔斯教授和泰德·戈贝尔教授共事，山谷中就有阿拉斯加和白令地区最早的一批遗迹。无论是在这项研究刚开始时，还是在后来的几年里，我们都从戴尔·格思里先生那里了解到了许多白令地区的风土人情。

自1998年以来，我一直在研究阿拉斯加北极海岸的晚期史前遗迹，主要是在尤维瓦克地区（里斯本角），我要感谢我的合作者欧文·梅森、乔治娜·雷诺兹、黛安·汉森、克莱尔·阿历克斯和卡琳·里珀。我特别感谢斯科特·埃利亚斯先生（伦敦大学），他通过对昆虫遗骸的研究，探索了尤维瓦克地区的古气候史，并教给我许多关于过去环境气候的知识。

近年来，我已对北美洲北极和亚北极地区的一组完全不同的历史遗迹十分熟悉。在1996~2001年受命为美国国防部进行的一系列历史文物保护项目中，我收集了阿拉斯加和格陵兰岛冷战时期一些军事设施的信息。这些研究激起了我对技术革新的兴趣，这在本书中也有所体现。感谢我的合作者，尤其是加里·卡辛斯基、曼迪·沃顿和凯西·布切勒。

科罗拉多大学的一些同事帮助我理解了本书涉及的各种问题，尤其是艾伦·泰勒和葆拉·维拉。在北极和高山研究所，我要感谢包括约翰·安德鲁斯、詹姆斯·狄克逊、约翰·霍林以及阿斯特丽德·奥格尔维在内的同事。

本书提及我进行实地研究的许多遗址，我感谢资助该项研究和相关研究的各有关基金与机构，包括利基基金会、国家科学基金会、阿拉斯加公园分部、美国国家地理杂志学会、研究和交流委员会、国家科学院和美国国防部。

罗格斯大学出版社的科学编辑奥德拉·乌尔夫对本书的创作也功不可没，他热情地接受了这个项目并推进了该项目。我也要感谢评读各章草稿的每位学者，包括理查德·斯科特（第二章）、葆拉·维拉（第三章）、菲利普·蔡斯（第四章）、泰德·戈贝尔（第六章）

和欧文·梅森（第七章）。

我还要感谢编辑最终手稿的伊丽莎白·吉尔伯特。书中地图由我的妻子莉莲·K. 高桥制作[①]，线条图由我的儿子伊恩·托劳·霍菲克尔绘制。

2004年2月

（崔艳嫣　任晓霞 译）

① 中文版未使用英文原著中的地图。——译者注

第一章
维京人在北极

公元 1000 年，地球同今天相似，经历着一个气候变暖的时期，世界上很多地方的气温上升了华氏 2～3 度。尽管全球变暖的规模不大，但对人类社会的影响十分深刻。欧洲几个世纪以来的夏天因此时间长且温度高，丰年几乎连续不断，城市和农村的人口开始增长。这几个世纪被称为中世纪温暖期（Medieval Warm Period）。[①]

中世纪温暖期最引人注目的影响是北大西洋维京人定居点的扩张，挪威人从他们的冰岛基地（建于公元 870 年）出发，向西北迁移到格陵兰岛和加拿大，最终来到北极圈以内。

在格陵兰岛西北的乌佩尔纳维克（Upernavik）发现了一块刻着北欧古字碑文的绿石，这块绿石的发现说明一小队维京人已经来到了远至北纬 73 度的地方（大约在 13 世纪晚期）。碑文列出了三位挪威

① Hubert H. Lamb, *Climate, History, and the Modern World*, 2nd ed.（London: Routledge, 1995）, pp. 171 – 186; Brian M. Fagan, *The Little Ice Age: How Climate Made History, 1300 – 1850*（New York: Basic Books, 2000）, pp. 3 – 21. 气温上升趋势的地理范围尚不确定，有可能不是全球性的。

男性的名字，还提到了一个石堆建筑。当刻有碑文的绿石在 1824 年被发现的时候，石堆还在。维京人已经到达了距北极点仅有 1200 英里（1900 公里）的地点，他们留下的器物甚至在更北的格陵兰岛和埃尔斯米尔岛（Ellesmere Island）被发现，但是不清楚是谁把它们带到了这些地方。①

当他们沿着格陵兰岛海岸建起定居点并深入加拿大北部和北极地带的时候，挪威人与新大陆的原住民不期而遇。这是欧洲人与美洲土著人第一次相遇。尽管维京人倾向于用一个贬义词“斯克来灵”来统称土著人，但实际上土著人包含了多个群体。在挪威人势力范围南部（比如纽芬兰），他们发现了说阿尔冈琴语的印第安人（Algonquian-speaking Indians）。挪威史诗和考古发现都证明了维京人和印第安人的接触是相对有限的。②

在遥远的北方，维京人遇到了与自己完全不同种类的人。在一些地方，比如在拉布拉多（Labrador）北部和巴芬岛（Baffin Island），他们肯定遇上了最后一批古爱斯基摩人（Paleo-Eskimo）［考古学家称之为晚期多赛特人（Late Dorset）］。这些人是格陵兰和加拿大极地早期居民的后代。尽管海象和北极熊的狩猎能手完全适应了北极的环境，但多赛特人拥有的技术仍然相对原始。另外，他们缺乏大型船只和弓箭。虽然气候转暖，但他们的居住范围在公

---

① Erik Wahlgren, *The Vikings and America* (London: Thames and Hudson, 1986); Peter Schledermann, “Ellesmere: Vikings in the Far North,” in *Vikings: The North Atlantic Saga*, eds. by W. W. Fitzhugh and E. I. Ward (Washington, D. C.: Smithsonian Institution Press, 2000), pp. 248 – 256.

② Patricia Sutherland, “The Norse and Native North Americans,” in *Vikings: The North Atlantic Saga*, eds. by W. W. Fitzhugh and E. I. Ward, pp. 238 – 247. 短语“斯克来灵”已被译为“懦夫”（weakling）或野蛮人。Hans Christian Gulløv, “Natives and Norse in Greenland,” in *Vikings: The Atlantic Saga*, eds. by W. W. Fitzhugh and E. I. Ward, pp. 318 – 326; Wendell H. Oswalt, *Eskimos and Explorers*, 2nd ed. (Lincoln: University of Nebraska Press, 1999), p. 5.

元1000年后变小，这大概是受到了其他人类进入这一地区的影响。与挪威人接触的证据很少，可以想象到多赛特人也许尽量避免与挪威人接触。[①]

与维京人打交道的美洲原住民大部分是现代因纽特人（Inuit）或爱斯基摩人的祖先。因纽特人本身也是这一地区的新移民，于公元1000年之后从阿拉斯加向东迁移至此。实际上他们迁移至加拿大北极地区和格陵兰岛大概与维京人向北迁移的原因相同，都是受气候变暖的影响。

因纽特人是令人畏惧的好战族群。他们在大型船只上捕猎北极露脊鲸，并使用狗拉雪橇跨越陆地，移动迅捷。他们的捕猎技术和武器十分复杂，有机械标枪和弯曲的弓箭。他们的冬衣由百余种材料制成，足以有效地抵御严寒。[②]

因纽特人的定居点于公元1300年在埃尔斯米尔岛、格陵兰岛北部以及其他地区建立起来。因纽特人的口述史、挪威史诗和考古证据都说明在随后两个世纪里因纽特人与维京人既有贸易也有战争。从许多方面来说，这是欧洲人和美洲土著之间最早的角逐。

与二者随后发生冲突不同的是，维京人大概在技术和人数上都不占优势。维京人的船只庞大，以风帆为动力，并且他们使用铁制武器与铠甲（那些美洲土著时常试图通过贸易得到）。然而，格陵兰岛上

---

① Robert McGhee, *Ancient People of the Arctic* (Vancouver: University of British Columbia, 1996); Daniel Odess, Stephen Loring, and William W. Fitzhugh, "Skraeling: First Peoples of Helluland, Markland, and Vinland," in *Vikings: The North Atlantic Saga*, eds. by W. W. Fitzhugh and E. I. Ward, pp. 193 – 205.

② Moreau S. Maxwell, *Prehistory of the Eastern Arctic* (Orlando, F. L.: Academic Press, 1985), pp. 247 – 294. 温德尔·奥斯瓦尔特（Wendell Oswalt）运用一个简单的方法量化工具和武器的复杂性，并把它运用到包括因纽特人在内的晚近从事狩猎和采集的各族群中。参见 Wendell H. Oswalt, "Technological Complexity: The Polar Eskimos and the Tareumiut," *Arctic Anthropology* 24, no. 2 (1987): 82 – 98。

的挪威定居者并不是欧洲传说中的装备精良的维京海盗，并且当地的铁矿资源也不为人所知，更重要的是这些维京人没有火器。无论是文字记载还是口述史资料，都证明因纽特人很可能和他们一样勇猛好斗，他们无数次集结大量部众攻击挪威人。①

尽管胜利并不广为人知，显然，美洲原住民赢得了与欧洲入侵者的第一轮角逐。公元前1500年，格陵兰岛和新大陆其他地方的挪威人定居点已遭废弃，多赛特人此时也已无影无踪，因纽特人占据了新大陆所有北极地区以及部分亚北极地区。

维京人从这些地区撤出的原因成为一个有争论的话题。与因纽特人的经济竞争和战争似乎是主要因素，当然与挪威主体人群的隔绝及贸易减少也是可能的原因。但根本上的原因可能是气候又重归寒冷，这一现象预示了发生在公元1450~1500年的小冰河时期（Little Ice Age）的开始。几乎可以肯定，温度下降导致了发生在这一时期的经济衰退和随之而来的人口减少。与因纽特人的冲突极可能加剧了挪威人的困境，但并非根本原因。②

对维京人在北方的生存构成真正障碍的是他们难以适应公元1400年的寒冷天气，就连因纽特人也被迫在这一时期调整了生活方式（如强化海豹捕猎技术），但他们受损不严重，在其对寒冷的适应能力之内尚能维持。

对格陵兰岛维京人遗骨的同位素分析，并结合对从他们遗址中得到的食物遗存的研究，证明了他们的饮食已逐渐以海洋食物（更少

① Oswalt, *Eskimos and Explorers*, pp. 5 - 24; Odess, Loring, and Fitzhugh, "Skraeling," pp. 193 - 205.

② Wahlgren, *The Vikings and America*, pp. 169 - 177; Lamb, *Climate, History, and the Modern World*, pp. 187 - 210.

依赖牲畜）为主。[1] 但是，他们从来没有放弃中世纪欧洲带来的社会文化传统。当格陵兰岛南部气温下降时，他们穿着羊毛大衣，奋力维护着他们的农场庄园。[2]

在寒冷环境中的定居

维京人在公元 1000 ~ 1400 年的中世纪温暖期向北移动其实代表着一个人类历史上多次发生的模式，尽管他们自己并不清楚这一点。纵观人类史前史与历史，人类总是在气候变暖的情况下向北扩大生存范围。反之，在气温变冷的情况下，他们就会从高纬度地区撤回。

最初的早期人类向北纬 45 度以北迁移大致发生在 50 万年前，这主要是气候变暖的结果。发生在 2.4 万年前最后冰川期的冷锋迫使现代人类（modern humans）放弃了欧亚大陆北端的大片土地。延续到冰河时代（Ice Age）末期（大约 1.6 万年前）的西伯利亚升温使人类占据了“白令陆桥”并进入新大陆。[3] 类似的事例多次发生在史前末期和历史时期。

在气候变暖时期向北迁移的模式是人类在高纬度定居的因素之

---

① Jette Arneborg et al. , “Change of Diet of the Greenland Vikings Determined from Stable Carbon Isotope Analysis and 14c Dating of Their Bones,” *Radiocarbon* 41, no. 2 (1999): 157 – 168; Niels Lynnerup, “Life and Death in Norse Greenland,” in *Vikings: The North Atlantic Saga*, eds. by W. W. Fitzhugh and E. I. Ward, pp. 285 – 294.

② Oswalt, *Eskimos and Explorers*, pp. 19 – 20; Thomas H. McGovern, “The Demise of Norse Greenland,” in *Vikings*, eds. by Fitzhugh and Ward, pp. 327 – 339. 尽管格陵兰岛和冰岛的维京人定居点处于同一纬度（接近北纬 65 度），但是由于洋流的影响，格陵兰岛的温度比冰岛低几摄氏度。

③ John F. Hoffecker and Scott A. Elias, “Environment and Archaeology in Beringia,” *Evolutionary Anthropology* 12, no. 1 (2003): 34 – 49.

一，同样的模式也发生在植物和动物中，它们也会因温度和湿度的变化而改变其生存范围。在 4000 ~ 7000 年前的温暖间隔期，北温带森林植被越出当前区域，向北扩张。在 2.4 万年前的最后冰川期，许多通常活动在北极苔原的动物（如北极狐、麝牛）向南移动了数百英里，直到南乌克兰的一些地方。[①] 在这些情况下，生物只是随着环境界线的变化，并未衍生出新的重要的适应能力。因此，当气候变冷、环境界线向回移动时，生物也被迫退回原地。

因纽特人代表了一种在高纬度和寒冷地区定居的不同人类类型。与维京人不同，他们找到了对北极海洋环境的各种各样的适应方式。再加上他们高度复杂和专业化的技术，因纽特人形成了应对这种环境挑战的系统性策略，逐渐形成了特别的身体结构特征和生理反应机制，从而帮助他们保存身体热量，避免受严寒侵害。他们是超级极地生存专家，比那些效率不高的多赛特人远胜一筹，且在与维京人的竞争中获胜。

就像人类在不同气候变化时期随纬度移动一样，其他生命体也对北极环境具有类似的特别适应性。大部分生长在高纬度地区的动植物代表着能够特别适应高纬度条件的类群。这些生命体与其祖先形态有所不同，进化出了新的特征来适应偏低的气温、季节的延长、光照的减少以及北极环境中的其他因素。

在演变过程中，人类产生了不止一种尼安德特人式的变体。尼安德特人大约 50 万年前从南方人群中分离出来，最终演化为适应寒冷天气的变体。然而，自从 5 万年前现代人类出现和扩散以

① N. K. Vereshchagin and G. F. Baryshnikov, "Paleoecology of the Mammoth Fauna in the Eurasian Arctic," in *Paleoecology of Beringia*, eds. by D. M. Hopkins et al. (New York: Academic Press, 1982), pp. 267 – 279; McGhee, *Ancient People of the Arctic*, pp. 110 – 116.

来，人类基本上是通过文化方式适应了高纬度的环境（尽管因纽特人等许多族群并未与其他现代人类发生基因隔离就产生了生理适应性）。

北极史前史

在史前时期和历史时期，定居在北方土地和海岸线上是一件大事。人类是在热带进化，绝大多数情况下从来没有真正“属于”寒冷地区。对寒冷地区的占据需要一些变化：或者是应对这些地区环境的能力的变化，或者是这些地区自身的变化，或者二者兼而有之。

各种各样的问题摆在试图向北部寒冷环境迁移的热带动植物面前，最明显的问题是低温，尤其是冬天。[①] 然而，其他许多问题也许与温度同样重要或者比温度更重要。

尽管一些寒冷的海洋环境也是丰富多彩的，较冷的环境还是比赤道地区的环境贫瘠。这主要是因为陆地上的寒冷环境较为干燥，温度降低限制了植物的生长，因而难以保障较多动物的生存。[②] 同样，寒冷环境的季节性特征更加明显，温度和湿度的变化使生物资源时好时坏。季节性在北极大陆环境中会达到极端的程度，1 月和 7 月平均温

---

① 当一个人离开赤道，太阳照射的角度会增加，等量的太阳能量穿透大气厚层洒在地球表面的较大的面积上。Steven B. Young, *To the Arctic: An Introduction to the Far Northern World* (New York: John Wiley and Sons, 1994), pp. 5 – 12. 在北纬 40 度，年平均气温大约华氏 60 度（14 摄氏度），而在北纬 50 度，年平均气温降至华氏 42 度（6 摄氏度）。Eric R. Pianka, *Evolutionary Ecology*, 2nd ed. (New York: Harper and Row Publishers, 1978), pp. 18 – 25.

② 植物产量根据每年每单位面积产出的有机物质数量计算。它随温度和湿度的下降而减少。每平方米热带雨林每年平均产出 2200 克有机物，而北极苔原每年只能产出 140 克有机物。Robert H. Whittaker, *Communities and Ecosystems*, 2nd ed. (New York: Macmillan Publishing Co., 1975), pp. 192 – 231.

度差经常超过华氏 100 度（38 摄氏度）。[①]

本书涉及在寒冷地域的生存定居，旨在试图解释人类如何成功地进入中、高纬度地区。尽管重点在于对寒冷环境新的适应性方面的进步，气候变化似乎在形成这些适应性的进程中起着至关重要的作用。

尽管高纬度的环境同样存在于南半球，本书的关注点完全在北半球。除了南美洲和南极洲，南纬 30 度以南陆地稀少。南美洲直到冰期末才有人类到达，而南极洲直到历史时代晚期才为人知晓。因此，人类在地球上寒冷地域的定居只限于北极史前史。

对过去 500 万年的人类化石和考古记载的考察（自人类最早的家庭出现开始）表明，在高纬度和寒冷环境地区定居并非人口和文化向北逐渐迁移的结果。相反，每一次向北推进都是相对迅速地发生，因为气候变化和新的适应性总是突然开辟出一片新的定居地。

而且，因为海洋和大陆对陆地气候的影响，许多这样的迁移都是纵向而非横向地推进，气候变化从东向西呈现的梯度与从北向南是一致的。这一点在欧亚大陆上特别明显，北大西洋的海洋气候为欧洲西部带来了较温暖的天气，而寒冷干燥的环境则支配着东欧和西伯利亚。[②]

人类在北极的定居分五个阶段。

第一阶段：定居中纬度地区。80 万 ~180 万年之前，早期人类走

---

① Ann Henderson-Sellers and Peter J. Robinson, *Contemporary Climatology* (Edinburgh Gate: Addison Wesley Longman, 1986), pp. 79 – 85.

② Clive Gamble, "The Earliest Occupation of Europe: The Environmental Background," in *The Earliest Occupation of Europe*, eds. by W. Roebroeks and T. van Kolfschoten (Leiden: University of Leiden, 1995), p. 283.

出非洲热带起源地，开始占据欧亚大陆，直到北纬 41 ~ 42 度地区。这一阶段与直立人（homo erectus）相关，人类在身体构造和行为上的变化使他们能够穿越空旷和相对干旱的土地觅食。尽管也许很少有（或者从来没有）低于冰点的气温，与其祖先相比，这些直立人不得不与更贫瘠、季节性更强的环境打交道。他们对这种环境的适应性开启了一个向高纬地区进发的阶段。

第二阶段：定居欧洲西部。在至少 25 万 ~ 50 万年前，人类［大部分为海德堡人（homo heidelbergensis）］占据了东至多瑙河盆地的欧洲大陆。在英国，这一时期的遗址在远至北纬 50 度的地方发现。除了可能进行控制性用火之外，这一时期的考古遗址和人类化石并未提供更多的适应寒冷的证据。最初对欧洲的占据主要是偶尔进入北欧的温暖地区，之前为除寒冷气候之外的其他因素阻碍。或者，一些对寒冷的适应性因素只是由于海德堡人化石和考古发现较少而不为我们所知。

第三阶段：尼安德特人（The Neanderthals）。尼安德特人在欧洲西部逐渐进化形成，并至少在 13 万年前向东扩张至欧亚大陆北部的寒冷干燥地区。他们成为占据中部东欧平原和西南西伯利亚的最早的人类。与西欧的祖先不同，尼安德特人在形体和行为上都显示了一整套对寒冷环境的适应机制，从对大型哺乳动物的狩猎中得来的高蛋白和高脂肪食物起了十分关键的作用。

尽管尼安德特人具有特殊的寒冷适应特征，但同现代人类相比，他们对寒冷气候的耐受力是有限的，对于华氏零度（零下 17 摄氏度）的冬季平均气温，他们仍然无力应对，因而其活动总的来说还是局限于森林地带。

第四阶段：现代人类的扩散。2 万 ~ 4.5 万年之前，源于非洲的现代人扩散至早期人类从未占据过的地区，包括远至北纬 60 度的西伯利亚（有时甚至因季节走得更远）。现代人类的成功北上主要归因于开发复杂的创新技术的能力（比如防寒服装与人工建筑），这些技术对末次冰期（Last Glacial Period）中段人类的生存至为重要，那时冬季的平均气温可低至华氏零下 5 度（零下 20 摄氏度）。然而，灵活机动的组织工作可能也是维持人类在寒冷、干燥的栖息地生存的一个重要因素。在这些地区，资源散布各处，新技术创造与机动的组织工作很可能与语言和符号的使用有关。

4.5 万年前占据欧亚大陆北部的现代人类仍然保留着他们非洲祖先适应温暖气候的身体结构。在末次冰期于 2.4 万年前达到极寒的时候，他们可能无法在北极圈之内生活；同时，他们不得不放弃欧亚大陆北部的寒冷地区（包括西伯利亚大部）。

第五阶段：现代人类在北极。这一阶段可细分为两个阶段。最早定居北极地区发生在 7000 ~ 15000 年前，现代人类重新占据了在末次冰期高峰时期放弃的欧亚大陆北部，冰期后期升温和身体结构适应寒冷等几个因素可能引发了这一事件。温和的气候打开了一条通过亚洲东北部和白令陆桥的通道，人类首次进入美洲。7000 年前，人类扩散至加拿大以及其他之前无人定居的北极冰川消融区。他们的成功主要取决于促使海洋经济蓬勃发展的技术创新（如大型船只和前端触发式标枪）。

公元 1250 ~ 1700 年，在欧洲西部兴起的工业文明最终占领了世界上的绝大部分地区，但进入北极地区则很缓慢。在最初的开发之后，对北极海洋动物和矿业资源的开发还很有限。今天，北纬 60 度以北少有城市，在北极圈内基本没有主要的都市中心。

（曲朔酩　译）

第二章
走出非洲

森林人

与我们亲缘关系最近的物种，如今囿于赤道附近的森林里。大猩猩（gorillas）和黑猩猩（chimpanzees）栖居在横跨非洲西部与中部的热带雨林和林地中。马来群岛中的苏门答腊岛与婆罗门岛上居住着猩猩（orangutans），其生存环境与非洲类人猿（African apes）的生存环境相似，但不如后者与人类更相近。[1] 在马来语中，猩猩的意思是“森林人”（forest man）。

人类与现存类人猿的亲缘关系首先是通过比较解剖学（comparative anatomy）研究发现的。1698年，解剖学家爱德华·泰森（Edward Tyson）从一位英国水手那里得到一具黑猩猩的尸体。这具尸体是这位水手从安哥拉带到伦敦的。泰森对这一标本进行了仔细研究，并对人类和猴子的解剖结构进行了比较。他得出的结论是，黑

① Russell H. Tuttle, *Apes of the World: Their Social Behavior, Communication, Mentality, and Ecology* (Park Ridge, N. J.: Noyes Publications, 1986), pp. 12 – 20.

猩猩与人类具有较大的相似性。[①] 几十年后，瑞典博物学家林奈（Linnaeus）发表了他对现存植物与动物的分类，把人类与类人猿都归于人属（Homo）。[②]

黑猩猩的体型比人类小一些，雄性的平均体重约为 100 磅（45 千克），雌性约为 88 磅（近乎雄性体型的 90%）。大猩猩的体型比黑猩猩更大，拥有更明显的性别二态性（sexual dimorphism）（也就是说，两性之间差别更大）。成年雄性大猩猩的体重超过 300 磅（136 千克），雌性只有雄性体重的大约一半。猩猩与黑猩猩在体型上更加相近，但与大猩猩一样具有显著的性别二态性。与现在的人类不同，黑猩猩和大猩猩身上覆盖着一层浓密的毛发。尽管按照大多数标准来看猿类的大脑比较大，但就大脑占身体的比例而言，猿脑明显小于人脑（大约是人脑容量的 1/3）。[③]

非洲类人猿有别于人类和猩猩的特征之一是被称为臂行（knuckle-walking）的独特运动方式。黑猩猩与大猩猩在地下行走时足部平放，但它们的手部弯曲，用指关节接触地面。黑猩猩与猩猩都是大部分时间待在树上。成年大猩猩很少爬树，因为他们体型太大。[④]

在很久以前，许多博物学家也注意到了类人猿与人类之间的行为相似性。早在 1844 年，野生黑猩猩就被观察到用石头敲开坚果。几年以后，查尔斯·达尔文（Charles Darwin）描述了他看到一只年幼

① Daniel J. Boorstin, *The Discoverers: A History of Man's Search to Know His World and Himself* (New York: Random House, 1983), pp. 459 - 463; Ian Tattersall, *The Fossil Trail: How We Know What We Think We Know about Human Evolution* (New York: Oxford University Press, 1995), p. 4.

② Tattersall, *The Fossil Trail*, p. 4.

③ Tuttle, *Apes of the World*, pp. 12 - 20, 171 - 196.

④ Tuttle, *Apes of the World*, pp. 40 - 52.

的猩猩用棍子做杠杆的情景。[①] 1963 年，珍妮·古道尔（Jane Goodall）报道了野生黑猩猩用植物材料制造简单工具的事实，从而动摇了人类是唯一会“制造工具的动物”这一说法。这些简单的工具制作包括用处理好的嫩枝从蚁穴中钓白蚁，将咀嚼过的树叶作为海绵使用。[②] 大猩猩很少被观察到制造或使用工具。

图 2－1　黑猩猩使用棒状物获取白蚁

狩猎是另一种使研究人类进化的学生颇感兴趣的黑猩猩行为。人类曾观察到野生黑猩猩猎杀猴子和小羚羊，它们有时会通过团队合作捕食猎物。狩猎后，可以与其他同伴分享获得的肉。然而，肉类只占黑猩猩饮食的一小部分，其饮食主要是成熟的水果与浆果以及一些种子、坚果、树叶和昆虫。猩猩也食用大量水果和一些昆虫，而大猩猩则主要以从森林地面上获取的叶子和植物嫩芽为食。[③]

---

① Charles Darwin, *The Descent of Man and Selection in Relation to Sex* (London: John Murray, 1871).

② Jane Goodall, "My Life among the Wild Chimpanzees," *National Geographic Magazine* 124 (1963): 272－308. 自 1963 年以来，收集到许多有关黑猩猩制造和使用工具的新信息。William C. McGrew, *Chimpanzee Material Culture* (Cambridge: Cambridge University Press, 1992); Yukimaru Sugiyama, "Social Tradition and the Use of Tool-Composites by Wild Chimpanzees," *Evolutionary Anthropology* 6, no. 1 (1997): 23－27.

③ Geza Teleki, *The Predatory Behavior of Wild Chimpanzees* (Lewisburg, P. A.: Bucknell University Press, 1973); Tuttle, *Apes of the World*, pp. 63－113.

黑猩猩和大猩猩的牙齿上都有一层较薄的牙釉质，这反映了它们主要咀嚼对牙齿表面磨损很小的软食。相比之下，人类的牙齿有一层比较厚的牙釉质，表明人类的食物更坚硬粗糙。猩猩的牙釉质是中等厚度的，明显反映出它们食用的是较硬的水果和其他食物。①

正是分子研究揭示了人类和非洲类人猿之间的遗传和进化关系到底有多密切。20 世纪初进行的对血液蛋白质的免疫学研究表明，正如所预料的，猿类与人类的关系比旧大陆猴（Old World Monkeys）与人类的关系更为密切。② 20 世纪 60 年代，这些研究通过运用新技术重新启动并进一步拓展，得出了令人吃惊的结果。新的分子分析表明，人类与黑猩猩和大猩猩之间的关系极其密切。其中一些研究表明，黑猩猩与人类的亲缘关系比其与大猩猩更为密切，尽管之前报道的 98.5% 共享 DNA 的估计值现在看似乎过高。③

尽管人类和现存猿类之间有着密切的进化关系，但很明显，二者在一个方面存在极大的不同。非洲猿类和亚洲猩猩都限足于北纬 15 度以内的狭窄地域。黑猩猩是适应性最强的，它们中的一些栖息于开阔的林地，而大猩猩和猩猩的活动范围仅限于赤道附近几百英里范围内的热带森林。现存的猿类生活在一个平均气温大约为华氏 80 度

---

① Lawrence Martin, "Significance of Enamel Thickness in Hominid Evolution," *Nature* 314 (1985): 260 – 263.

② Ian Tattersall, *The Fossil Trail*, pp. 122 – 123.

③ J. Marks, C. W. Schmid, and V. M. Sarich, "DNA Hybridization as a Guide to Phylogeny: Relations of the Hominoidea," *Journal of Human Evolution* 17 (1988): 769 – 786; W. Enard et al., "Intra-and Interspecific Variation in Primate Gene Expression Patterns," *Science* 296 (2002): 340 – 343; Elizabeth Pennisi, "Jumbled DNA Separates Chimps and Humans," *Science* 298 (2002): 719 – 721.

(25 摄氏度) 的小天地里，这里的气温一年中很少有超过几度的变化，而且水分充足，植物繁茂。在过去几千年里，人类几乎实现了全球性的陆地分布——他们占据了沙漠、北方森林和冻原，闯入地球上一些最寒冷、最干燥、生产力最低的环境中。

全球变化时期

20 世纪 60 年代的分子研究最终促使人们对人类进化进行了一次重要的重新评估。虽然新证据表明人类和非洲猿类之间有着出乎意料的密切遗传关系，但是用来估计二者之间分化日期的“生物分子钟”(biomolecular clock) 表明，在不到 800 万年前二者出现了进化分裂。[①] 在这些发现公布之时，大多数人类学家认为，人类大约在 1500 万年前就已经从栖息在森林中的非洲猿类中分化出来。[②] 因此，直到 20 世纪 70 年代末化石记录被重新评估以前，分子证据在很大程度上未被采用或是被忽略。[③]

生物分子钟至少可以粗略估算出现存物种分化的时间，这一点现在已被广泛接受。分子证据和化石比较解剖学都表明，现存猩猩的祖先在 1200 万年前从大猩猩 - 黑猩猩 - 人类谱系中分化出来。[④] 但是，500 万 ~ 1000 万年前的非洲化石记录中一个重大的空白，加上分子数据解释的不确定性，使人类、黑猩猩和大猩猩之间的进化关系依然模

---

① V. M. Sarich and A. C. Wilson, “Immunological Time Scale for Hominid Evolution,” *Science* 158 (1967): 1200 - 1203.

② 例如，参见 David Pilbeam, *The Ascent of Man: An Introduction to Human Evolution* (New York: Macmillan Publishing Co., 1969), pp. 91 - 99。

③ Roger Lewin, *Bones of Contention: Controversies in the Search for Human Origins* (New York: Simon and Schuster, 1987), pp. 108 - 127.

④ Peter Andrews, “Hominoid Evolution,” *Nature* 295 (1982): 185 - 186.

糊不清。

目前还不清楚三者的共同祖先是栖息在森林里，还是生活在更开阔的环境中。对现存类人猿和人类牙釉质的分析表明，后者的牙釉质较厚是一种遗传特征（ancestral condition），而以臂行走也体现出一种特殊的适应性。[①] 人类只是从广义上说是非洲猿类的后裔。他们最后的共同祖先可能在许多方面都不同于两个群体的现存代表，并且可能居住在一个开放的林地环境中。

所有这些进化都发生在520万～2350万年前的中新世时期（Miocene epoch）。中新世是地球历史发生重大变化的时期，始于非洲和欧亚大陆明显变暖和森林环境范围进一步扩大。当时，这两个大陆板块被海洋分离。1700万～1800万年前，两个板块相撞，许多动物通过新形成的大陆连接地带从非洲扩散到欧亚大陆。气候变得凉爽而干燥，草原和林地面积随着森林的缩小而扩大。[②]

中新世早期，旧大陆猴和古猿（hominoids）——一个包括现存猿类、化石猿类和人类的群体都在非洲得以进化。通常适应更开放环境的猴子，在这一时期分布不太广泛，种类也不多。除了著名的原始猿类——普罗猿（Proconsul）之外，在1800万年前还出现了多个类人属（hominoid genera）。他们在体型、移动方式和饮食适应方面各不相同，但迄今已知的所有中新世早期的猿类仅限于栖居在热带东非的森林和林地。[③]

---

① Russell H. Tuttle, "Knuckle-walking and the Problems of Human Origins," *Science* 166 (1969): 953–961; Martin, "Significance of Enamel Thickness".

② Glenn C. Conroy, *Primate Evolution* (New York: W. W. Norton and Co., 1990), pp. 185–194; Richard G. Klein, *The Human Career*, 2nd ed. (Chicago: University of Chicago Press, 1999), pp. 126–127.

③ Klein, *The Human Career*, pp. 119–126.

在非洲大陆和欧亚大陆发生碰撞之后，旧大陆猴和古猿将活动范围扩大到南亚和欧洲部分地区。中新世中期古猿的分布与大约50万年前人类的分布相似（见第三章），就数量和种类而言，700万～1700万年前是猿类的黄金时代。1100万～1600万年前，11种不同种类的上猿（Pliopithecus）栖息在从中欧到中国南部的森林里。他们比现代非洲猿类体型小，跟现存的猴子一样，是树栖四足动物。还有森林古猿，其身体进化得更像类人猿，前肢很长。这些类群的分布范围远达欧洲北部北纬50度地区，当时这一地区盛行亚热带气候。[①]

在欧洲和亚洲，西瓦古猿（Sivapithecus）占据了更干燥和更开阔的林地。西瓦古猿的牙齿附有厚厚的牙釉质，因而可以咀嚼较硬的食物。人们普遍认为他们是现代猩猩的祖先。中新世晚期出现了更多与现代类人猿没有直接关系的异域人猿。800万～900万年前，意大利的沼泽森林里栖息着山猿（Oreopithecus）。部分原因是其不寻常的牙齿形态，他们通常被归入一个独立的、已经灭绝的人类族群。中国南方古代的湖泊和沼泽沉积地孕育了禄丰古猿（Lufengpithecus），他们拥有独特甚至奇异的前额凹陷的头骨。体型庞大的巨猿（Gigantopithecus）——已知的最大的灵长类动物也出现在中新世末期的远东地区。[②]

大约700万年前，又出现了一次气温骤降。随着极地冰盖的扩大和全球海平面的下降，欧亚大陆大部分地区和北非的气候变得越发凉爽而干燥。600万年前，地中海是一个干燥的盆地。这一时期森林面

---

① Laszlo Kordos and David R. Begun, "Rudabanya: A Late Miocene Subtropical Swamp Deposit with Evidence of the Origin of the African Apes and Humans," *Evolutionary Anthropology* 11 (2002): 45–57.

② Conroy, *Primate Evolution*, pp. 229–240; Klein, *The Human Career*, pp. 134–140.

积进一步缩小，草原面积增加。随着旧大陆猴的数量增加和种类变多，古猿数量逐渐减少，并从此走向消亡。他们在欧洲完全灭绝，在亚洲南部也不常见。[①]

人类起源

人类曾经被认为是由中新世中期古猿的一支进化而来，当时古猿的地盘扩大、种类多样。如前所述，始于20世纪60年代的生物分子研究最终促使对这一观点进行重新评估。现在已很清楚的是，最早的人类出现在中新世末期，那时古猿正遭受着大规模灭亡和活动范围缩减。人类通过进化出极为不寻常的特征，能够在热带林地环境中占据一个生态位（ecological niche），从而成为少数幸存的古猿世系之一。

尽管500万~1000万年前非洲化石的稀缺使人类出现的细节不得而知，但人类在这一时期（上新世早期）结束时已经存在。已知的人科（hominid）家族最古老的代表是南方古猿（australopithecines），他们直到大约100万年前仍居住在非洲。目前，最早的骨骼遗骸是在东非发现的属于略早于500万年前的拉密达地猿（Ardipithecus ramidus）。虽然南方古猿只分布在北纬16度和南纬27度之间，但其种类较多，大多数人类学家确认有3个属和至少7个种。[②]

如果他们存活至今，南方古猿很可能被视为类人猿，因为其大脑容量小，一般在400~550毫升（就大脑占身体的比例而言，与现存猿类相似）。他们保留了许多其他与类人猿相似的特征，其栖居的地

---

① Conroy, *Primate Evolution*, pp. 185 – 205.

② Klein, *The Human Career*, pp. 186 – 187.

理范围与现代黑猩猩的居住地一样有限。然而，南方古猿进化的后肢直立行走的移动模式，使他们既有别于非洲类人猿，也不同于其他所有现存灵长类动物和大多数哺乳动物。正是直立行走（bipedalism）将人类送入决定性的进化轨道。直立行走与后来出现的语言一样，是人类进化过程中最重要的事件。

尽管双足行走在哺乳动物中很罕见，但这一运动模式与原始猿类和低等灵长类动物的直立姿势有明显的渊源。虽然这种转变需要许多形态和功能上的相互关联的改变，从而引起大部分骨骼的变化，但是这种转变可能不像想象中那么剧烈。下脊柱变得弯曲，骨盆变短变宽。头骨的位置移到躯干的垂直上方。下肢变长，关节表面积变大。双足需要一个不可相对的大脚趾以形成平台结构。[①]

尽管人们一致认为双足行走与中新世末期开放生境的扩展有关，但关于其起源有很多推测和争论。随着树木分布范围缩小和密度下降，古猿的食物来源可能变得更加分散，这就迫使一些中新世晚期的猿类可能在地上花费更多的时间。随着穿越开放栖居地需求的增加，一种或多种古猿可能进化出双足行走的高效移动方式。[②] 双足行走之所以出现在这一时期，可能还有其他优势，如提高携带食物和/或后代的能力，以及在地面时越过高草和灌木觅食的能力。[③]

双足行走也与工具的制造和使用有关，但二者之间的因果关系很难厘清。双足行走显然可以将前肢解放出来制造工具，或许更重要的

---

① John Napier, "The Antiquity of Human Walking," *Scientific American* 216, no. 4 (1967): 56 – 66.

② Peter S. Rodman and Henry M. McHenry, "Bioenergetics of Hominid Bipedalism," *American Journal of Physical Anthropology* 52 (1980): 103 – 106.

③ Roger Lewin, *Human Evolution: An Illustrated Introduction*, 3rd ed. (Boston: Blackwell Scientific Publications, 1993), pp. 85 – 90; Klein, *The Human Career*, pp. 249 – 250.

是，在行走或奔跑时可以使用武器。然而，在非洲发现的100多万年前的工具，没有一件能与任何南方古猿紧密地联系在一起。人们普遍认为他们制造和使用的工具与现存大猿使用的工具相似，但这些工具尚未被考古发现（主要是因为南方古猿没有占据特定地点并在那里留下碎片残渣的习惯）。黑猩猩不用双足行走就能制造和使用工具，一些人类学家认为后者制造工具的优势发展得较晚。[①]

虽然南方古猿是双足行走，但他们保留了一些类人猿的特征，这表明他们仍然在树上度过很多时间。像类人猿一样，他们的胳膊比腿长。腋窝（肩胛骨的关节腔）已定位到靠近头部的位置，这便于攀登和悬挂时前肢向上移动。南方古猿的手指和脚趾弯曲（脚趾较长），特别适合抓握树枝。最后一点，内耳的结构——在双足运动中保持平衡起着关键作用——与猿类而不是现代人类的内耳结构更相似。[②] 树木很可能是其重要的食物来源和躲避食肉动物的避难所。

有关南方古猿的饮食和觅食行为可从其牙齿和下巴中得到一些线索。其牙齿通常覆有一层厚厚的牙釉质，这表明他们比现存的大猿所吃的食物要硬。颊齿（前臼齿和臼齿）较大，门齿较小。后期的南方古猿进化出了一种强大的咀嚼系统，其更大的颊齿和巨大的下巴便于横向研磨食物。[③] 更晚出现的粗壮种类通常被归入

---

① Lewin, *Human Evolution*, p. 85.

② R. L. Susman, J. T. Stern, and W. L. Jungers, "Arboreality and Bipedality in the Hadar Hominids," *Folia Primatologica* 43 (1984): 113 – 156; F. B. Spoor, B. Wood and F. Zonneveld, "Implications of Early Hominid Labyrinthine Morphology for Evolution of Human Bipedal Locomotion," *Nature* 369 (1994): 645 – 648.

③ John T. Robinson, "Adaptive Radiation in the Australopithecines and the Origin of Man," in *African Ecology and Human Evolution*, eds. by F. C. Howell and F. Bourliere, pp. 385 – 416 (Chicago: Aldine, 1963); Martin, "Significance of Enamel Thickness"; Lewin, *Human Evolution*, pp. 91 – 95.

一个单独的属［傍人（Paranthropus）］，他们与人属的早期代表处于同一时代。

南方古猿从未将活动范围扩大到热带以外，也从未占据过欧亚大陆。他们的遗骸没有在北纬16度以外地区被发现，尽管这条纬线穿过阿拉伯半岛最南端，但它远低于后者所提供进入欧亚大陆（位于北纬26度的霍尔木兹海峡）的入口。虽然他们的饮食（显然少肉或无肉）可能是一个因素，南方古猿活动范围的局限性可能与他们高度依赖树木作为食物来源和庇护所有关。[1]

早期人类

1960~1963年，路易斯·利基和玛丽·利基（Louis and Mary Leakey）在坦桑尼亚的奥杜韦峡谷（Olduvai Gorge）[2] 中发现了以前不为人知的原始人的骨头和牙齿。在此之前，只在该遗址中发现过一个粗壮型南方古猿的遗骸。随后，利基夫妇与其他两名同事一起宣布发现了人属中最古老的代表［能人（Homo habilis）］。这一声明颇具争议，而且有关这些化石以及被认为是相同或近缘物种的其他化石的属性至今仍存有争议。问题主要在于早期人类遗骸样本的尺寸较小和其明显的变异性。[3]

---

① Klein, *The Human Career*, pp. 186-187. 对南方古猿牙齿的稳定碳同位素分析表明，南方古猿消耗大量食物，如草或莎草（即富含碳13的食物）或食用这类植物的动物。Matt Spoonheimer and Julia A. Lee-Thorp, "Isotopic Evidence for the Diet of an Early Hominid, *Australopithecus Africanus*," *Science* 283 (1999): 368-370.

② 又译作"奥杜威峡谷""奥杜瓦伊峡谷"。——译者注

③ L. S. B. Leakey, P. V. Tobias, and J. R. Napier, "A New Species of the Genus *Homo* from Olduvai Gorge, Tanzania," *Nature* 202 (1964): 7-9; Lewin, *Bones of Contention*, pp. 142-151; B. Wood, "Origin and Evolution of the Genus *Homo*," *Nature* 355 (1982): 783-790.

自1960年以来，从东非许多地区发掘出被认为是能人（或其他早期人种）的骨骼和牙齿，其年代在160万~250万年前。他们在化石记录中的出现标志着人类进化中几个重要的新发展。早期人属大脑容量显著增加（无论是绝对值还是相对于整个身体尺寸而言）。脑容量估计在510~750毫升，显示出样本的广泛差异性。头盖骨的形状由于颞叶区和顶叶区的扩大而改变。原始人的大脑容量首次超过了猿类大脑。①

虽然牙齿和下巴与他们的祖先相比变小了，但早期人属的解剖结构在其他方面与南方古猿非常相似。从奥杜韦峡谷和库彼福勒（Koobi Fora）（肯尼亚）发现的肢骨表明早期人类的手臂相对于腿部仍然很长。他们体型较小，性别差异——性别二态性——看起来与现存的猿类具有可比性。能人可能继续以树栖为主，生活在类似于南方古猿的社会群体中。②

就像双足行走一样，早期人属脑容量变大和工具制造能力的进化被解释为对树林覆盖面积缩小的反应。300万年前，许多非洲林地类群（woodland taxa）灭绝，而热带稀树草原居住者变得更加普遍。最早的人属显然是从一种体形较纤弱的南方古猿［非洲南方古猿（Australopithecus africanus）或相似种类］进化而来的。同时，南方古猿变得更加粗壮，进化出之前描述的强大的咀嚼系统。出现这种分化的部分原因可能是占据相似生态位的两个密切相关人科之间的竞争。③

---

① Wood, "Origin and Evolution".

② R. L. Susman and J. T. Stern, "Functional Morphology of *Homo habilis*," *Science* 217 (1982): 931-934.

③ Robinson, "Adaptive Radiation".

脑容量较大早期人属的出现与那些对人类生态有影响的重要行为变化证据是一致的。第一批石器也是在东非发现的，其年代可追溯到这个时期（230 万 ~260 万年前）。此外，他们往往与动物遗骨相关，而这些遗骨呈现出被工具损坏的痕迹。这些工具和动物骨骼的汇集之处是已知最古老的考古遗址，也是早期人属在觅食时露营和/或暂时停下来进行各种活动的地方。[①]

早期人属制造的石器属于奥杜韦（旧石器时代早期）石器文化，石器制造业至少存在了 100 万年（160 万 ~260 万年前）。奥杜韦石器非常简单且只限于薄岩片和卵石——通常被称为“石核工具”——或改良的石片。这些石器几乎没有几件是基于心理模板（mental template）设计的，考古学家鉴定出的大多数工具类型可能反映了现代人类大脑的连续变化。许多卵石“工具”似乎只是为了获得锋利的薄片而制造。奥杜韦石器包括石锤、砍砸器、原始双面器、薄岩片和刮削器。[②]

尽管这些工具非常简单，但实验证明其制作超出了现存猿类的能力。1990 年，尼古拉斯·托斯（Nicholas Toth）和几位同事试图教一只叫坎兹（Kanzi）的小倭黑猩猩（bonobo）（或“侏儒黑猩猩”）制造和使用奥杜韦石器。虽然能够从较大的岩石上敲落薄片（有时通过把岩石投掷到坚硬的地面上摔下薄片）并用于完成简单的任务，

---

① Glynn Ll. Isaac, “The Archaeology of Human Origins,” *Advances in World Archaeology* 3 (1984): 1 – 87.

② Mary D. Leakey, *Olduvai Gorge: Excavations in Beds I and II, 1960 – 1963* (Cambridge: Cambridge University Press, 1971); Nicholas Toth, “The Oldowan Reassessed: A Close Look at Early Stone Artifacts,” *Journal of Archaeological Science* 12 (1985): 101 – 120. 对少数奥杜韦工具上可见的微观损伤的分析表明，这些工具用来切割肉、植物和木材。Lawrence H. Keeley and Nicolas Toth, “Microwear Polishes on Early Stone Tools from Koobi Fora, Kenya,” *Nature* 293 (1981): 464 – 465.

但坎兹不能掌握类似早期人属制造工具所需的打击角度和其他技能。①

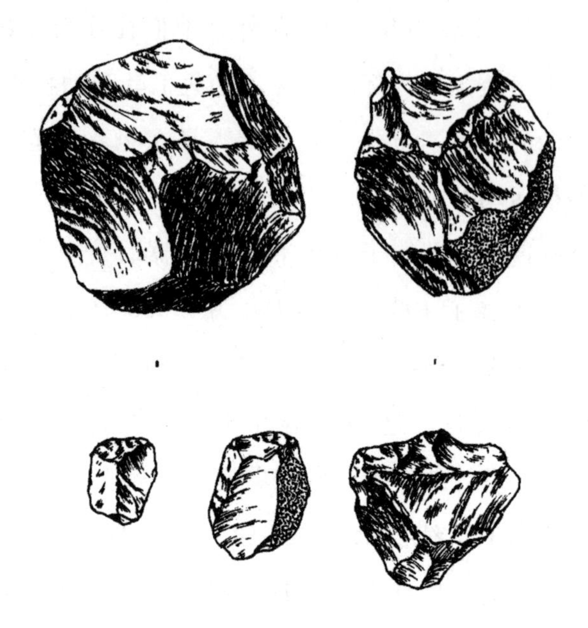

图 2-2 奥杜韦石器

资料来源：Mary D. Leakey, *Olduvai Gorge: Excavations in Beds I and II, 1960 - 1963* (Cambridge: Cambridge University Press, 1971), figs. 10.4, 14.3, 16.1 - 16.3。

对从早期人属遗址中发现的动物骨骼扫描电子显微镜（SEM）分析表明，至少有几种奥杜韦石器是用来敲碎骨干的——可能是为了取出骨腔中的骨髓，并从其表面把肉剥下来。② 能人明显比大型类人猿或南方古猿食肉更多，尽管目前还不清楚这种肉是通过狩猎还是仅仅通过搜寻动物尸体的腐肉（这在热带林地和热带稀树草原比较丰

① Kathy D. Schick and Nicholas Toth, *Making Silent Stones Speak: Human Evolution and the Dawn of Technology* (New York: Simon and Schuster, 1993), pp. 135 - 140.

② R. Potts and P. Shipman, "Cutmarks Made by Stone Tools on Bones from Olduvai Gorge, Tanzania," *Nature* 291 (1981): 577 - 580; Pat Shipman, "Scavenging or Hunting in Early Hominids," *American Anthropologist* 88 (1986): 27 - 43.

富）获得的。同时，牙齿磨损的对比研究表明，早期人属的饮食与南方古猿、黑猩猩或猩猩没有根本区别，牙齿磨损模式的变化出现较晚。①

早期人属遗址通常沿着古老的湖岸和水道分布。从某种程度上说，这种分布方式可能是由于此类环境易于快速掩埋和保存，但这些地方也是可能找到食物、水和庇护所（树木）的地方。考古学家格琳·艾萨克（Glynn Isaac）认为，这些遗址的出现标志着人类生态学的一个重要转变，即建立“家园基地”（home bases），把食物和其他物资运到这里。根据艾萨克的说法，家园基地既反映了中心地觅食（把食物带回中心基地），也反映了成年男性通过采集肉类和分享食物为女性和婴幼提供给养。②

就像能人的进化状态一样，家园基地假说仍然存在争议。尽管有很可靠的证据表明在过去的几十万年里，存在家园基地和中心觅食地，但到目前为止还不清楚它们是不是早期人属适应环境的结果。有关石器和动物骨骼的汇集，另一种解释是，它们仅仅表明了制造工具的原材料和动物尸体被发现的地点。最早的人类遗址可能与现代黑猩猩的活动场所——在觅食过程中暂时停下来进行食物加工的地方类似。然而，与黑猩猩不同的是，早期人属在他们的暂住地加工大量肉类。③

能人形态和行为一直存在不确定性，这就很难准确定义其生态位。尽管有证据表明肉类食用的增加——这似乎与增大的大脑和石器

---

① Alan Walker and Mark Teaford, “Inferences from Quantitative Analysis of Dental Microwear,” *Folia Primatologica* 53 (1989): 177 - 189.

② Glynn Ll. Isaac, “The Food-Sharing Behavior of Protohuman Hominids,” *Scientific American* 238, no. 4 (1978): 90 - 108.

③ Lewin, *Human Evolution*, pp. 135 - 140; Klein, *The Human Career*, pp. 239 - 248.

有关——表明其生态位可能与粗壮的南方古猿有所不同，但早期人属遗骸与傍人遗骸发现于相同的地方。与后者一样，能人尽管有一些新的适应性改变，但似乎一直限足于热带林地。在北纬 16 度以北或非洲以外，尚未找到早于 180 万年前的原始人类化石。

走出非洲

80 万 ~180 万年前（更新世早期），人属的代表从非洲扩散到欧亚大陆南部。在这一时期，近东和中亚以及中国和东南亚都有确定年代的考古遗址。在这次扩张过程中，人类极大地扩大了他们活动的地理和纬度范围。虽然尚未在北纬 16 度以北地区发现更早的遗址，但在更偏北的北纬 41 ~42 度地区已经发现距今 180 万年的遗址，直到更新世中期开始（大约 80 万年前），这个界线也没有被突破。[①]

人属在这一时期的地理扩张，可能与生境范围的显著扩大相对应。人类之所以能够在 180 万年前在北非和欧亚大陆南部生活，是因为他们已经进化出适应其祖先无法生存的环境的能力。虽然这些环境位于寒冷气候区之外——温度可能很少降到冰点以下，但它们具有寒冷环境的两个主要特征。它们既反映了较低的生物生产力（biological productivity），也反映了高纬度地区的显著季节性。

与赤道非洲相比，这一时期许多人属占据地区的植物生产力较

① Clive Gamble, *Timewalkers*: *The Prehistory of Global Colonization* (Cambridge: Harvard University Press, 1994), pp. 125 – 134; Leo Gabunia et al., "Dmanisi and Dispersal," *Evolutionary Anthropology* 10 (2001): 158 – 170; R. X. Zhu et al., "Earliest Presence of Humans in Northeast Asia," *Nature* 413 (2001): 413 – 417.

低。这种情况在北非和西南亚的干旱地区尤其突出。植物生产力的降低减少了动物资源（animal resources）的密度。[①] 因此，人类必须适应食物资源较少或分布较广的生活环境。由于高纬度地区的季节性增强，他们还必须适应一年中气候和食物供应的重大变化。通过适应这些情况，他们为后来在北方开拓疆域奠定了基础。

180 万年前生境扩张的模式在热带非洲很明显。150 万～170 万年前，肯尼亚图尔卡纳湖盆地（Lake Turkana Basin）干燥高地地区的遗址首次被人属占据。这些遗址位于靠近季节性河流相对开放的灌木丛和草地生境中。到 150 万年前，原始人类出现在海拔超过现代海平面 7000 英尺（2300 米）的埃塞俄比亚高原。现今，这个地区的气温有时会在冰冻或接近冰冻的温度之下。[②]

人属在热带以外的栖息地与能人和南方古猿的栖息地形成更加鲜明的对比。来自阿尔及利亚艾恩·汉奇（Ain Hanech）的最新数据表明，人属在 180 万年前已经扩展到北纬 35 度的非洲北部。早在 170 万年前，人类就生活在（至少是季节性地）位于北纬 41 度高加索山脉南缘格鲁吉亚共和国境内的德马尼西（Dmanisi）。虽然当时的气候比现在温暖而干燥，但德马尼西有包括桦树、松树和一些草原植物（如艾蒿）在内的亚热带或温带林地。在这一地区混居游荡着典型的非洲和欧亚哺乳动物，包括马（Equus stenonis）、瞪羚（Gazella borbonica）

---

① 北纬 16 度以北的非洲大部分地区和北纬 30 度以北的欧亚大陆的植物生产力不足赤道非洲的一半。参见 O. W. Archibold, *Ecology of World Vegetation* (London: Chapman and Hall, 1995)。

② Susan Cachel and J. W. K. Harris, "The Lifeways of *Homo erectus* Inferred from Archaeology and Evolutionary Ecology: A Perspective from East Africa," in *Early Human Behaviour in Global Context: The Rise and Diversity of the Lower Palaeolithic Record*, eds. by M. D. Petraglia and R. Korisetter, pp. 108 - 132 (London: Routledge, 1998), pp. 113 - 123; Klein, *The Human Career*, p. 316.

和鹿（Dama nesti）。[①]

直到最近，人类从非洲首次向外扩张的时间才被认定为大概在150万年前。这样就把最早的欧亚原始人限定为直立人的代表，而直立人与能人之间存在一些重要的解剖学差异。此外，150万年前，非洲的人类已能制造属于阿舍利文化（Acheulean）（下旧石器时代）的手斧和其他双面石器，这反映了他们的技术进步。因此，形态和行为的显著变化被认为是进占新的生境和区域的基础。[②]

很明显，欧亚大陆第一批原始人制造的工具与奥杜韦工业的工具非常相似。在德马尼西（大约170万年前）发现的石器包括简单石核工具和岩片，与奥杜韦峡谷能人制造的工具相似。[③] 卵石和岩片工具也出现在已知最古老的东亚遗址中，如136万年前的小长梁（中国泥河湾盆地）（直到80万年前，这种石器一直是该地区工业生产的主要工具）。[④] 东南亚的原始人类遗迹早在170万～180万年前就已出现，也早于阿舍利人，尽管这些日期尚有争议。[⑤]

此外，尽管在德马尼西发现的人类头骨被认为属于直立人，但他们与能人有惊人的相似之处，尤其是脑容量的大小（在600～780毫

---

① M. Sahnouni and J. de Heinzelin, "The Site of Ain Hanech Revisited: New Investigations at This Lower Pleistocene Site in Northern Algeria," *Journal of Archaeological Science* 25 (1998): 1083 - 1101; Leo Gabunia et al., "Earliest Pleistocene Cranial Remains from Dmanisi, Republic of Georgia: Taxonomy, Geological Setting, and Age," *Science* 288 (2000): 1019 - 1025; Gabunia et al., "Dmanisi and Dispersal," pp. 162 - 164.

② 例如，参见 Alan Walker and Pat Shipman, *The Wisdom of the Bones: In Search of Human Origins* (New York: Alfred A. Knopf, 1996), pp. 240 - 241。

③ Gabunia et al., "Dmanisi and Dispersal".

④ Schick and Toth, *Making Silent Stones Speak*, pp. 254 - 257; Zhu et al., "Earliest Presence of Humans in Northeast Asia".

⑤ Carl C. Swisher, Garniss H. Curtis, and Roger Lewin, *Java Man* (New York: Scribner, 2000); J. de Vos, P. Sondaar, and C. C. Swisher, "Dating Hominid Sites in Indonesia," *Science* 266 (1994): 1726 - 1727.

升)。目前有关德马尼西人颅后骨骼的信息极少。[①]

人类最初走出非洲可能是在没有发生重大形态或行为变化时发生的，这种可能性令人吃惊，而这个问题需进一步考证。同时，80万~180万年前，大多数非洲和欧亚人属的代表在体型和一些解剖学特征上与能人明显不同。这些变化在170万~180万年前的非洲标本中显而易见，在东亚这些变化最迟出现在100万年前。[②]

卡莫亚·基穆（Kamoya Kimeu）在肯尼亚发现了许多原始人化石，其中1984年8月下旬发现的化石是他最重要的发现之一。在纳里奥科托姆（Nariokotome）附近图尔卡纳湖西缘的一座小山上，他发现了第一块后来被证明是直立人骨骼的碎片。除了手和脚部较小的骨头（缺失），骨骼有66%是完整的。它属于一名男性，估计死亡年龄为12岁。[③]

纳里奥科托姆人可以追溯到153万年前，揭示了有关人类从非洲向外扩张时期的许多新信息。直立人颈部以下的外貌基本上与现代人类一样，完全是双足行走（缺乏南方古猿和能人攀爬树木的较长的前肢和其他特征）。据此推测，人属不再受限于树木作为食物来源和/或庇护所。与能人相比，大脑容量有所增加（平均约达到900毫升），但整个身体体积相应增加，导致大部分或整个颅骨增大。[④]

有迹象表明直立人花费大量的时间步行——也许是奔跑，穿越开放的栖息地，这是热应激（heat stress）适应的证据。纳里奥

---

① Abesalom Vekua et al., "A New Skull of Early *Homo* from Dmanisi, Georgia," *Science* 297 (2002): 85 - 89.

② Klein, *The Human Career*, pp. 280 - 295.

③ Walker and Shipman, *The Wisdom of the Bones*, pp. 178 - 201.

④ Klein, *The Human Career*, pp. 289 - 291.

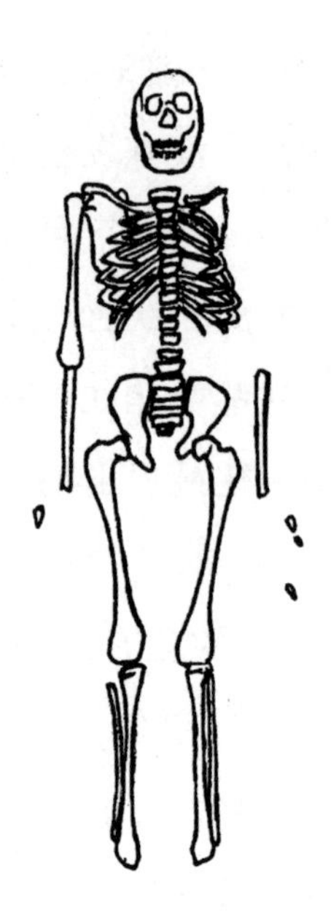

图 2-3　纳里奥科托姆人的骨骼

资料来源：Alan Walker and Pat Shipman, *The Wisdom of the Bones: In Search of Human Origins* (New York: Alfred A. Knopf, 1996), p. 245。

科托姆人是热带地区发现的现代人类中身材高挑、远端肢体较长的一种。这种身体的大小和形状使暴露的表面积相对于整个身体最大化，因此损耗很多的热量。相比之下，北极现代人类体重更重，四肢更短。[①] 直立人也是第一种拥有外鼻的原始人类。这就能够将水分添加到吸入的空气中，并从呼出的空气中将水分去除。[②] 对热应激的另一种适应可能是体毛的脱落，但这一点目前还不能证实。

① Christopher Ruff, "Climate, Body Size, and Body Shape in Human Evolution," *Journal of Human Evolution* 21 (1991): 81-105; Walker and Shipman, *The Wisdom of the Bones*, pp. 195-199.

② Robert G. Franciscus and Erik Trinkaus, "Nasal Morphology and the Emergence of *Homo erectus*," *American Journal of Physical Anthropology* 75, no. 4 (1988): 517-527.

身体尺寸的整体增加伴随着性别二态性的降低。男性和女性的体型比例达到了现代人类的相同水平（也就是说，女性体型大约是男性体型的90%）。在现存的类人猿和其他灵长类动物中，性别二态性的降低与一夫一妻制和配对结合（pair-bonding）有关。在直立人中，这种进化被广泛认为反映了性别分工和食物分享，可能与男性的远距离觅食和狩猎有关。[①]

解剖学和体型大小的变化似乎形成了一个复合体或“适应性组合”（adaptive package），这些变化使直立人能够扩大其在更干燥和更开放栖息地的觅食范围，那里的食物资源更为分散和多变。人类可以在更广阔的地区觅食。性别二态性的降低表明组织适应性可能也很关键。远距离觅食的需求会将原始人类社会扩展到更大的区域，并可能将人类社会的凝聚力发挥到极限。配对结合和食物共享可能是这些新栖息地“适应性组合”的一部分。[②]

直立人出现后，石器技术的变化可能在对新环境的占据中起了不太重要的作用。阿舍利人的手斧和其他大型双面工具，包括砍刀和镐，在东非最早可追溯到165万年以前，因此大体上与人属的形态变化相关。然而，双面器出现在近东的时间似乎稍晚一些（大约140万年前），并且比原始人的出现晚了40万年。手斧在东亚的大部分地区都很少见，在那里手斧显然对直立人的生存并不重要。[③]

---

① Klein, *The Human Career*, pp. 292 – 293.

② Gamble, *Timewalkers*, pp. 141 – 143.

③ Klein, *The Human Career*, p. 181; Ofer Bar-Yosef and Anna Belfer-Cohen, “From Africa to Eurasia—Early Dispersals,” *Quaternary International* 75 (2001): 19 – 28. 虽然手斧在东亚很少见，但最近在中国南方玻色盆地发现了可追溯到80万年前的手斧。Yamei Hou et al., “Mid-Pleistocene Acheulean-like Stone Technology of the Bose Basin, South China,” *Science* 287 (2000): 1622 – 1626.

有关大型双面工具的功能已经争论了多年。一些考古学家认为它们是通用工具（旧石器时代早期的“瑞士军刀”）；另一些考古学家则认为它们既是石核又是工具。实验研究表明，大型双面器特别适合于肢解哺乳动物的尸体，而且对其双刃边缘的微观分析为这种用途提供了佐证。[①] 然而，还有待证明的是，手斧是否拥有奥杜韦卵石或岩片工具所没有的功能。

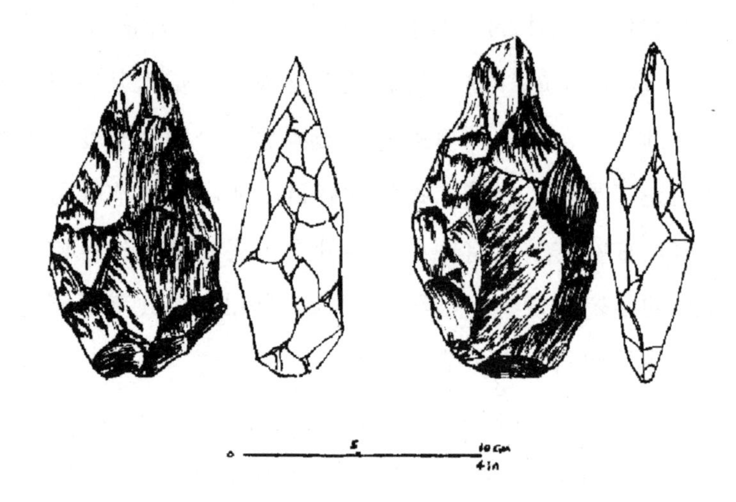

图 2 - 4　150 万年前坦桑尼亚奥杜韦峡谷的手斧

资料来源：Mary D. Leakey, *Olduvai Gorge: Excavations in Beds I and Ⅱ, 1960 - 1963* (Cambridge: Cambridge University Press, 1971), fig. 97。

双面石器的真正意义可能在于它们对人类认知发展的影响。与早期的卵石和岩片工具的简化技术相比，手斧、砍刀和镐反映了一种心理模板或设计模式。它们的生产需要一系列制造阶段，这些阶段将卵石或较大的岩片转变成形状对称的形式，与制造它们的原岩石几乎没

---

① Schick and Toth, *Making Silent Stones Speak*, pp. 258 - 260.

有相似之处。[1]

手斧似乎是人类将复杂结构强加于部分环境的最早例子。这种模式后来被扩展到包括更广泛的技术和环境中不太有形（less tangible）的方面，包括以文字、艺术、音乐等形式表现的声音和颜色。[2] 值得注意的是，这种将复杂“结构”强加于自然界趋势的所有后续发展，似乎都来自非洲和欧亚大陆西部（即尼安德特人和现代人类）手斧制造者的后裔。

另一种可能同时期出现的技术形式是火。在80万年前的考古记录中占主导地位的露天遗址中，很难识别受控火的痕迹，并且当识别出来时，不易与天然火区分。因此，缺乏这一时期使用火的无可争辩的证据，可能仅仅反映了风化的影响和/或当前考古学技术的局限性。南非斯瓦特克朗斯洞穴（Swartkrans Cave）与石器有关的烧毁的骨头，以及肯尼亚库彼福勒可能存在的炉灶痕迹表明，早在150万年前人类已经能够控制火。[3] 如果是这样，这项技术可能在生境扩展中发挥了重要作用。

尽管新技术可能对180万年前人类迁出非洲产生了影响，但对直立人牙齿的微磨损（microwear）分析表明，饮食结构发生了重大变

---

① Schick and Toth, *Making Silent Stones Speak*, pp. 237－245; Thomas G. Wynn, "The Evolution of Tools and Symbolic Behaviour," in *Handbook of Human Symbolic Evolution*, eds. by Andrew Lock and Charles R. Peters (Oxford: Blackwell Publishers, 1999), pp. 268－271.

② Thomas Wynn, "Handaxe Enigmas," *World Archaeology* 27, no. 1 (1995): 10－24.

③ C. K. Brain and A. Sillent, "Evidence from the Swartkrans Cave for the Earliest Use of Fire," *Nature* 336 (1988): 464－466; Klein, *The Human Career*, pp. 350－351. 就像手斧一样，控制火的使用可能对人类的认知有重要影响。参见 Derek Bickerton, *Language and Species* (Chicago: University of Chicago Press, 1990), pp. 140－141。多年来，最早被证实使用火的地方是中国的周口店洞穴，大约40万年前这里就有人类居住。然而，最近对周口店1号区沉积物的分析没有发现使用火的证据。P. Goldberg et al., "Site Formation Processes at Zhoukoudian, China," *Journal of Human Evolution* 41 (2001): 483－530.

化。其牙齿表面呈“极度凿击”（extreme gouging and battering）状，类似于鬣狗等食肉啃骨动物的牙齿。这与现存类人猿和南方古猿化石牙齿的磨损模式形成鲜明对比。[①]

从对直立人遗址的动物骨骼和古器物的分析来看，他们消耗的肉类并没有显著增加。与能人一样，80 万 ~ 180 万年前人类居住的许多考古遗址都有大型哺乳动物骨骼，这些骨骼被石器切割和击碎，但有关狩猎的确凿证据仍然难以找到。然而，对非洲热带地区遗址的比较研究显示，一些细微的迹象表明对肉类的消费有所增加。在奥杜韦峡谷，直立人占据的遗址反映出人类更关注体型较大的动物及尸体肉更多的部位。[②]

肉类消耗的增加，无论主要通过食腐肉还是狩猎获取，可能是人类从非洲向更高纬度地区扩张的一个重要原因。首先，由于身体和脑变大，直立人需要更多的能量。随着干旱和寒冷地区植物性食物供应的减少，肉类在饮食中的比例必然上升。远距离觅食和较低温度将进一步扩大对能量的需求。近代觅食民族中，居住在北纬 30 度以北大多数群体的饮食至少有一半来自狩猎和/或捕鱼。[③] 高肉类饮食对于随后占据北方是至关重要的，而且由于在这些地区生物量（biomass）减少，因此食用腐肉的机会减少，狩猎便成为维持这种生活的必要条件。

（周玉芳　于　波　译）

---

① Walker and Shipman, *The Wisdom of the Bones*, pp. 168 – 169.

② C. M. Monahan, " New Zooarchaeological Data from Bed Ⅱ, Olduvai Gorge, Tanzania: Implications for Hominid Behavior in the Early Pleistocene," *Journal of Human Evolution* 31 (1996): 93 – 128; Cachel and Harris, "The Lifeways of *Homo erectus*," pp. 114 – 115.

③ Robert L. Kelly, *The Foraging Spectrum: Diversity in Hunter-Gatherer Lifeways* (Washington, D. C.: Smithsonian Institution Press, 1995), pp. 66 – 73.

第三章
最早的欧洲人

海洋效应

北纬地区第一处人类定居点出现在欧洲西半部，人类最早定居西欧的遗址只在地中海地区被发现，可追溯到 80 万年前甚至更早。但在 50 万年前，人类已经在北纬 50 度的英国居住。从他们定居的遗迹推测，当时人类居住地已远至多瑙河盆地东部。[①]

欧洲早期的定居点无疑与北大西洋对欧亚大陆最西端的调节作用有关。从低纬向北流动的洋流给西欧带来了大量温暖湿润的水汽。当这些水汽到达东欧，越过喀尔巴阡山脉（Carpathian Mountains），已经变得非常干冷，“海洋效应”已经大大降低。西欧是欧亚大陆北部

---

① Wil Roebroeks and Thijs van Kolfschoten, “The Earliest Occupation of Europe: A Reappraisal of Artefactual and Chronological Evidence,” in *The Earliest Occupation of Europe*, eds. by W. Roebroeks and T. van Kolfschoten (Leiden: Univensity of Leiden, 1995), pp. 297 - 315; Richard G. Klein, *The Human Career*, 2nd ed. (Chicago: University of Chicago Press, 1999), pp. 319 - 327.

冬季气温最温和、生物生产力最高的地区。[①]

人类在这一时期的地理分布和 700 万 ~ 1700 万年前的中新世古猿的分布情况非常相似（见第二章），在很大程度上也反映了类似的气候分布情况。在 50 万年前直到尼安德特人出现（20 万 ~ 30 万年前），尽管当时温度低于中新世中期，但仍比现在要高。[②]

这段时间内西欧和南欧的环境条件的确十分优越，以至于有些人想知道为什么人类没有在更早的时期来到西欧和南欧居住？至少在 100 万年以前，以智人（Homo sapiens）为代表的人类就已经占据了亚欧大陆北纬 41 度地带。[③] 智人经历了与欧洲西部类似的相对干燥且随季节变化的栖息环境，那里的温度可能接近甚至有时低于冰点。这导致人们猜测，除了气候，可能还有其他一些与人类竞争的肉食动物的灭绝的因素，为人类打开了通往欧洲的大门。[④]

除了上述推断，还缺少欧洲早期居民适应寒冷气候的证据。很多对寒冷气候的适应行为在欧洲大陆稍晚生活的尼安德特人身上显现出来。[⑤] 但是在 50 万年前，占据欧洲的人类遗骸与早期人类遗骸几乎

---

① W. von Koenigswald, "Various Aspects of Migrations in Terrestrial Animals in Relation to Pleistocene Faunas of Central Europe," *Courier Forschungsinstitut Senckenberg* 153 (1992): 39 - 47; Clive Gamble, "The Earliest Occupation of Europe: The Environmental Background," in *The Earliest Occupation of Europe*, ed. by Roebroeks and van Kolfschoten, pp. 279 - 295. 例如，紧邻大西洋的挪威位于北纬 69 度，特罗姆瑟年平均气温为华氏 37 度（2 摄氏度），1 月平均气温为华氏 25 度（零下 3 摄氏度）。但是在西伯利亚东北部（北纬 67 度），上扬斯克（Verkhoyansk）有记录的年平均气温仅为华氏 7 度（零下 13 摄氏度），1 月平均气温为华氏零下 48 度（零下 44 摄氏度）。

② Gamble, "The Earliest Occupation of Europe".

③ Clive Gamble, *Timewalkers: The Prehistory of Global Colonization* (Cambridge: Harvard University Press, 1994), pp. 135 - 136.

④ Alan Turner, "Large Carnivores and Earliest European Hominids: Changing Determinants of Resource Availability during the Lower and Middle Pleistocene," *Journal of Human Evolution* 22 (1992): 109 - 126.

⑤ 第四章描述了尼安德特人适应寒冷气候的情况。至少，它们包括各种身体结构上的特征，这些特征可以减少身体热量的损耗和提供非常多的蛋白质和脂肪。

没有什么区别，无法帮助他们应对寒冷的环境。人类第一次进入中高纬度地区，甚至终达北纬 52 度地区，是利用有利环境拓展地理活动范围的偶然行为。

尽管缺少最早的欧洲人适应寒冷气候的明显证据，但是仍有理由相信他们已经有了在较高纬度环境中生存的特殊方式，这也让他们与南方同时代的人类区别开来。然而，由于当地环境条件和温暖气候的变化，西欧对第一批人类定居者提出了挑战。那时的气候确实比现在寒冷，但仍有证据显示在这段时间内有人类定居。[①] 由于文献记录极不完整，我们无法发现最早的欧洲人适应寒冷气候的证据。在这一地区，特别缺乏 20 万 ~30 万年前的人类骨骼遗骸，并且最早的欧洲人因为低温，可能在身体结构上已经有了进化，但这种进化还未被发现。其他的适应行为，比如更多地食用肉类或是广泛使用哺乳动物皮毛御寒，在考古遗迹的有限残骸中也很难得到确认。

最初的占据

人类定居欧洲至少分为两个阶段。50 万年之后，人类居住遗址在西欧北部和南部都有广泛的分布及翔实的记录。大多数地区的遗址都有手斧和人类的骨骼遗骸，这些人似乎就是尼安德特人的祖先。但是 50 万年之前，定居的模式是不同的。能确定时间的遗址极为罕见，而且目前仅限于欧洲南部。尽管十分罕见，但这些骨骼遗骸一定属于

---

① Wil Roebroeks, Nicholas J. Conard, and Thijs van Kolfschoten, "Dense Forests, Cold Steppes, and the Palaeolithic Settlement of Northern Europe," *Current Anthropology* 33 (1992): 551 - 586; Gamble, "The Earliest Occupation of Europe," p. 281.

其他类人生物，因为手斧和其他双面工具数量较少，甚至根本没有。[1]

欧洲人类最早的定居阶段至少开始于80万年前，来此定居的人数相对较少。无论从这些人的骨骼形态还是从他们使用的工具来看，都和50万年前在欧洲定居的人类关系不大，并且他们没能建立长期的定居点。欧洲北部缺少知名的遗址说明最初的定居者也许没有能力适应北纬41～42度以北地区的环境（亚洲的直立人已经开始在上述纬度地区定居）。

因为考古文献资料对其记录有限，很难了解欧洲人类居住的早期阶段。早期欧洲人口密度较低，而且定居点规模也比较小。没有几个定居遗址能保存下来，甚至这些遗址也很难找到。存有考古遗迹的大多数洞穴和岩穴易于被确认为潜在的考古遗址，但这些洞穴和岩穴在几十万年中受到侵蚀。大多数早期欧洲人的定居遗址已被河流、湖泊、泉水的沉积物掩盖。[2]

手斧的缺失给距今50万年甚至更早的欧洲定居点遗址带来了一个特殊的问题。即使是在孤立的环境中，这类工具毋庸置疑也是人类制造的，并出现在后来的沉积物之中，是人类定居的确凿证据。但是在50万年前，欧洲人能够制作简易的砾石和片状工具，这和奥杜韦文化有着些许不同（见第二章）。这些石器与自然断裂的石头难以区分，并且石器通常是从地质环境（如蕴含丰富能量的河流沉积物）中找到的，其中可能含有天然碎裂的鹅卵石和砾石。[3]

---

① Roebroeks and van Kolfschoten, "The Earliest Occupation of Europe," pp. 307－308.

② John F. Hoffecker, *Desolate Landscapes: Ice-Age Settlement in Eastern Europe* (New Brunswick, N. J.: Rutgers University Press, 2002), pp. 40－42.

③ Roebroeks and van Kolfschoten, "The Earliest Occupation of Europe," pp. 303－308.

因此，大多数报道的追溯到50万年前的欧洲遗址都存在很大的问题。例如，据报道，法国中央高地（Massif central）一些地方出土的工具可追溯到180万~200万年前。据称，这些工具包括石斧、多面石器和改良后的片状工具。然而，对比分析表明，类似的碎块是由火山作用形成的，而火山活动曾是中央高地的普遍现象。在更远的东部，布拉格附近的普雷兹勒提斯（Prezletice）遗址的古老湖泊沉积物中发现了几百块破碎的碧玄岩岩片和哺乳动物的遗骸，可以追溯到大约70万年前。但是这些碎片缺少人工碎石的特征，许多考古学家认为它们是自然破碎的岩石，欧洲其他地区也有类似的例子。[①]

阿塔普埃尔卡山

在西班牙北部阿塔普埃尔卡山（Atapuerca）（北纬42度）的遗址中发现了公认的定居欧洲的最早证据。阿塔普埃尔卡洞穴是一个距今已有50多万年历史的罕见的洞穴。阿塔普埃尔卡山实际上是由石灰岩构成的山脉，并且有蜂巢般的地道、洞穴（或者叫作石灰坑）。其中格兰多利纳（Gran Dolina）洞穴里面有由流水沉积作用形成的厚度在50英尺（16米）以上的充满鹅卵石、沙子、淤泥和黏土的沉积层。在大约80万年前的沉积层中，尤达尔德·

---

① Roebroeks and van Kolfschoten, "The Earliest Occupation of Europe," pp. 496 - 499; Jean-Paul Raynal, Lionel Magoga, and Peter Bindon, "Tephrofacts and the First Human Occupation of the French Massif Central," in *The Earliest Occupation of Europe*, eds. by Roebroeks and van Kolfschoten, pp. 129 - 146; Karel Valoch, "The Earliest Occupation of Europe: Eastern Central and Southeastern Europe," in *The Earliest Occupation of Europe*, eds. by Roebroeks and van Kolfschoten, pp. 67 - 84.

加博内尔（Eudald Carbonell）和他的同事发现了石器和人类骨骼遗骸。[①]

人类遗骸包括 85 块骨头和牙齿碎片，相当于至少六个人的部分颅骨和颅后骨骼。这些遗骸的身体结构特征与非洲和亚洲的直立人甚至现代人类（智人）相一致，但有别于后来的欧洲原始人，尼安德特人鼻子和面颊骨（犬牙窝）之间没有明显的凹陷，因此，这是另一种人类祖先（Homo antecessor）的遗骸。[②]

在格兰多利纳洞穴里发现了大约 200 件与人类遗骸有关的石器，它们是看起来很原始的岩芯、鹅卵石工具，以及打造过的石灰石、砂岩和燧石的薄片，类似于奥杜韦文化时期的石器。下面的地层中没有发现人类遗骸，却发现了一些相似的石器碎片。[③] 如果所有地层中的阿塔普埃尔卡石器都是在没有人类遗骸的情况下发现的，它们很可能被视为天然破碎的岩石。

---

① Eudald Carbonell and Xose Pedro Rodriguez, "Early Middle Pleistocene Deposits and Artefacts in the Gran Dolina site（TD4）of the 'Sierra de Atapuerca'（Burgos, Spain）," *Journal of Human Evolution* 26（1994）: 291－311；据报道，TD6 测试暗示了布吕赫（Brunhes）和毛亚马（Matuyama）的古地磁年代，最近可追溯到 78 万年以前。J. M. Pares and A. Peres-Gonzalez, "Magnetochronology and Stratigraphy at Gran Dolina Section, Atapuerca（Burgos, Spain）," *Journal of Human Evolution* 37（1999）: 325－342.

② J. M. Bermudez de Castro et al., "A Hominid from the Lower Pleistocene of Atapuerca, Spain: Possible Ancestor to Neandertals and Modern Humans," *Science* 276（1997）: 1392－1395. 古人类学家 G. 菲利普·里格迈尔观察到，"人类祖先"的分类基于一个很小的样本，该样本不完整，同时也包括未成年人的样本，并且阿塔普埃尔卡人可能是这一群体的一部分，这一群体包括后来的欧洲原始人，如海德堡人。参见 G. Philip Rightmire, "Patterns of Hominid Evolution and Dispersal in the Middle Pleistocene," *Quaternary International* 75（2001）: 77－84。

③ Carbonell and Rodriguez, "Early Middle Pleistocene Deposits," pp. 301－305; E. Carbonell et al., "Lower Pleistocene Hominids and Artifacts from Atapuera-TD6（Spain）," *Science* 269（1995）: 826－830; E. Carbonell et al, "The TD6 Level Lithic Industry from Gran Dolina, Atapuerca（Burgos, Spain）: Production and Use," *Journal of Human Evolution* 37, nos. 3－4（1999）: 653－694.

阿塔普埃尔卡遗迹很神秘，没有人确切知道人类骨骼和石器是怎样沉积在这个洞穴里的。在相同地层中发现了很多大型哺乳动物包括熊、鬣狗、大象、马、鹿和其他动物的遗骸。熊的遗骸在较低的地层中尤其常见，存有完整骨架，这有可能说明熊死于冬眠期间。有些哺乳动物的骨头被食肉动物咬过，可能是非人类掠食者带到洞穴的猎物残骸；同时，还有一些工具损坏的痕迹。事实上，人类的骨头上也有石器切割的痕迹，这是暴力和食人行为的早期证据。[①]

西班牙南部有其他零散的早期人类居住痕迹。在格拉纳达（Granada）附近的奥尔塞盆地（Orce Basin），从湖岸的沉积物中发现了距今 100 万年的粗糙的卵石工具和片状工具。[②] 然而，除了阿塔普埃尔卡洞穴之外，还在意大利中部的切普拉诺（Ceprano）发现了最重要的证据。该遗址位于罗马以南约 55 英里处，与阿塔普埃尔卡洞穴几乎处于相同的纬度，都位于北纬 42 度以南。1994 年，在切普拉诺附近的一个筑路项目中，从暴露出来的泥土沉积物里发现了一块头盖骨碎片，这个头盖骨碎片距今 70 多万年，与亚洲直立人有许多相似之处。[③]

---

① Carbonell and Rodriguez, "Early Middle Pleistocene Deposits," pp. 300 - 301; Carbonell et al., "Lower Pleistocene Hominids and Artifacts," p. 826; J. Carlos Diez et al., "Zooarchaeology and Taphonomy of Aurora Stratum (Gran Dolina, Sierra de Atapuerca, Spain)," *Journal of Human Evolution* 37, nos. 3 - 4 (1999): 623 - 652; Yolanda Fernández-Jalvo et al., "Human Cannibalism in the Early Pleistocene of Europe (Gran Dolina, Sierra de Atapuerca, Burgos, Spain)," *Journal of Human Evolution* 37, nos. 3 - 4 (1999): 591 - 622.

② Derek Roe, "The Orce Basin (Andalucia, Spain) and the Initial Palaeolithic of Europe," *Oxford Journal of Archaeology* 14 (1995): 1 - 12; Robin Dennell and Wil Roebroeks, "The Earliest Colonization of Europe: The Short Chronology Revisited," *Antiquity* 70 (1996): 535 - 542.

③ 切普拉诺人的脑容量估计为 1185 毫升。A. Ascenzi et al., "A Calvarium of Late *Homo erectus* from Ceprano, Italy," *Journal of Human Evolution* 31 (1996): 409 - 423.

海德堡人

52.5万~80万年前，北半球经历了由寒冷期间隔的三次温暖时期（间冰期），似乎这一时期的零星定居发生在温暖时期。大约在52.5万年前开始的间冰期之后，欧洲人的定居模式发生了根本变化。从那时起，直到30万年前尼安德特人出现，非洲大陆西部和南部地区或多或少有一群不同的人永久居住，这些人被普遍归类为海德堡人（Heidelberg Man）。欧洲大陆西部和南部几乎长期居住着一群不同的人——“海德堡人”。[①]

海德堡人的遗址相对来说比较常见，但是这不意味着这类遗址在欧洲温暖地区大量存在。除了欧洲最南端的边缘，位于喀尔巴阡山北部和东部的欧洲大陆的干冷地区仍然荒无人烟（在这些地区很少发现遗址，因为这些地区就目前冬季而言，气温都在冰点以下）。大部分定居点都出现在间冰期的温暖时期，但也有证据表明，在较冷的间冰期依然有人类居住。但在寒冷时期，和之后在寒冷的环境中崛起的尼安德特人相比，人口的数量可能已经减少，分布范围可能已经缩小。[②]

方框1　欧洲气候的变化：30万~80万年前

在高纬度定居最初发生在中更新世早期的欧洲西部，并且通常是在比现在更加温暖的气候条件下定居的。30万~80万年前，

① Roebroeks and van Kolfschoten, “The Earliest Occupation of Europe”.

② Hoffecker, *Desolate Landscapes*, pp. 36-40.

经历了一系列重要的温暖期（间冰期）。然而，这些间冰期是间断的，其中出现了不同程度的寒冷期（冰川）。

这一时期气候变化的总体框架是由深海岩心的氧同位素记录提供的。这些深海岩心测量的是过去海洋化石中（特别是有孔虫类）$^{18}O/^{16}O$ 的波动。当冰川在寒冷时代扩张时，海水富含高浓度的较重同位素（^{18}O）；当冰川体积在间冰期缩小时，海洋中充满占比很高的较轻同位素的冰川融水。深海记录的一部分与古地磁相关，深海记录部分由远地磁学定年，并与陆地上的一些沉积物有关，包括北欧的风吹淤泥（黄土）地层。①

根据校准的氧同位素记录，30 万~80 万年前，至少有六次主要的间冰期。温暖的间冰期用奇数表示（如氧同位素阶段 19 或 OIS 19），特别温暖的间冰期可追溯到 36 万~42.5 万年前（OIS 11）以及 30 万~34 万年前（OIS 9）。在这段时间内，气温至少比今天高出几度，并且西欧许多被人类占据的地区都有温带橡树林。在英国霍克森（Hoxne）考古遗址（大约可追溯到 OIS 9）中发现了哺乳动物，其中包括马鹿、马和大象。②

将 30 万年前人类化石和遗址与欧洲的气候记录进行匹配，无疑是一项挑战，其中许多并不能被归入特定的氧同位素阶段。然而，目前至少有一些遗址似乎出现在偶数的冰川间隔期（如 OIS 12）。

① Martin J. Aitken, "Chronometric Techniques for the Middle Pleistocene," in *The Earliest Occupation of Europe*, eds. by W. Roebroeks and T. van Kolfschoten (Leiden: University of Leiden, 1995), pp. 269 - 277; A. A. Velichko, "Loess-Paleosol Formation on the Russian Plain," *Quaternary International* 7/8 (1990): 103 - 114.

② N. J. Shackleton and N. D. Opdyke, "Oxygen Isotope and Paleomagnetic Stratigraphy of Equatorial Pacific Core V28 - 238: Temperature and Ice Volumes on a 10^3 and 10^6 Year Scale," *Quaternary Research* 3 (1973): 39 - 55; Ronald Singer, Bruce G. Gladfelter and John J. Wymer, *The Lower Paleolithic Site at Hoxne*, *England* (Chicago: University of Chicago Press, 1993).

许多考古学家认为，早期欧洲人类对气候耐受范围较广，而且有时生活在更加寒冷的环境中。①

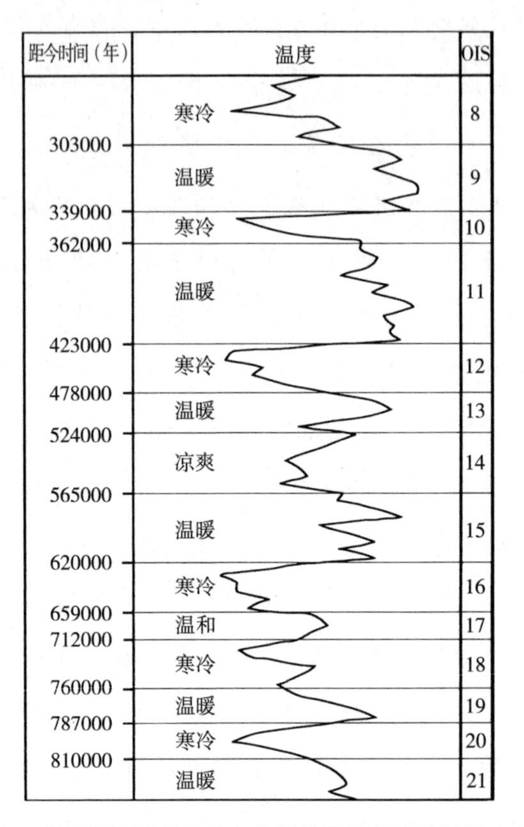

图 B1　基于深海沉积物岩心氧同位素比值波动的温度曲线

资料来源：N. J. Shackleton and N. D. Opdyke，"Oxygen Isotope and Paleomagnetic Stratigraphy of Equatorial Pacific Core V28 - 238：Temperatures and Ice Volumes on a 10^3 and 10^6 Year Scale，" *Quaternary Research* 3（1973）：39 - 55。

50 万年前出现在欧洲的人类与非洲有着密切联系，从他们石器和骨骼遗骸中都可以清楚地看出这一点。75 万年前，在以色列的盖

① Clive Gamble，"The Earliest Occupation of Europe：The Environment Background，" in *The Earliest Occupation of Europe*，eds. by Roebroeks and van Kolfschoten，p. 281.

塞尔 - 贝诺特 - 雅阿科夫（Gesher Benot Ya'aqov）似乎出现了一股新的走出非洲的移民浪潮。这个遗址的居民制造的手斧与在非洲同一年代的遗址中发现的手斧非常相似（而与早期近东遗址中发现的手斧差异较大）。[①] 许多年前在南非［布罗肯山（Broken Hill）］发现的一个估计距今大约 40 万年的人类头盖骨，与在希腊［佩特拉罗纳（Petralona）］发现的头盖骨非常相似。他们都归属海德堡人。[②] 在 50 万年前，这些人类在北纬 50 度以北的英格兰南部的博克斯格罗夫制作手斧。[③]

奥托·萧顿萨克（Otto Schoetensack）提出的海德堡人分类是基于 1908 年在海德堡附近的一个采石场中发现的一块分离的颌骨。（颌骨的）地层位置和与之相关的间冰期动物群表明，它与博克斯格罗夫遗址的年代大致相同。海德堡人的下颌骨很大，没有下巴，牙齿较小。[④] 长期以来，海德堡人被认为介于直立人和现代人类之间，现在看来海德堡人代表了 50 万年前在欧洲和非洲都存在的一个人种，后来成为尼安德特人和现代人类共同的祖先。[⑤]

---

① Ofer Bar-Yosef, "Pleistocene Connexions between Africa and Southwest Asia: An Archaeological Perspective," *African Archaeological Review* 5 (1987): 29 - 38; Idit Saragusti and Naama Goren-Inbar, "The Biface Assemblage from Gesher Benot Ya'aqov, Israel: Illuminating Patterns in 'Out of Africa' Dispersal," *Quaternary International* 75 (2001): 85 - 89. 欧洲最早为人所知的手斧制造者可能是距今 64 万年、生活在意大利南部韦诺萨 - 诺塔奇利科（Venosa Notarchirico）地区的古人类。参见 Paola Villa, "Early Italy and the Colonization of Western Europe," *Quaternary International* 75 (2001): 113 - 130。

② G. Philip Rightmire, "Human Evolution in the Middle Pleistocene: The Role of *Homo heidelbergensis*," *Evolutionary Anthropology* 6, no. 6 (1998): 218 - 227.

③ M. B. Roberts and S. A. Parfitt, eds., *Boxgrove: A Middle Pleistocene Hominid Site at Eartham Quarry, Boxgrove, West Sussex* (English Heritage Archaeological Report, no. 17, 1999).

④ Reinhart Kraatz, "A Review of Recent Research on Heidelberg Man, *Homo Erectus Heidelbergensis*," in *Ancestors: The Hard Evidence*, ed. by E. Delson (New York: Alan R. Liss, 1985), pp. 268 - 271; Gerhard Bosinski, "The Earliest Occupation of Europe: Western Central Europe," in *The Earliest Occupation of Europe*, eds. by Roebroeks and van Kolfschoten, pp. 103 - 128.

⑤ Rightmire, "Human Evolution in the Middle Pleistocene," pp. 222 - 224.

虽然自从最初发现海德堡人已经过去了整整一个世纪，但是发现的海德堡人的骨头和牙齿数量仍然相当有限。来自佩特拉罗纳的近乎完整的头盖骨也许是最重要的标本。像海德堡人的颌骨一样，它保留了许多原始的特征，包括一个高高隆起的额头和一个较低平的颅骨穹顶，但它的大脑容量比直立人要大得多，约有 1220 毫升。在法国南部的阿拉贡（Arago）发现了一个部分扭曲变形的头盖骨，同时还有两个下颌骨碎片、几块骨头和牙齿。阿拉贡遗址是这个时期为数不多的已知洞穴栖息地之一，它可以追溯到大约 40 万年前（因此比发现的博克斯格罗夫人和海德堡人的下巴还晚）。尽管如此，阿拉贡人遗骸在许多方面都与年代较久的化石相似，并且大脑容量与佩特拉罗纳人相当。[①]

正如前一章所说，北极现代人类往往体重更重，四肢更短小。这反映了 19 世纪博物学家在北方典型恒温动物中观察到的普遍模式，通过减少身体皮肤的暴露，他们可以保存热量，防止被冻伤。其他适应低温的方法是用皮下脂肪和厚厚的皮毛或羽毛御寒保暖。[②] 尽管后来的欧洲居民——尼安德特人有更重的体重和更短小的四肢，表现出身体结构对寒冷的适应，但海德堡人缺乏这种适应寒冷的证据。

大部分骨骼的样本仅限于头骨碎片和牙齿，遗憾的是，这些

---

① G. Philip Rightmire, *The Evolution of* Homo erectus: *Comparative Anatomical Studies of an Extinct Human Species* (Cambridge: Cambridge University Press, 1990), pp. 204 – 233. 对这一时期人类遗骸情况的总结，参见 Klein, *The Human Career*, pp. 268 – 269, table 5. 3。

② 北方代表性的恒温动物，他们身体尺寸增加的趋势被称为“贝格曼法则”，而肢体缩短的模式被称为“艾伦法则”。Eric R. Pianka, *Evolutionary Ecology*, 2nd ed. (New York: Harper and Row Publishers, 1978), pp. 307 – 308. 关于这些规则如何适用于生活在北方环境下的现代人类的评论，参见 G. Richard Scott et al., “Physical Anthropology of the Arctic,” in *The Arctic: Environment, People, Policy*, eds. by M. Nuttall and T. V. Callaghan (Amsterdam: Harwood Academic Publishers, 2000), pp. 339 – 373。

样本提供的有关气候适应的信息寥寥无几。虽然头部尺寸的增加减少了热量损耗，[①] 但在海德堡人中观察到的脑容量增加的情况也同样在非洲人类中存在，而且与纬度无关。但有一个例外是在1993年的博克斯格罗夫发现的骭骨（胫骨）。骭骨样本必须从碎片中修复，并且近端和末梢部分已缺失，但它为估测原来的小腿胫骨长度提供了依据，同时也提供了评估人类个体高度和重量的基础。

图3-1　英国博克斯格罗夫人的胫骨

资料来源：C. B. Stringer and E. Trinkaus, "The Human Tibia from Boxgrove," in *Boxgrove: A Middle Pleistocene Hominid Site at Eartham Quarry, Boxgrove, West Sussex*, eds. by M. B. Roberts and S. A. Parfitt, pp. 420 - 422 (English Heritage Archaeological Report, no. 17, 1999), fig. 339。

① Ralph L. Holloway, "The Poor Brain of Homo Sapiens Neanderthalensis: See What You Please..." in *Ancestors: The Hard Evidence*, ed. by Delson, pp. 319 - 324.

博克斯格罗夫人的胫骨目前被认为有15~16英寸（375~400毫米）长，并且来自一名身高约6英尺（1.71~1.82米）的成年男性。这意味着这个人相对高大，四肢较长，是来自南纬地区更为典型的现代人类，甚至与肯尼亚纳里奥科托姆早期的直立人骨骼类似（详见第二章）。[①]

与此同时，博克斯格罗夫人的胫骨骨干较大的圆周表明身体总体重超过200磅（80千克），这实际上比热带地区成年男性的平均体重还要重。[②] 因此，博克斯格罗夫的标本传递出一种混杂的信息。到目前为止，海德堡人对寒冷气候适应的证据在肢体尺寸上表现得并不明显，而是可能反映在体重的增加上。然而，只有获取较大的后颅骨残骸样本才能正确评估身体形态在早期欧洲人类定居中的作用。此外，值得注意的是，身体形态对北方气候的适应可能还包括其他方面，比如较厚的体毛等，但这些都没有保存在化石记录中。

饮食与生态环境

在1992年的一篇经典论文中，艾伦·特纳（Alan Turner）提出，大约50万年前人类在欧洲广泛居住的关键因素是竞争物种的灭绝。他认为，大约50万年前几种大型食肉动物的消失，包括体型庞大的猎豹（巨猎豹）和体型较小的弯刀猫（剑齿猫），可供食用的哺乳动

---

① M. B. Roberts, C. B. Stringer, and S. A. Parfitt, "A Hominid Tibia from Middle Pleistocene Sediments at Boxgrove, UK," *Nature* 369 (1994): 311-313; C. B. Stringer and E. Trinkaus, "The Human Tibia from Boxgrove," in *Boxgrove: A Middle Pleistocene Hominid Site at Eartham Quarry, Boxgrove, West Sussex*, eds. by M. B. Roberts and S. A. Parfitt (English Heritage Archaeological Report, no. 17, 1999), pp. 420-422.

② Stringer and Trinkaus, "The Human Tibia from Boxgrove," p. 422; D. F. Roberts, "Body Weight, Race, and Climate," *American Journal of Physical Anthropology* 11 (1958): 533-558.

物的尸体增加，为人类占据欧洲提供了适宜的生态环境。[①] 这篇论文认为，适应高纬度地区的新能力没有在西欧（人类）的定居过程中发挥作用。

如前所述，因为海德堡人骨骼遗骸样本较小，所以几乎没有为适应寒冷气候提供身体结构上的证据。饮食和生态环境变化的证据也是相当有限和模糊的。饮食信息的最佳来源在于人体骨骼化学，以及反映消耗动植物食物占比的特定稳定同位素产生的值。在欧洲，尼安德特人和现代人类的稳定同位素值显示出大量食用动物食品（详见第四章、第五章）。然而，对于海德堡人，目前还没有这样的数据，并且关于其饮食的知识几乎完全基于对从考古遗址中回收的动植物残骸的分析。

最近发表的有关博克斯格罗夫遗址的研究结果表明，早期的欧洲人食用了大量的肉和骨髓，这些肉和骨髓来自大型哺乳动物。博克斯格罗夫遗址尤其重要，因为它主要是在温暖的间冰期（当时植物性食物最丰富），当时人类首次出现在北纬 42 度以北地区。通过扫描电子显微镜的细致分析，发现这个遗迹中的马、马鹿、犀牛和其他大型哺乳动物的骨头上有许多石器切割痕迹。在很多骨头上也观察到撞击导致的骨折，这可能是为了提取骨髓重击敲开骨头造成的。切痕的位置表明，博克斯格罗夫人很早就可以获得完整的动物尸体。在某些情况下，工具的切口上有牙齿的痕迹，表明食肉动物只有在人类丢弃骨头后才咀嚼这些骨头。[②]

---

① Turner, “Large Carnivores and Earliest European Hominids,” pp. 113 – 121.

② 博克斯格罗夫遗址的 4b 单元中 46% 的马骨（150 块）和 4c 单元中 25% 的红鹿骨（53 块）上显示出工具切割的痕迹。S. A. Parfitt and M. B. Roberts, “Human Modification of Faunal Remains,” in *Boxgrove*, eds. by Roberts and Parfitt, pp. 395 – 415。

石器切割和撞击导致骨折的痕迹已在其他欧洲遗址的哺乳动物骨头上发现，这些欧洲遗址可追溯到30万~50万年前，其中包括德国的舍宁根（Schöningen）、法国的卡格尼·艾比内特（Cagny l'Epinette）和意大利的伊塞尔尼亚·拉皮内塔（Isernia La Pineta）。[①] 但在某些地方，很少有或直接没有证据表明尸体被肢解，大部分大型哺乳动物遗骸似乎都是通过自然过程堆积起来的。具体例证有德国莱茵河谷（Rhine Valley）和俄罗斯南部北高加索山脉（Northern Caucasus Mountains）的托鲁戈勒纳亚洞穴。[②] 此外，对海德堡下颚牙齿磨损的显微分析表明，研磨性植物食品仍然是主要的食物。[③]

综合来看，虽然有时人类通过食用完整动物尸体的方式获得大量肉类，但与北方环境中的尼安德特人以及现代人类相比，动物食品在他们的饮食中所占的比例可能要低得多。正如第二章所述，早在200万年前，非洲原始人开始吃肉和切割、砍断大型哺乳动物的骨头。因此，就出现了一个问题：50万年前居住在欧洲的人类食用的肉类是否大幅增加，并以此作为应对较寒冷气候和植物减少的一种手段？

尽管目前的数据和可用的方法无法明确回答这个问题，但由于前

---

① P. Anconetani, "Lo Studio Arcezoologico del Sito di Isernia La Pineta," in *I Reperti Paleontologici del Giacimento Paleolitico di Isernia La Pineta: L'uomo e L'ambiente*, ed. by C. Peretto (Isernia, 1996), pp. 87–186; A. Tuffreau et al., "Le Gisement Acheuléen de Cagny-L'Epinette (Somme)," *Bulletin de la Société Préhisorique Française* 92 (1995): 169–199; Hartmut Thieme, "Lower Palaeolithic Hunting Spears from Germany," *Nature* 385 (1997): 807–810.

② Elaine Turner, "The Problems of Interpreting Hominid Subsistence Strategies at Lower Palaeolithic Sites—a Case Study from the Central Rhineland of Germany," in *Hominid Evolution: Lifestyles and Survival Strategies*, ed. by H. Ullrich (Gelsenkirchen-Schwelm: Edition Archaea, 1999), pp. 365–382; John F. Hoffecker, G. F. Baryshnikov, and V. B. Doronichev, "Large Mammal Taphonomy of the Middle Pleistocene Hominid Occupation at Treugol'naya Cave (Northern Caucasus)," *Quaternary Science Reviews* 22, nos. 5–7 (2003): 595–607.

③ P. F. Puech, A. Prone, and R. Kraatz, "Microscopie de l'Usure Dentaire chez l'Homme Fossile: Bol Alimentaire et Environnement," *CRASP* 290 (1980): 1413–1416.

面两章提到的所有因素，看起来几乎可以肯定，从非洲人类开始，人类对肉类的摄入量确实增加了。根据现在热带和北方温带林地的比较可知，尤其是在欧洲的冬季，植物性食物数量大大减少。

在英国的霍克森，（人类）定居地区（大约30万年前）的气候条件是用甲虫的残骸来估算的，甲虫是敏感的温度指标。7月的平均气温在华氏59~67度（15~19摄氏度），而1月的平均气温估计在华氏14~44度（零下10~6摄氏度）。[①] 很明显，这比热带地区要冷得多，而且出现极端季节的可能性较大，但不会比人类早期占据的中纬度亚欧大陆地区更冷。随着食肉量的增加，人类可能已经适应了这一变化，因为在80万~180万年前，活动范围扩展到了更加干燥和季节性更强的环境（见第二章）。也许，正如特纳表明的，进入欧洲并不需要从根本上改变饮食习惯。

还有一个与之密切相关的问题，那就是狩猎的重要性。海德堡人所吃的肉有多少来自猎杀的动物，而不是动物的腐肉？20世纪80年代初，考古学家对早期人类总能猎杀大型猎物的假设持怀疑态度。更加缜密的方法应用于研究旧石器时代早期和中期遗址中的大型哺乳动物的遗骸，以便整理它们的历史。例如，1961~1963年在西班牙托拉尔瓦（Torralba）和安布洛纳（Ambrona）发现的大象遗骨最初被认为是有组织猎杀的食物的碎片。[②] 但是后来对骨骼的分析揭示了河

---

① G. Russell Coope, "Late-Glacial (Anglian) and Late-Temperate (Hoxnian) Coleoptera," in *The Lower Paleolithic Site at Hoxne, England*, eds. by R. Singer, B. G. Gladfelter, and J. J. Wymer (Chicago: University of Chicago Press, 1993), pp. 156-162.

② Leslie G. Freeman, "Acheulean Sites and Stratigraphy in Iberia and the Maghreb," in *After the Australopithecines*, eds. by K. W. Butzer and G. Ll. Isaac, pp. 661-743 (The Hague: Mouton Publishers, 1975), pp. 664-682; Lewis R. Binford, *Bones: Ancient Men and Modern Myths* (New York: Academic Press, 1981); Sabine Gaudzinski and Elaine Turner, "The Role of Early Humans in the Accumulation of European Lower and Middle Palaeolithic Bone Assemblages," *Current Anthropology* 37 (1996): 153-156.

流沉积、食肉动物活动等复杂的历史，并且可能只有极少的人类参与了这些活动。① 和1980年以后研究的其他旧石器时代早期遗址一样，很难区分是狩猎还是食用腐肉。

尽管如此，通过狩猎得到的肉类在海德堡人饮食中所占的比例越来越高。原因之一是，虽然大型哺乳动物尸体在热带森林和热带草原上大量堆积，但随着植物生产力的下降，它们单位面积的数量也在下降。② 早期欧洲人获得腐肉作为食物的机会要比能人少得多。此外，海德堡人的继承者——尼安德特人能够捕猎大型动物，并且尼安德特人不可能刚刚开始练习狩猎。

如果像博克斯格罗夫和舍宁根等遗址，切割、砍断的哺乳动物骨头是被捕食猎杀动物的遗骸，那么早期的欧洲人也很可能在实施“狩猎觅食中心区”策略。然而，这一猜测很难用当前的数据和方法来证实。这一时段的大多数遗址都处于大型哺乳动物或它们的遗骸能够自然堆积的环境中。像在匈牙利沃特斯佐洛斯（Vértesszöllös）这样的遗址中，骨头和石器集中在一个古泉附近，或者在霍克森境内，定居地区的残骸是沿着溪流和湖边方向沉积的，目前尚不清楚人类是否把食物带回家庭聚居地。③ 这可能是这一时期洞穴稀少的另一个后果，有足够的证据表明，在欧洲西部居住

① P. Shipman and J. Rose, “Evidence of Butchery and Hominid Activities at Torralba and Ambrona: An Evaluation Using Microscopic Techniques,” *Journal of Archaeological Science* 10 (1983): 465－474; Richard G. Klein, “Problems and Prospects in Understanding How Early People Exploited Animals,” in *The Evolution of Human Hunting*, eds. by M. H. Nitecki and D. V. Nitecki (New York: Plenum Press, 1987), pp. 11－45.

② Robert J. Blumenschine, “Early Hominid Scavenging Opportunities,” *British Archaeological Reports International Series* 283 (1986).

③ M. Kretzoi and V. Dobosi, eds., *Vértesszöllös: Man, Site, and Culture* (Budapest: Akademiai Kiado, 1990); Ronald Singer, Bruce G. Gladfelter, and John J. Wymer, *The Lower Paleolithic Site at Hoxne, England* (Chicago: University of Chicago Press, 1993).

的尼安德特人和现代人类的许多洞穴和岩石住所中都存在狩猎觅食中心区。[①]

技　术

现代人类适应寒冷环境的主要手段之一是技术。从近代人类生存来看，纬度与工具和设备的多样性与复杂性之间有很强的相关性。仅靠服装和住所的复杂技术对在亚北极和北极环境中生存显然是至关重要的。但是，尽管有一些证据表明尼安德特人的技术越来越先进，但欧洲早期的居民可能生活在没有任何新设备或技术的环境中。

欧洲海德堡人的技术，像他们的身体形态和生态环境一样，很难与低纬度地区同时期的人类区分开来。大约 30 万年前，即尼安德特人出现之前，人类史前史上出现了一个独特的阶段，在此期间，热带非洲的石器和人类似乎与温带欧洲的石器和人类无法区分。这两个群体生产的石制双面器和片状工具基本上是一样的，有一些木制品，可能还有一些皮制品。然而，就身体形态和生态环境而言，可能存在一些差异，这些差异在考古记录中极为罕见。

海德堡人的手斧是第一批旧石器时代的史前古器物。1797 年，约翰·弗雷尔（John Frere）将他们在霍克森的发现报告了英国古文物学会（the Society of Antiquaries in Britain）。19 世纪，这对确定人类

---

① 这一时期仅有的两个洞穴聚居地提供了相互矛盾的信息。在法国比利牛斯山脉的阿拉贡，驯鹿遗骸都是由人类收集的。参见特纳《人类生存战略问题》，第 380 页。并且在北高加索的托鲁戈勒纳亚洞穴，大型哺乳动物遗骸可能是通过自然过程堆积起来的，参见霍菲克尔、巴里什尼科夫和多罗尼切夫《大型哺乳动物》。

古代时期有着重要作用。[①] 早期欧洲人制造的手斧反映了后来阿舍利文化时期工艺的精细程度。许多手工制品的造型都非常精确，在平面和剖面（即三维）上都表现出对称性。正如前一章所指出的，这些手工制品的主要意义可能在于它们的形式，这是一种强加于自然界的抽象结构，而不是它们的功能。其他大型双面工具包括切割器和镐。[②]

一些欧洲遗址提供了相关证据，证明手斧和其他双面器的作用是用来切割大型哺乳动物的尸体。在博克斯格罗夫，许多大型哺乳动物的骨骼上都有工具切割的痕迹，手斧在发现的人工制品中占比很高。骨头上的许多切割痕迹似乎都是由双面工具留下。[③] 在霍克森，在大型哺乳动物骨骼上也观察到切割痕迹，对手斧的显微分析发现，在它们的边缘有切割肉类的痕迹。[④]

除了大型双面工具外，海德堡人还制造简单的石片，根据对石片锋利边缘的显微分析，这是用来切割肉类、毛皮和木材的。一些石片被修整成简单的刮擦和切割工具，也被用于处理毛皮、木材、非木本植物和骨头等各种材料。与精细制作的双面器相比，石片工具的标准化程度较低，石片边缘通常被打造过，这似乎是为了更容易握在手中。[⑤]

---

① Glyn Daniel, *The Idea of Prehistory* (Harmondsworth: Penguin Books, 1962), pp. 32 – 46.

② Kathy D. Schick and Nicholas Toth, *Making Silent Stones Speak: Human Evolution and the Dawn of Technology* (New York: Simon and Schuster, 1993), pp. 231 –245; Thomas G. Wynn, "The Evolution of Tools and Symbolic Behaviour," in *Handbook of Human Symbolic Evolution*, eds. by Andrew Lock and Charles R. Peters (Oxford: Blackwell Publishers, 1999), pp. 263 – 287.

③ Roberts and Parfitt, *Boxgrove.*

④ Lawrence H. Keeley, "Microwear Analysis of Lithics," in *The Lower Paleolithic Site at Hoxne, England*, eds. by Singer, Gladfelter and Wymer, pp. 129 – 138.

⑤ Lawrence H. Keeley, "Microwear Analysis of Lithics," in *The Lower Paleolithic Site at Hoxne, England*, eds. by Singer, Gladfelter, and Wymer, pp. 129 – 138; Lawrence H. Keeley, *Experimental Determination of Stone Tool Uses: A Microwear Analysis* (Chicago: University of Chicago Press, 1980), pp. 86 – 119; John J. Wymer and Ronald Singer, "Flint Industries and Human Activity," in *The Lower Paleolithic Site at Hoxne, England*, eds. by Singer, Gladfelter and Wymer, pp. 74 – 128.

虽然在这些遗迹中没有成型的骨器、鹿角工具和象牙工具，但已经发现了几种木制工具。德国的舍宁根遗址挖掘出三支长矛，也可能是锋利的云杉木棒［长 5.9 ~ 7.5 英尺（1.8 ~ 2.3 米）］，还发现了两端锋利的短棍。许多年前，在英国滨海克拉克顿（Clacton-on-Sea）发现了一支长矛的断轴。这支长矛是用紫杉木制成的，并且在矛头上有精细加工的痕迹。[①] 30 万 ~ 40 万年前，木材在沉积物中保存下来十分罕见，这样一个标本的发现，再结合片状器上加工木头的微观证据，至少表明制造简单的木制工具很常见。

图 3 - 2　来自德国舍宁根的木制矛（或尖状器）

资料来源：Hartmut Thieme, "Altpaläolithische Wurfspeere aus Schöningen, Niedersachsen: Ein Vorbericht," *Archäologisches Korrespondenzblatt* 26 (1996): fig. 9。

在霍克森和滨海克拉克顿遗址的微磨损研究中，发现了刮擦兽皮的证据，这表明也许存在御寒衣物。有证据表明，在部落民族中，使用有孔针和其他工具缝制、剪裁毛皮衣物仅限于现代人类（详见第五章）。所以海德堡人的服装一定很简单，可能仅限于裹布、斗篷和毯子，在极低温度下几乎没有什么御寒作用（可能盖着睡觉有用）。

据报道，几处欧洲遗址［最著名的是法国南部的泰拉 - 阿玛塔

---

① Schick and Toth, *Making Silent Stones Speak*, pp. 270 - 271; Thieme, "Lower Palaeolithic Hunting Spears from Germany." 虽然最初滨海克拉克顿的木制工具被报道有燃烧痕迹，这给使用火提供了一些证据，但最近的一些分析已经确定这是不正确的。参见 Steven R. James, "Hominid Use of Fire in the Lower and Middle Pleistocene," *Current Anthropology* 30, no. 1 (1989): 1 - 26。

(Terra Amata)] 在这个时段内已经建造了简单的居所或棚屋。但是，大多数考古学家对这一证据持高度怀疑态度。[1] 总体而言，和服装、居所有关的科学技术似乎非常有限。

毫无疑问，控制性用火是早期欧洲人类最大的一个技术谜团，这对于气候的适应具有特殊的意义。如前一章所述，一些证据表明，早在150万年前，非洲人已经使用火。然而，在距今大约25万年的考古遗址中，使用火的痕迹很少，并且总是引起争议。完全找不到建造炉膛的遗迹，控制性用火的证据也仅限于烧焦的骨头（匈牙利沃特斯佐洛斯人）、燃烧过的木片［德国比尔钦格斯莱本人（Bilzingsleben）］和散落的木炭碎片［英国斯旺司孔人（Swanscombe）］。针对上述情况，人们都提出了异议，所以这一问题尚未解决。特别重要的是，甚至法国比利牛斯山的阿拉贡都没有发现炉膛或其他用火的痕迹，按说它们更有可能在洞穴里保存完好。[2]

几年前，英国史前史学家克莱夫·甘布尔（Clive Gamble）提出，早期欧洲人可能利用他们的一些技术为自己创造了新的生态环境。高纬度地区的冬季会给人类搜寻食物带来极大压力。甘布尔提出，人类可以使用木制的探测器（如随后在舍宁根发现的工具），以便找到埋在雪底下的大型哺乳动物的尸体。由于在秋末和初冬期间食肉动物自然死亡，尸体冻僵后会被掩埋在雪下面，难以找到。一旦找到动物尸体，人类就可以用火解冻并对其切割。[3] 另外，如果海德堡人掌握了

---

① Gamble, *Timewalkers*, p. 138; Klein, *The Human Career*, pp. 349 – 350.

② James, "Hominid Use of Fire," pp. 6 – 9; P. Villa and F. Bon, "Fire and Fire-places in the Lower, Middle, and Early Upper Paleolithic of Western Europe," *Journal of Human Evolution* 42, no. 3 (2002): A37 – A38.

③ Clive Gamble, *The Palaeolithic Settlement of Europe* (Cambridge: Cambridge University Press, 1986), pp. 387 – 390.

比较熟练的打猎技术，那么他们搜寻食物就完全没有必要，他们可以通过捕猎来克服冬季食物短缺的问题。

穿越莫维斯线：欧洲中部

1948 年，哈勒姆·莫维斯（Hallam Movius）划定了横跨亚欧大陆的边界，将旧石器时代手斧文明和没有手斧的文明区分开来。所谓的“莫维斯线”，是从高加索山脉穿过中亚南部和印度东北部来划定的。遗址中发现手斧和大型双面器的地点仅限于线的西侧，而发现砍砸器和片状工具的地点则位于线的东侧。[①] 也就是从那时起，考古学家就一直致力于理解“莫维斯线”的含义。

亚欧大陆最早的人类遗骸和考古遗址的年代可以追溯到 170 万年前，这改变了近些年来的情况。现在看来，非洲以外最古老的工艺，包括莫维斯线以东地区的工艺，都要比 165 万年前手斧第一次出现在非洲的时间要早。事实上，手斧直到大约 140 万年前才出现在亚欧大陆。此外，最近有关远东古代人类化石的日期表明，在现代人类出现之前，那里的进化改变相对来说比较小。[②] 因此，对莫维斯线最简单的解释是，它反映了人类早期进入亚欧大陆东部的情形，与此同时，前手斧时期的工艺直到现代人类扩散开来后才发生了根本性变化。

莫维斯线看似向北延伸至北纬 42 度进入中欧。在位于东经 12 度

---

① Hallam L. Movius, “The Lower Paleolithic Cultures of Southern and Eastern Asia,” *Transactions of the American Philosophical Society* 38 (1948): 329 – 420; Schick and Toth, *Making Silent Stones Speak*, pp. 276 – 279.

② Leo Gabunia et al., “Dmanisi and Dispersal,” *Evolutionary Anthropology* 10 (2001): 158 – 170; Ofer Bar-Yosef and Anna Belfer-Cohen, “From Africa to Eurasia—Early Dispersals,” *Quaternary International* 75 (2001): 19 – 28; Carl C. Swisher, Garniss H. Curtis, and Roger Lewin, *Java Man* (New York: Scribner, 2000).

的瑞士早于尼安德特人的遗址中，发现了和东亚地区工艺相似的砍砸器和片状工具。这种遗迹的数量比欧洲西部少，也许是因为代表了当时人类地理活动范围的极限。这些中欧遗迹包括德国东部的比尔钦格斯莱本和舍宁根、匈牙利的沃特斯佐洛斯，以及位于多瑙河盆地最东端的克罗利夫（Korolevo）遗址。[①]

与这些遗址相关的人类遗骸强化了这样一种印象，即它们是明显不同于西欧遗址的一类群体。来自比尔钦格斯莱本和沃特斯佐洛斯的颅骨后部（枕骨）的碎片具有非常原始的特征，并且据说与直立人相似。这促使人们推断与亚洲东部制造砍砸器的人类有联系的另一个人类族群可能居住在欧洲中部。[②] 遗憾的是，目前的遗骸样本太少，无法解决这一争议。

对中欧遗址中没有发现手斧的另一种解释是，这些遗址只是反映了与有手斧的遗址的功能差异，或者反映了当地缺乏生产手斧的适当材料。事实上，西欧的一些遗址中也缺乏大型双面工具，包括滨海克拉克顿和伊瑟尼亚拉皮涅塔（Isernia La Pineta）。许多考古学家怀疑，这些遗址中没有手斧，与人类的生物或地理差异无关。然而，这两类遗址之间却没有明显的功能差异，这仍然是一个令人费解的问题。[③]

---

① Charles B. M. McBurney, "The Geographical Study of the Older Palaeolithic Stages in Europe," *Proceedings of the Prehistoric Society* 16 (1950): 163 – 183; Kretzoi and Dobosi, *Vértesszöllös*; Dietrich Mania, "The Earliest Occupation of Europe: The Elbe-Saale Region (Germany)," in *The Earliest Occupation of Europe*, eds. by Roebroeks and van Kolfschoten, pp. 85 – 101.

② Emanuel Vlček, "Patterns of Human Evolution," in *Hunters between East and West: The Paleolithic of Moravia*, eds. by J. Svoboda, V. Ložek, and E. Vlček, pp. 37 –74 (New York: Plenum Press, 1996), pp. 38 – 46; Klein, *The Human Career*, pp. 339 – 341.

③ Gamble, *The Palaeolithic Settlement of Europe*; pp. 141 – 146; Paola Villa, *Terra Amata and the Middle Pleistocene Archaeological Record of Southern France* (Berkeley: University of California Press, 1983). 西欧考古学家传统上将手斧和非手斧遗址划属不同的手工艺模式。在阿舍利文化中，发现遗址中有大型双面器，而那些缺乏手斧的遗址往往被归类为欧洲的“克拉克顿”或其他旧石器时代的文化。

更重要的是，中欧的气候变得越来越具有大陆性，也就是冬季气温明显降低。查尔斯·麦克伯尼（Charles McBurney）是最早呼吁人们关注中欧文明没有手斧产生的学者之一，他把这一特点归因于当地更加恶劣的气候。[①] 这就产生了一种有趣的可能性，即难以找到的海德堡人适应寒冷的证据，可能在和中欧这个区域对比之中找到。

然而，就气候差异而言，很难解释手斧的缺失。事实上，考虑到双面器和屠宰之间的明显联系和肉类消费与气候之间的关系，在中欧可能会出现更多的手斧。尽管如此，这些遗迹确实提供了大量证据，哺乳动物骨骼上有控制性火烧和工具切割痕迹，这两者都可以反映出人类对较冷环境的适应，但这些资料存在太多的不确定性，无法确定某种模式的存在。[②] 与欧洲西部的砍砸器和片状工具一样，欧洲中部遗址的意义尚不明确。

尼安德特人之前的人类

北纬 42 度以北地区的早期居住点仍然是北方史前史中人们所知最少的。在尼安德特人出现之前占据欧洲西部的人类在许多方面仍然是个谜。几乎可以肯定这是因为他们的遗址非常古老，而且随着时间的推移，很多材料也已丢失。与后来在欧洲居住的人类相比，我们仍然缺乏关于他们在外貌和生活方式方面的关键信息。

早期欧洲人类对北方环境在身体结构或行为适应方面的证据几乎是不存在的。相反，在 52.5 万年前，非洲和欧洲的人类在这两个方

① McBurney, "Geographical Study".

② Kretzoi and Dobosi, *Vértesszöllös*; Mania, "The Earliest Occupation of Europe," pp. 91 – 92; Thieme, "Lower Palaeolithic Hunting Spears from Germany".

面都还难以区分的时候，史前一个独特的时期开始了。这一时期大约在30万年前随着北方和南方人类的出现而结束。①

艾伦·特纳认为，大约50万年前，食肉动物的灭绝为欧洲的海德堡人提供了一个适宜的生态环境，这意味着人类可能已经“提前适应”了欧洲大陆最温暖的地区。② 虽然考古记录并不确切，但狩猎和控制性用火也许是早期人类得以在亚欧大陆扩散的重要因素。在当时，也许这些适应行为允许人类将他们的活动范围扩展到欧洲西部。

但同样有可能的是，海德堡人找到了一种或多种适应高纬度地区的新方法，而这些方法还没有从零碎的记录中梳理出来。这些新方法包括：

1. 人的体型增大，体毛变厚
2. 应对低温的生理反应
3. 肉类消费增加（这与加强狩猎有关）
4. 推广木材和兽皮技术（包括狩猎武器和衣服）
5. 扩大控制性用火

如果海德堡人在30万～50万年前的两次主要的寒冷的间冰期设法在欧洲维持生态，这种适应似乎更有可能，如果不是不可避免的。这意味着在这些冰川期，冬季气温显著低于今天。③

虽然大多数遗址可以追溯到气候和现在一样温暖或比现在温暖的

① Rightmire, “Human Evolution in the Middle Pleistocene”.

② Turner, “Large Carnivores and Earliest European Hominids”.

③ 这一时期主要的冰川期被认为发生在43万～48万年以前和34万～35万年以前。例如，参见 J. J. Lowe and M. J. C. Walker, *Reconstructing Quaternary Environments*, 2nd ed. (London: Longman, 1997)。

阶段，但至少有几个显著的例外情况。据报道，早期冰河期人类居住的遗迹来自英国博克斯格罗夫遗址的沉积层上层和法国北部卡格尼墓葬（Cagny-Cimetière）的沉积层下层。可追溯到冰河后期的遗址出现在阿拉贡和莱茵河畔的奥里恩多夫（Ariendorf），以及德国东部的马克莱堡（Markleeberg）。[1] 如果人类在冰河时期居住的额外证据逐渐增多，那么这说明海德堡人对寒冷的适应能力变得更强。

（崔艳嫣　宋晨曦　译）

---

① Roebroeks, Conard and van Kolfschoten, "Dense Forests, Cold Steppes"; Gamble, "The Earliest Occupation of Europe," p. 281; Mania, "The Earliest Occupation of Europe," p. 97; Alain Tuffreau and Pierre Antoine, "The Earliest Occupation of Europe: Continental Northwestern Europe," in *The Earliest Occupation of Europe*, eds. by Roebroeks and van Kolfschoten, pp. 147 – 163.

第四章
寒冷天气下的族群

西欧的尼安德特人由海德堡人逐渐进化而来。他们的许多特征可在30万年前的欧洲化石记录中看到。后来，他们将活动范围从西欧扩大到东欧更为干冷的地区，甚至进一步向东延伸至西伯利亚的部分地区。与他们的祖先相比，尼安德特人在整个冰川期（glacial episodes）占据了大量领地，至少在上面提到的其中一些地区是这样的。

尼安德特人是一种特殊的北方人属，他们的许多身体结构特征似乎都是为了适应寒冷的气候进化而来，他们的饮食富含蛋白质和脂肪，就像高纬度地区的现代人类一样。他们的形态和饮食一定对他们进入以前从未有人居住的寒冷环境至关重要。他们在技术上也取得了一些进步，尽管在这方面似乎远远落后于后来占领这些地方的现代人类。①

1856年8月，一群采石工在杜塞尔多夫（Düsseldorf）附近尼安

---

① John F. Hoffecker, *Desolate Landscapes: Ice-Age Settlement in Eastern Europe* (New Brunswick, N. J.: Rutgers University Press, 2002), pp. 55 – 62.

德特河谷（Neander Valley）的一个小山洞中首次发现了尼安德特人。尼安德特人的这些遗骸，包括头盖骨和几块肢骨，被移交给当地学校的一名教师，随后这位教师将其公之于众，从而引起了广泛的关注。然而，达尔文在三年后出版《物种起源》（*The Origin of Species*）时并不知道尼安德特人已被发现。托马斯·亨利·赫胥黎（Thomas Henry Huxley）在1863年出版的一部随笔集中也描述了这一头盖骨。同年，爱尔兰解剖学家威廉·金（William King）提议，将这些遗骸归类为尼安德特人——一个已灭绝的人类种群。①

1886～1914年，在德国、法国和比利时等国又有了关于尼安德特人的新发现，在克罗地亚也发现了一些遗骸。第一次世界大战后，意大利和乌克兰以及近东和中亚地区也都有新的发现。如今已有几百具遗骸被发现，尼安德特人已经成为最广为人知的古人类。②

也许部分原因是其发现的丰富性，对尼安德特人的解释存在很多争议。争论的主要焦点是尼安德特人与现代人类之间的进化关系。一些古人类学家认为，由于尼安德特人与现代人类进行了大规模的杂交，现在的欧洲人至少在一定程度上是尼安德特人的后裔。另一些古人类学家则认为，4万～5万年前，从非洲扩散到欧洲的现代人类，实际上是在几乎没有基因交换的情况下取代了当地的尼安德特人。③ 自20世纪80年代末以来，随着生物分子数据的增加，包括对

---

① Erik Trinkaus and Pat Shipman, *The Neandertals: of Skeletons, Scientists, and Scandal* (New York: Vintage Books, 1994), pp. 3-90. 尼安德特人的头骨早在1830年就在比利时被发现（1848年在西班牙也有发现），但直到尼安德特河谷被发现多年后才被确认为早期人类遗骸。

② Christopher Stringer and Clive Gamble, *In Search of the Neanderthals: Solving the Puzzle of Human Origins* (New York: Thames and Hudson, 1993), pp. 13-15; Trinkaus and Shipman, *The Neandertals.*

③ Stringer and Gamble, *In Search of the Neanderthals*, pp. 34-38; Ian Tattersall, *The Last Neanderthal: The Rise, Success, and Mysterious Extinction of Our Closest Human Relatives*, rev. ed. (Boulder, C.O.: Westview Press, 1999), pp. 111-116.

现代人类2粒体DNA的研究以及对几个尼安德特人化石DNA样本的分析，这场争论变得活跃起来。

关于尼安德特人的其他争议，涉及他们的思想和行为与现代人类的相似程度。许多人认为尼安德特人都是原始的：尽管他们的脑容量很大，但缺乏语言、抽象和计划的能力。虽然尼安德特人经常埋葬他们死去的族人，但一些学者认为这仅仅是对尸体的处理，没有象征或仪式意义。然而，另一些学者认为，尼安德特人与现代人尤其是欧洲的第一批现代人类变得越来越相似，并且这一转变是平稳的。上述对尼安德特人行为截然不同的解释，已经见诸有关这一神秘族群的通俗小说和电影。①

尼安德特人如此难以了解的原因之一，是他们并不是现代人类的祖先，而是人类进化谱系中一个独立平行的分支。在某些方面，他们可以被认为是现代人类的另一个种类。就像尼安德特人进化出某些独特的解剖特征一样，他们可能也发展出了一些独特的行为模式，这些模式在现代人类中从未出现过，在早期的原始人类中也不曾存在。他们对死者的埋葬——没有令人信服的仪式证据——可能就是这方面的一个例子。他们可能也发展出了一些独特的交流和组织形式。这些可能性对考古学家提出了巨大挑战。

尼安德特人的起源

物种形成的过程——一个物种变成另一个物种的方式，当一个有机

① Stringer and Gamble, *In Search of the Neanderthals*, pp. 26 – 33; Trinkaus and Shipman, *The Neandertals*.

体放弃一个综合性状复合体（integrated complex of traits）而转向一个新的综合性状复合体，通常被认为需要快速的进化演变。在过去的几十年里，生物学家一直就这种模式［“间断平衡论”（punctuated equilibria）］与达尔文所设想的“种系渐变论”（phyletic gradualism）争论不休。[①] 尽管化石记录中难免存在一些空白，但在它们进化过程中是有可能出现快速突变情况的，而尼安德特人似乎就是几十万年来渐进主义的一个典型案例。

1997 年 7 月，慕尼黑大学（University of Munich）的斯万特·帕博（Svante Pääbo）和几位同事发表了一项令人瞩目的研究成果，他们成功地提取并分析了 1856 年在尼安德特河谷发现的遗骨中一块骨头的 DNA。自 1997 年以来，研究人员在克罗地亚和俄罗斯南部相继发现了更多的尼安德特人样本并对其进行了 DNA 分析。在所有的案例中，尼安德特人的化石 DNA 都显示出与现代人类有很大的遗传距离（genetic distance）。对这些研究结果的讨论主要是就其对尼安德特人灭绝的影响而言，但也为揭示尼安德特人的起源提供了线索。基于对遗传距离的测量，帕博和他的同事估算出尼安德特人和现代人类的世系在 55 万 ~69 万年前分化。[②] 这与人类化石记录非常吻合，同时也支持这两个世系都是海德堡人后裔的观点。

早在 50 万年前的欧洲化石记录中就出现了独特的尼安德特人特征。海德堡下颚骨（Heidelberg jaw）中颊齿比门牙要小，可能是最早的

---

① Niles Eldredge, *Time Frames: The Evolution of Punctuated Equilibrian* (Princeton: Princeton University Press, 1985).

② M. Krings et al., "Neanderthal DNA Sequences and the Origin of Modern Humans," *Cell* 90 (1997): 19 – 30; M. Krings et al., "A View of Neandertal Genetic Diversity," *Nature Genetics* 26, no. 2 (2000): 144 – 146; I. V. Ovchinnikov et al., "Molecular Analysis of Neanderthal DNA from the Northern Caucasus," *Nature* 404 (2000): 490 – 493.

例证之一。稍晚一些（大约 40 万年前）的阿拉贡人（Arago specimen）脸部形状有重要意义。在接下来 25 万年的时间里，这类特征逐渐增多，最终将尼安德特人界定为一种独特人种。海德堡人与尼安德特人之间的分界线是模糊而随意的，一些人类学家将后者的分类追溯到更早的化石。[①]

作为尼安德特人适应寒冷气候一部分进化而来特征的出现具有特别重要的意义。这些特征似乎是在转变后期出现的。早期阶段发现的大多数尼安德特人特征似乎主要是从非洲族群中分离出来和遗传漂变（genetic drift）的产物（尽管如前一章所述，很难用这么小的颅后骨样本来证实这一点），但在 30 万年前之后，欧洲的气候变冷，尼安德特人随后的变化可能是由寒冷气候造成的。[②]

最近在西班牙北部的阿塔普埃尔卡发现了一个大型人类化石群（见第三章），胡瑟裂谷（Sima de los Huesos）（"骨坑"）中的沉积物比从中发现最早欧洲化石的沉积物距今的年代更近一些，大约有 32 万年的历史。沉积物中已经发掘出 2000 多块遗骨，包括颌骨、颅骨、肋骨、肢骨和其他骨骼。胡瑟裂谷化石群展现了许多典型而独特的尼安德特人特征，如最后一颗臼齿与下颌骨升支之间有一个大的间隙［后磨牙间隙（*retromolar space*）］，头盖骨后部有一个凹陷区域［上颅窝（*suprainiac fossa*）］。遗骸也保留了一些原始特征，可

---

① G. Philip Rightmire, "Human Evolution in the Middle Pleistocene: The Role of *Homo heidelbergensis*," *Evolutionary Anthropology* 6, no. 6 (1998): 218–227; Richard G. Klein, *The Human Career*, 2nd ed. (Chicago: University of Chicago Press, 1999), pp. 295–312.

② J.-J. Hublin, "Climatic Changes, Paleogeography, and the Evolution of the Neandertals," in *Neandertals and Modern Humans in Western Asia*, eds. by T. Akazawa, K. Aoki, and O. Bar-Yosef (New York: Plenum Press, 1998), pp. 295–310.

将其看作尼安德特人的早期形式。[1] 来自英国（斯旺司孔）和德国［斯坦海姆（Steinheim）］同时代类似的头骨显示出与其相仿的样式。[2]

方框 2　尼安德特人世界的气候

3 万~30 万年前

尼安德特人在中更新世晚期（距今 13 万~30 万年）和随后的晚更新世（距今 3 万~13 万年）居住在欧亚大陆北部。与他们的祖先不同，尼安德特人尽管在晚更新世初期至少经历了一段非常温暖的时期，他们在气候普遍比今天凉爽的时期占据了纬度较高的地区。

稳定同位素记录提供了中更新世早期尼安德特人所处气候变化的总体框架（见第三章方框 1）。中更新世末期的记录除了可以从深海沉积物岩心获取之外，还可以从南极和格陵兰冰盖获得。稳定同位素岩心表明，在 13 万~30 万年前，两个主要的间冰期——氧同位素第 8 期和第 6 期（OIS 8 和 OIS 6）被一个相对凉爽的间冰期（OIS 7）隔开。与较早时期相比，一些陆相沉积物可能与这些事件相关联，包括长花粉芯、黄土地层和古洞穴沉积物。[3]

中更新世最后一次冰期之后，是 11.6 万~12.8 万年前最后一次间冰期的气候适宜期（OIS 5e）。至少几千年以来，欧洲的年

① C. B. Stringer, "Secrets of the Pit of the Bones," *Nature* 362 (1993): 501 - 502.

② Stringer and Gamble, *In Search of the Neanderthals*, pp. 65 - 69.

③ N. J. Shackleton and N. D. Opdyke, "Oxygen Isotope and Paleomagnetic Stratigraphy of Equatorial Pacific Core V28 - 238: Temperatures and Ice Volumes on a 10^3 and 10^6 Year Scale," *Quaternary Research* 3 (1973): 39 - 55; G. Woillard, "Grande Pile Peat Bog: A Continuous Pollen Record for the Last 140000 Years," *Quaternary Research* 9 (1978): 1 - 21; Henri Laville, Jean-Philippe Rigaud, and James Sackett, *Rock Shelters of the Perigord* (New York: Academic Press, 1980), pp. 144 - 215; J. Jouzel et al., "Extending the Vostok Ice-Core Record of Palaeoclimate to the Penultimate Glacial Period," *Nature* 364 (1993): 407 - 412.

平均气温比现在高出至少1~2摄氏度，大部分地区被茂密的森林和沼泽覆盖。在随后的间隔期（OIS 5d-5a），气候相对凉爽，但尼安德特人的定居点在这一时期尤为常见。在东欧平原的西南部地区可以找到一个典型的定居点。在早期定居证据很少的德涅斯特山谷（Dnestr Valley），尼安德特人占据了一片松柏丛生的开阔林地。那时的气温比今天至少低几度，当地的哺乳动物包括长毛猛犸象、马和草原野牛。①

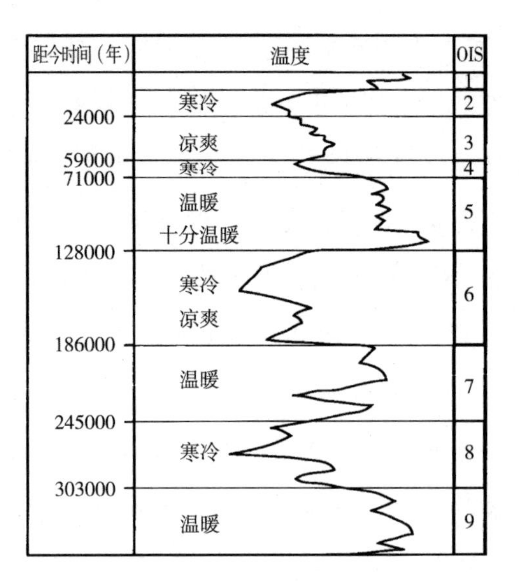

图B2　根据深海沉积物核心氧同位素比例波动绘制的温度曲线

资料来源：N. J. Shackleton and N. D. Opdyke, "Oxygen Isotope and Paleomagnetic Stratigraphy of Equatorial Pacific Core V28-238: Temperatures and Ice Volumes on a 10^3 and 10^6 Year Scale," *Quaternary Research* 3 (1973): 39-55。

① Clive Gamble, *The Palaeolithic Settlement of Europe* (Cambridge: Cambridge University Press, 1986), pp. 160-176; John F. Hoffecker, *Desolate Landscapes: Ice-Age Settlement in Eastern Europe* (New Brunswick, N. J.: Rutgers University Press, 2002), pp. 28-34.

距今6万~7.5万年的普伦尼冰期晚期（Lower Pleniglacial）（OIS 4），是冰川盛行期。普伦尼冰期中期气候温和而多变（见第五章方框3），许多居住点也可以追溯到尼安德特人定居的最后时期。

20万~25万年前，尼安德特人的特征已经全部定型。来自德国埃林斯多夫（Ehringsdorf）的一个头骨可以追溯到大约23万年前，还有来自法国比亚什（Biache）的两个头骨，可追溯到16万~19万年前，几乎显示出西欧典型尼安德特人的所有特征。后者中的大多数生存时间可追溯到13万年前开始的末次冰川旋回期（the last glacial cycle）。[①]

对于那些可能与他们相遇的现代人类来说，尼安德特人的外貌看上去肯定很奇怪，甚至很怪异。尼安德特人的颅穹窿长而低，额骨后倾，眉脊［眶上隆凸（supraorbital torus）］较大。然而，他们的脑容量很大，与现代人类的脑容量相当，平均略高于1500毫升。头盖骨的背面向外投射形成枕骨（occipital bun），面部向前突出，脸颊鼓胀，鼻腔很大。前齿相对于颊齿特别大，颌部没有下巴。[②]

尼安德特人颈部以下的骨骼也很独特。肋骨大而弱弯，形成了一个厚实的胸膛。四肢骨骼强健，肌肉和韧带附着面积大。前臂和大腿骨微微弯曲。远端肢体段（distal limb segments）相对于近端肢体段（proximal segments）较短，指尖相对于现代人类而言又大又圆。[③]

典型尼安德特人的出现伴随着技术的变化。与埃林斯多夫和比亚什的头骨时间大致吻合的是莫斯特文化（旧石器时代中期）最早的

① Hublin, "Climatic Changes," pp. 300 – 301.

② Stringer and Gamble, *In Search of the Neanderthals*, pp. 74 – 84.

③ Stringer and Gamble, *In Search of the Neanderthals*, pp. 86 – 95.

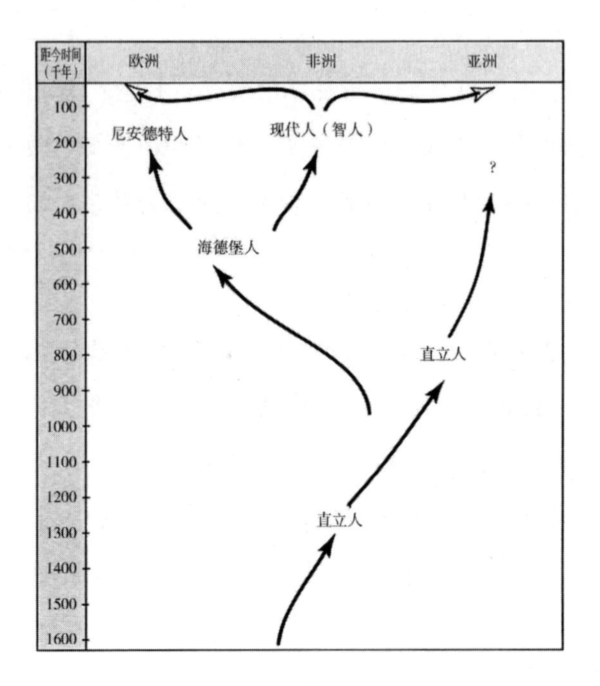

图 4-1 人属的进化（说明了尼安德特人和现代人类之间的关系）

资料来源：G. Philip Rightmire, "Human Evolution in the Middle Pleistocene: The Role of *Homo heidelbergensis*," *Evolutionary Anthropology* 6, no. 6 (1998): fig. 2。

遗址。与之前的阿舍利文化相比，手斧和其他大型双面工具变得稀少或缺失。预制石核技术（prepared-core techniques）——能够改进对石器坯料尺寸和形状的控制——变得相对普遍。这是第一次有证据表明，人类把石片装在手柄和轴上，这些工具代表了已知的最古老的合成工具和武器。①

① Paul Mellars, *The Neanderthal Legacy: An Archaeological Perspective from Western Europe* (Princeton: Princeton University Press, 1996), pp. 56-140. 最早的莫斯特遗址之一是荷兰的马斯特里赫特-贝尔维德，可追溯到 18.5 万 ~ 24.5 万年前的间冰期。参见 Wil Roebroeks, "Archaeology and Middle Pleistocene Stratigraphy: The Case of Maastricht-Belvédère (NL)," in *Chronostratigraphie et Faciès Culturels du Paléolithique Inférieur et Moyen dans l'Europe de Nord-Ouest*, eds. by A. Tuffreau and J. Somme (Paris: Supplément au Bulletin de l'Association Française pour l'Étude du Quaternaire, 1986), pp. 81-86。

寒冷天气下的族群

尼安德特人是北方人属的一种，就像北极野兔是北方兔属（jackrabbit）的一种。他们进化出原始人类对寒冷气候最极端的解剖适应性，被称为"超极"（hyperpolar）。他们身体的尺寸和形态都有助于最大限度地减少热量损耗和防止冻伤。他们身材粗壮，胸脯宽阔，头大四肢短。就像生活在环极地地区的人类一样，他们很有可能进化出了一些生理机制来温暖四肢和暴露的其他身体部分（surface areas）。[1]

尼安德特人的解剖结构在很大程度上反映了他们的寒冷适应（cold adaptation）能力这一点可能被夸大了。前面提到的他们硕大的脑袋可能就是这方面的一个例子，但是就像海德堡人的情况一样，这个时期非洲和欧洲人类的脑容量都在不断增加，而这可能与气候没有关系。[2] 如前所述，许多尼安德特人的特征似乎是由隔离和随机遗传漂移导致的。其他特征，如大门牙，可能反映了对环境而不是对低温的进化反应。

尽管如此，尼安德特人的许多解剖特征，特别是颅后解剖结构，几乎可以肯定是适应寒冷的一部分。美国人类学家卡尔顿·库恩（Carleton Coon）在1962年出版的《种族起源》（*The Origin of Race*）一书中首次指出了这种模式。库恩将许多尼安德特人的特征与高纬度地区现代人类的解剖结构进行了比较。他注意到，他们身体的大小和形状可以最大限度地减少热量损失，并抵御寒冷伤害。但当他的书在

① Carleton S. Coon, *The Origin of Races* (New York: Alfred A. Knopf, 1962), pp. 529 - 547; T. W. Holliday, "Postcranial Evidence of Cold Adaptation in European Neandertals," *American Journal of Physical Anthropology* 104 (1997): 245 - 258.

② Ralph L. Holloway, "The Poor Brain of Homo Sapiens Neanderthalensis: See What You Please..." in *Ancestors: The Hard Evidence*, ed. by Delson, pp. 319 - 324.

1962 年底出版时，库恩卷入一场关于他的种族观的激烈争论，结果他关于尼安德特人适应寒冷气候的观点多年来基本上被忽视或遗忘。[①] 自 1980 年以来对这一问题的重新研究表明，他的大部分观察结果都是正确的。

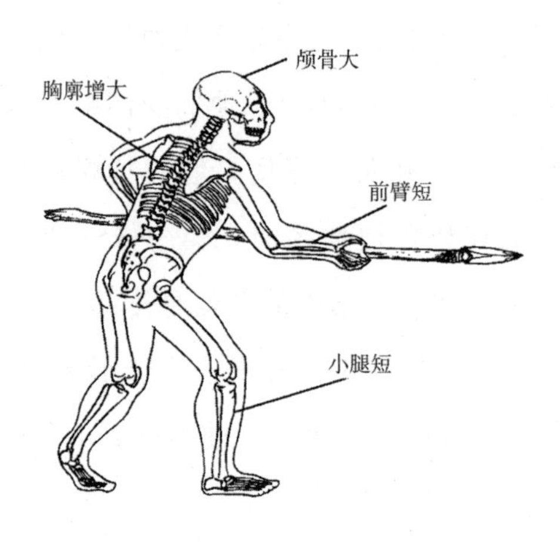

图 4 - 2　尼安德特人的骨骼（说明了被解释为适应寒冷气候的特征）

资料来源：Steven Emilio Churchill, "Cold Adaptation, Heterochrony, and Neandertals," *Evolutionary Anthropology* 7, no. 2 (1998): fig. 1。

尼安德特人的四肢相对于躯干较短。他们的下肢骨（股骨和胫骨）与上肢骨（肱骨和桡骨）相比特别短。[②] 在现存的人类中，下肢和上肢的比例与温度和纬度密切相关。值得注意的是，尼安德特人的身体比例甚至比现代因纽特人还要低。库恩强调，足部骨骼的大小和厚度是另一种保持体温和防止冻伤的手段。[③]

---

① Trinkaus and Shipman, *The Neandertals*, pp. 316 - 324.

② 原著中"股骨"和"桡骨"两处术语有误，中译本进行了更正。——译者注

③ Coon, *The Origin of Races*, pp. 546 - 548; Erik Trinkaus, "Neanderthal Limb Proportions and Cold Adaptation," in *Aspects of Human Evolution*, ed. by C. Stringer (London: Taylor and Francis, 1981), pp. 187 - 224; Holliday, "Postcranial Evidence".

肌肉发达的尼安德特人的整体体重进一步降低了其暴露面积与体积之比。胸部的厚度尤其显著，也体现在肋骨的形状和锁骨（clavicle）的长度上，[1] 表层浓密的体毛有助于保暖，但目前尚无法证实。

库恩推测尼安德特人也进化出了生理方法来温暖他们的四肢和暴露的其他身体部分。他尤其注意到眶下孔（infraorbital foramina）的巨大尺寸——眼窝下方上颌骨两侧的开口可使血液流到脸颊，并指出了与格陵兰岛因纽特人的一个相似点。就像后者以及其他现代北极地区的族群一样，流向四肢血液的增加可能帮助尼安德特人避免寒冷的伤害。[2]

更具争议的是库恩提出鼻腔大是另一种对寒冷气候的适应方式。库恩引用了一项关于大脑易受寒冷空气影响的医学研究，他提出尼安德特人的大鼻子起到了散热器的作用，能让吸入的空气变暖。“散热器鼻子理论”（radiator nose theory）曾受到一些著名人类学家的批评，但可能有一定的合理性。鼻子也可能具有排出热气和减少剧烈活动产生的过多身体热量的功能。[3]

尼安德特人非同寻常的咀嚼系统也引发了评论。除了颌骨的向前凸出和门牙的大尺寸之外，后者暴露出除了最年轻个体之外所有尼安德特人门牙的极度磨损。此外，磨损还包括非食物的微观痕迹

---

① Coon, *The Origin of Races*, p. 543; Robert G. Franciscus and Steven E. Churchill, “The Costal Skeleton of Shanidar 3 and a Reappraisal of Neandertal Thoracic Morphology,” *Journal of Human Evolution* 42 (2002): 303 – 356.

② Coon, *The Origin of Races*, p. 534.

③ Coon, *The Origin of Races*, pp. 532 – 534; Erik Trinkaus, “Bodies, Brawn, Brains, and Noses: Human Ancestors and Human Predation,” in *The Evolution of Human Hunting*, eds. by M. Nitecki and D. V. Nitecki (New York: Plenum Press, 1987), pp. 107 – 145; Trinkaus and Shipman, *The Neandertals*, pp. 317 – 321, 417.

(microscopic traces)。这种模式表明尼安德特人是用牙齿来咬住——也许是加工——兽皮和其他软质材料。这就又体现出一个与因纽特人的相似之处，因纽特人的牙齿也经常由于这样使用而显示出类似的磨损。[①]

人们普遍认为，深深附着在骨骼上的强健肌肉反映了尼安德特人生活压力大和对体力而不是技术的更大依赖。从肩胛骨的形态、厚壁肢骨和其他特征可以进一步获得身体力量和压力的证据。[②] 虽然尼安德特人的体力和耐力不是对寒冷气候的适应，但它们可能是对欧洲冰川环境适应的间接衡量，尤其是考虑到他们有限的技术成就。

尼安德特人的时空地理学

尼安德特人遗址的地理分布提供了他们对寒冷环境耐受力的最重要线索之一。特定地区和特定时期遗址的存在和缺失，都向我们展示了尼安德特人应对低温和此类环境其他特征的能力。总的来说，他们似乎能够居住在冬季平均气温明显低于冰点的地方，很可能低至华氏5度（零下15摄氏度），也可能低至华氏零下5度（零下20摄氏度），他们无法占据亚洲东北部的极端寒冷地区，如今那里的冬季气温通常低于这些平均值。

在上一个冰川期最温暖和最寒冷的波动期，西欧一直处于被占领

① Coon, *The Origin of Races*, pp. 541 – 542; C. Loring Brace, "The Fate of the 'Classic' Neanderthals: A Consideration of Hominid Catastrophism," *Current Anthropology* 5 (1964): 3 – 43; W. L. Hylander, "The Adaptive Significance of Eskimo Cranio-Facial Morphology," in *Oro-Facial Growth and Development*, eds. by A. A. Dahlberg and T. Graber (The Hague: Mouton, 1977); Erik Trinkaus, *The Shanidar Neandertals* (New York: Academic Press, 1983).

② Trinkaus, "Bodies, Brawn, Brains and Noses: Human Ancestors and Human Predation"; Klein, *The Human Career*, pp. 388 – 389.

状态。尼安德特人遗址在法国西南部和西班牙北部［弗朗哥 - 坎塔布里安地区（Franco-Cantabrian area）］特别多，这些地区的冰期条件因海洋效应而得到改善。在法国的洞穴和岩石掩蔽处，如佩赫·德·拉泽（Pech de l'Aze）和格雷纳尔峡谷（Combe Grenal），不同时期的遗址被发掘出来。即使在最冷的时候，1 月的平均气温比冰点也可能低不了几度。这些地方总有树木生长，尽管有时主要局限于零星的松树。在此期间，该地区的大型哺乳动物以驯鹿为主。[①]

事实上，在过去几十万年最温暖的时期，尼安德特人在西欧的定居点可能受到了更多限制。最暖时期距今 11.6 万 ~12.8 万年，通常被称为末次间冰期（Last Interglacial）的气候适宜期。年平均气温比今天高摄氏几度，而河马（hippopotamus）生活的范围往北远到英格兰。弗朗哥 - 坎塔布里安地区在气候适宜期有人类居住的证据非常有限（尽管在一些地方，定居的残迹可能已被这段时期之后的一次强烈侵蚀冲走）。[②] 尼安德特人显然并不偏爱这一时期西欧潮湿的森林和沼泽。

相比之下，在可以追溯到 6 万 ~7.5 万年前的最寒冷时期，通常被称为普伦尼冰期晚期，对佩赫·德·拉泽、格雷纳尔峡谷和法国西南部其他洞穴（在法国北部的居住点似乎不太常见）的占据都有据可查。在石制品和哺乳动物骨骼之间，散落着从洞穴壁上冻裂的岩石碎片，这些岩石碎片混杂在富含未风化碳酸盐但黏土含量低的沉积物中。这证明该地区有过一段严寒干旱的时期。[③]

---

① Henri Laville, Jean-Philippe Rigaud, and James Sackett, *Rock Shelters of the Perigord* (New York Academic Press, 1980), pp. 179 - 215; Mellars, *The Neanderthal Legacy*, pp. 32 - 55.

② Laville, Rigaud, and Sackett, *Rock Shelters of the Perigord*, p. 189; Clive Gamble, *The Palaeolithic Settlement of Europe* (Cambridge: Cambridge University Press, 1986), pp. 367 - 369.

③ Laville, Rigaud, and Sackett, *Rock Shelters of the Perigord*, pp. 197 - 201; Hublin, "Climatic Changes," p. 305.

2000 年，研究人员从北高加索山脉的一个标本中提取和分析了化石 DNA，为考察尼安德特人遗传变异提供了一个良好的机会。将分析结果与早些时候从尼安德特山谷标本中提取的化石 DNA 进行比较，可以估算出 15 万～35 万年前西欧和东欧人类分化的时间。[①] 估算时间的中值为 25 万年，这个估计可能大致准确，尽管中欧和东欧的大部分早期莫斯特遗址和尼安德特人化石似乎可以追溯到最后一次间冰期（大约 12.5 万年前）。[②]

也许末次间冰期异常温暖的环境促使尼安德特人向东扩展到欧洲较干冷地区。尽管如此，即使在比今天更温暖的间冰期气候下，估计当时东欧平原地区 1 月平均气温为华氏 26 度（零下 3 摄氏度）甚至更低。[③] 尼安德特人的形态和饮食结构可能是其在这一地区居住的先决条件。

实际上，在东欧平原更具大陆性气候特点的地方发现的模式，可能会与在弗朗哥 - 坎塔布里安地区发现的模式正好相反。末次间冰期的居住地似乎比随后较冷期的居住地更为普遍。杰斯纳河（Desna River）上的科特列夫（Khotylevo）遗址（在莫斯科西南部约 200 英里或 350 公里处）可能比较典型。这个遗址实际上是由一系列人工制品组成的，这些人工制品集中在古洪泛平原（flood plain）半英里的范围内。当时有一个开阔的林地环境，比今天温暖，栖息着猛犸象、马鹿和野牛。[④]

---

① Ovchinnikov et al.，“Molecular Analysis of Neanderthal DNA”.

② Jiří Svoboda，Vojen Ložek，and Emanuel Vlček，*Hunters between East and West*：*The Paleolithic of Moravia*（New York：Plenum Press，1996），pp. 82 – 85；Hublin，“Climatic Changes，” p. 306；Hoffecker，*Desolate Landscapes*，pp. 64 – 65. 东欧的莫斯特遗址出现于末次间冰期之前，可能包括科罗莱沃（多瑙河盆地）和北顿涅茨河上的赫亚什奇和米哈伊洛夫斯科耶。

③ A. A. Velichko，“Late Pleistocene Spatial Paleoclimatic Reconstructions，” in *Late Quaternary Environments of the Soviet Union*，ed. by A. A. Velichko，pp. 261 – 285（Minneapolis：University of Minnesota Press，1984），pp. 261 – 273.

④ F. M. Zavernyaev，*Khotylevskoe Paleoliticheskoe Mestonakhozhdenie*（Leningrad：Nauka，1978）；Hoffecker，*Desolate Landscapes*，pp. 72 – 74.

尼安德特人在东欧定居的历史随着时间的推移变化很大。平原的大部分地区可能是在普伦尼冰期晚期极度寒冷时被遗弃。那时，1 月平均气温会降至零下华氏 15 度（约零下 26 摄氏度）或更低，这似乎超出了尼安德特人的耐寒能力。在 6 万年前开始的较温和的间冰期，有些地区可能被重新占据。在东欧最南端——那里的条件更接近西欧，对这些地区的占据似乎是持续不断的。[①]

在末次间冰期的气候适宜期，尼安德特人进一步向东迁移到西伯利亚最南端。在位于叶尼塞河支流阿巴坎（Abakan）镇附近的杜格拉兹卡（Dvuglazka）小洞穴，发现了当时被尼安德特人占据的证据。尽管杜格拉兹卡位于与霍蒂莱沃（Khotylevo）大致相同的纬度，但当地气候更为恶劣，当前 1 月平均气温为华氏 3 度（零下 17 摄氏度）。在明显有尼安德特人居住的地方缺乏嗜冷哺乳动物，这表明气候适宜期的环境比较温和。洞穴中没有发现尼安德特人遗骸，但在发现哺乳动物骨骼的地方同时也发现了典型的莫斯特人手工制品。[②]

同样引人注目的是位于北纬 51 度阿尔泰地区杜格拉兹卡西南的一组洞穴和露天遗址。这里的环境稍微温和一些，但是对这些地方的占据似乎从末次间冰期一直持续到更冷的时期，可能包括普伦尼冰期

---

① Hoffecker, *Desolate Landscapes*, pp. 65 – 66. 同样，中欧部分地区在下泛冰期也出现了类似的放弃模式，随后在 60000 年前开始的较温和的间冰期又被重新占领。参见 Gamble, *The Palaeolithic Settlement of Europe*, pp. 374 – 377。

② Z. A. Abramova, "Must'erskii Grot Dvuglazka v Khakasii (Predvaritel'noe Soobshschenie)," *Kratkie Soobshcheniya Instituta Arkheologii* 165 (1981): 74 – 78. 在德林 · 尤里亚克（Diring Yuriakh）露天遗址发现的、俯视北纬 61 度勒拿河的石器，是由尤里 · 莫汉诺夫（Yuri Mochanov）考察的，其年代可追溯至 26 万多年前。参见 Michael R. Waters, Steven L. Forman, and James M. Pierson, "Diring Yuriakh: A Lower Paleolithic Site in Central Siberia," *Science* 275 (1997): 1281 – 1284。这个遗址可能代表了早期对西伯利亚高纬度地区的入侵（尽管一些考古学家认为这些古器物是天然断裂的岩石），但似乎与尼安德特人无关。这更有可能与远东旧石器时代晚期的人有关，他们可能在中更新世温暖的间冰期向北迁移（见第三章）。

晚期。在其中两个洞穴中发现了孤立的骨骼残骸，初步鉴定为尼安德特人的遗骸。在许多居住层中，哺乳动物的骨骼包括北极分类群，如驯鹿和北极熊。[①] 1 月的平均气温可能降至华氏零下 5 度（零下 20 摄氏度），阿尔泰遗址似乎体现了尼安德特人最大的耐寒性。

尼安德特人地理分布最有趣的方面之一是，他们向南扩张到中亚和近东。这次扩张似乎发生在普伦尼冰期晚期，当时欧亚大陆北部上一次间冰期占据的一些地方显然被遗弃。那时，可能在其他的间隔期也是如此，尼安德特人迁移到北纬 33 度的黎凡特。在叙利亚北部［德迪瑞耶洞穴（Dederiyeh Cave）］和伊拉克［沙尼达尔洞穴（Shanidar Cave）］以及乌兹别克斯坦南部［特希克塔什（Teshik Tash）］更往北和往东的地方也发现了他们的遗址。[②] 值得注意的是，南部尼安德特人的解剖结构显示，他们对寒冷气候的适应不太极端：下肢比例增加，而胸部厚度减小。[③]

新技术

当卡尔顿·库恩在 1962 年描述尼安德特人的冷适应时，他提出了一个颇具争议的假设来表述自己的观察结果。通过查阅考古记录，

---

① Ted Goebel, "The Pleistocene Colonization of Siberia and Peopling of the Americas: An Ecological Approach," *Evolutionary Anthropology* 8 (1999): 208 – 227.

② Ofer Bar-Yosef, "Upper Pleistocene Cultural Stratigraphy in Southwest Asia," in *The Emergence of Modern Humans*, ed. by E. Trinkaus (Cambridge: Cambridge University Press, 1989), pp. 154 – 180; Hublin, "Climatic Changes," pp. 305 – 307.

③ Trinkaus, "Neanderthal Limb Proportions and Cold Adaptation," p. 215; Franciscus and Churchill, "The Costal Skeleton of Shanidar 3," pp. 352 – 353. 同样重要的是，最近有证据表明，以色列的阿穆德洞穴（Amud Cave）存在植物性食物消耗痕迹。参见 Marco Madella et al., "The Exploitation of Plant Resources by Neanderthals in Amud Cave (Israel): The Evidence from Phytolith Studies," *Journal of Archaeological Science* 29 (2002): 703 – 719。

库恩指出没有任何技术创新的证据，他认为尼安德特人对寒冷的适应性主要是基于解剖结构和饮食。[①] 这成了尼安德特人研究中反复出现的一个主题，并与现代人类形成了强烈对比，现代人类在同样的环境下，要高度依赖科技才能生存。

近年来，一个越来越明显的事实是，尼安德特人的出现和扩张显然伴随着一些新的技术发展。其中最重要的是复合工具和武器的设计和使用。通过将石片和尖端安装到手柄和轴上，尼安德特人增加了他们的力量，提高了效率。在木材和兽皮的使用上可能也有了新发展，但目前还很难对这些问题加以具体说明。新技术在尼安德特人的环境适应中发挥了什么作用？它对占领寒冷的栖息地有多重要？

传统上，考古学家主要关注石器技术，着重考察手斧的消失和预制石核技术的兴起。后者分布在手斧文化所在的同一地区——莫维斯线以西，两者可能都与复合工具的使用有关。首先，手斧是握在手里使用的，而复合工具的发明必然减少对它们的需求。其次，复合工具需要增加对石坯尺寸和形状的控制，以便安装木柄和轴。这可能是广泛采用预制石核技术的主要催化剂。[②]

预制石核［或勒瓦娄哇（Levallois）］技术尽管在大约50万年前就出现在阿舍利晚期的遗址中，但直到莫斯特时期才变得普遍。这些技术相对复杂，并且需要一系列连续的步骤，因为石头需要被塑形和修整以去除预定尺寸和形状的坯料。勒瓦娄哇的各类技术之一是可以制造出一种锋利的尖端——适合用作矛尖。由于一些尚不清楚的原

---

① Coon, *The Origin of Races*, p. 534.

② Kathy D. Schick and Nicholas Toth, *Making Silent Stones Speak: Human Evolution and the Dawn of Technology* (New York: Simon and Schuster, 1993), p. 292; Klein, *The Human Career*, p. 328.

因，尼安德特人并不总是选择用备好的石核制造坯料。他们的许多居住点都有非勒瓦娄哇石核。[①]

尽管复杂，但预制石核技术似乎并不需要任何超出制作手斧所需的概念能力（conceptual abilities）。[②] 相比之下，复合工具可能反映了认知技能的显著进步。成品工具的结构不仅与其制作的原材料没有相似之处，而且至少要把三个不同部件组合在一起才能制造出这种形状。这些部件包括木轴或手柄、石刀和黏合剂。[③]

在尼安德特人的遗址中还没有发现复合工具或武器，但其存在有据可查。石制品上的微观磨损方式和黏合剂痕迹（如沥青）都表明，它们曾被固定在木柄上。尽管这种器物的占比很低，但考古学家怀疑：根据实验研究，有关这两种形式古器物的证据很少得到保存，而且复合工具的实际数量应该更多。它们显然包括木工工具，即装在手柄侧面和末端的刮削器。[④]

在尼安德特人的遗址中手斧和其他大型双面器很罕见，但小型双面器在某些地区并不少见。一般而言，这种工具在中欧和东欧更为人所知。尼安德特人还用石片制作了各种各样的手用工具。为了便于操

---

① Mellars, *The Neanderthal Legacy*, pp. 56 – 94.

② Thomas Wynn, "Piaget, Stone Tools and the Evolution of Human Intelligence," *World Archaeology* 17, no. 1 (1985): 32 – 43.

③ 温德尔·奥斯瓦尔特描述了近代非工业民族的复合工具和武器。Wendell H. Oswalt, *An Anthropological Analysis of Food-Getting Technology* (New York: John Wiley and Sons, 1976).

④ Sylvie Beyries, "Functional Variability of Lithic Sets in the Middle Paleolithic," in *Upper Pleistocene Prehistory of Western Eurasia*, eds. by H. L. Dibble and A. Montet-White, pp. 213 – 224 (Philadelphia: University of Pennsylvania Museum, 1988), pp. 219 – 220; John J. Shea, "Spear Points from the Middle Paleolithic of the Levant," *Journal of Field Archaeology* 15 (1988): 441 – 450; Patricia Anderson-Gerfaud, "Aspects of Behaviour in the Middle Palaeolithic: Functional Analysis of Stone Tools from Southwest France," in *The Emergence of Modern Humans*, ed. by P. Mellars, pp. 389 – 418 (Edinburgh: Edinburgh University Press, 1990), pp. 402 – 410; E. Boëda et al., "Bitumen as a Hafting Material on Middle Paleolithic Artefacts," *Nature* 380 (1996): 336 – 338.

作，有时会把这些工具的背面做钝。尽管考古学家已经定义了 60 多种莫斯特石片工具，但有些类型可能代表了同一基本工具重新磨锐的不同阶段。总体而言，尼安德特人的石片工具似乎与他们祖先使用的工具没有太大的不同。①

更有趣的是木制工具和武器。与早期欧洲遗址的情况一样（见第三章），已经发现了一些孤立木制器物的例子。在德国莱林根（Lehringen）遗址中发现了一根矛，而来自西班牙阿布里克·罗马尼（Abric Romani）的木制器物包括一把铲形工具和可能是击棍的物件。② 这些很少被保存下来的木制器物的发现，加上从石器微观磨损研究中获得的大量木材加工证据，③ 表明木材技术可能相对多样和复杂。但是，目前还不清楚，相对于海德堡人而言，尼安德特人在多大程度上改进和拓展了这项技术。

在近代的北极族群中，服装和住所似乎是技术最复杂的方面。④ 它们一直是现代人类适应高纬度地区的重要组成部分。这可能是现代人类和尼安德特人之间最显著的对比——至少在冷适应方面是如此，以及对后者应对极端寒冷能力的严重制约。尽管尼安德特人制作服装和搭建住所的技术往往难以评估，但证据通常表明其复杂性

---

① Nicholas Rolland and Harold L. Dibble, "A New Synthesis of Middle Paleolithic Variability," *American Antiquity* 55 (1990): 480 – 499; Mellars, *The Neanderthal Legacy*, pp. 95 – 140.

② Hallam L. Movius, "A Wooden Spear of Third Interglacial Age from Lower Saxony," *Southwestern Journal of Anthropology* 6 (1950): 139 – 142; E. Carbonell and Z. Castro-Curel, "Palaeolithic Wooden Artifacts from the Abric Romani (Capellades, Barcelona Spain)," *Journal of Archaeological Science* 19 (1992): 707 – 719; Z. Castro-Curel, and E. Carbonell, "Wood Pseudomorphs from Level I at Abric Romani, Barcelona, Spain," *Journal of Field Archaeology* 22 (1995): 376 – 384.

③ Beyries, "Functional Variability of Lithic Sets," pp. 214 – 219; Anderson-Gerfaud, "Aspects of Behaviour in the Middle Palaeolithic," pp. 401 – 404.

④ Wendell H. Oswalt, "Technological Complexity: The Polar Eskimos and the Tareumiut," *Arctic Anthropology* 24, no. 2 (1987): 82 – 98.

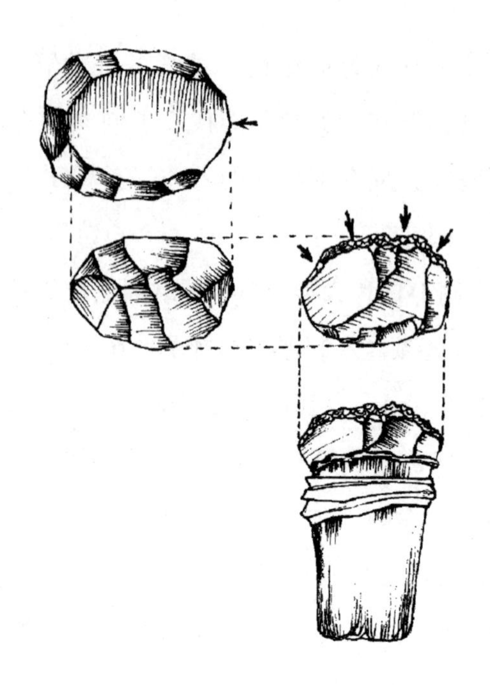

图 4－3　预制（或勒瓦娄哇）石核与岩片以及复合石片工具的重构

资料来源：François Bordes, *The Old Stone Age*, trans. by J. E. Anderson (New York: McGraw-Hill Book Co., 1998), fig. 8; Patricia Anderson-Gerfaud, "Aspects of Behaviour in the Middle Palaeolithic: Functional Analysis of Stone Tools from Southwest France," in *The Emergence of Modern Humans*, ed. by P. Mellars (Edinburgh: Edinburgh University Press, 1990), pp. 389－418, fig. 14。

和有效性较低。

这些证据中的大部分都是负面的。一些石制工具显示了对兽皮加工形成的微磨损抛光（microwear polish），但这种抛光只反映了兽皮准备的初始阶段。尤其重要的是，根本没有缝纫针。在前工业时代的现代人类中，这些工具总是用骨头或象牙制成，应该保存在动物遗骸没有被严重风化的地方（以及考古学家筛选挖掘出的沉淀物以重获微小物体的地方）。石头和骨头锥子尽管很罕见，却在一些遗址中被报道过，而且这些锥子上的微磨损抛光显示了对兽皮的加工。[1]

综合考量，这些零碎的信息表明尼安德特人可能一直在使用兽皮来抵御低温，但只对其做了极小的改造。也许它们主要被当作毯子使用。这些锥子表明有时兽皮可能已经被穿孔并用线捆扎起来。然而，针的缺失说明它们没有被裁剪并缝制成合身的衣服——在非常寒冷的天气中可以有效地保持体温，但移动和进行活动的能力不受限制。[2]

几乎找不到建造人工居所的证据。在这种情况下，最重要的信息可能会在东欧平原上发现，那里洞穴和岩石遮蔽处很罕见。在这片广阔的地区，大多数居住点都是在河流阶地上的露天场所。当现代人类后来占据东欧时，他们留下了许多带有室内壁炉的棚屋。但平原上的尼安德特人遗址缺乏令人信服的以前建筑物遗迹，尽管几个遗址中都发现了猛犸象骨骼的排列，但这可能只是一个简单的防风屏障。[3]

1982年法国电影《火之战》（*Quest for fire*）以一个尼安德特人部落试图并最终未能保住火焰的故事来娱乐观众。电影正是基于一个有趣的想法，即尼安德特人从未发展出生火的技术，而是依赖于发现和保存自然火。尽管这一想法还不能得到证实，但应该指出，据报道，近代几个以狩猎和采集为生的人类族群缺乏生火的能力——这一事实既凸显了这项技术的复杂

---

① N. D. Praslov, "Paleolithic Cultures in the Late Pleistocene," in *Late Quaternary Environments of the Soviet Union*, ed. by A. A. Velichko, pp. 313 – 318 (Minneapolis: University of Minnesota Press, 1984), p. 314; Anderson-Gerfaud, "Aspects of Behaviour in the Middle Palaeolithic," p. 405.

② Hoffecker, *Desolate Landscapes*, pp. 106 – 107.

③ Hoffecker, *Desolate Landscapes*, pp. 107 – 108. 在德涅斯特山谷（乌克兰西南部）的莫洛多瓦1号第4层，有可能存在人工掩蔽所，这一例子被频繁地引用，但几乎没有考古学家认为这实际上是一个封闭的结构。参见 Richard G. Klein, *Ice-Age Hunters of the Ukraine* (Chicago: University of Chicago Press, 1973), pp. 69 – 70。

性，也凸显了没有这项技术生活的可能性。[①] 无论如何，尼安德特人的洞穴和露天居所都有充足的证据表明，他们曾以炉具使用受控制的火。[②]

猎人社会

尼安德特人的饮食可能和他们的解剖结构一样，对适应寒冷环境非常关键。如果没有高蛋白质和高脂肪的食物，很难想象他们如何能够在大部分居住区域内维持生存。在最寒冷和最干燥的地区——东欧和西伯利亚南部，情况尤其如此，但可能也适用于这一范围内较温和的地区。尼安德特人可能是第一批以肉食为主的原始人类。

关于尼安德特人饮食的最重要信息源自对其骨骼的化学分析。比利时的斯克拉迪纳洞穴（Scladina Cave）和克罗地亚的温迪亚洞穴（Vindija Cave）标本的稳定同位素值与北部各种食肉动物的稳定同位素值相当，这表明他们以肉食为主。特别引人注目的是来自斯克拉迪纳洞穴的研究结果，那里的沉积物可以追溯到末次间冰期的气候适宜期，而且气候比今天更温暖，植物性食物更充足。[③]

在类似的环境条件下，尼安德特人对肉类的需求可能比现代人类更高。就像现在北纬地区的居民一样，他们一定有很高的基础代谢率

---

① 《火之战》是根据安妮（J. H. Rosny Aine）于1911年写的一部短篇小说《火焰之歌》改编的。参见 Stringer and Gamble, *In Search of the Neanderthals*, pp. 30 – 31。据报道，近代狩猎-采集族群中缺乏生火能力的人包括安达曼岛人（Andaman Islanders）、姆布蒂人（Mbuti）（俾格米人［Pygmies］）的一支和土著塔斯马尼亚人（Tasmanians）。参见 Carleton S. Coon, *The Hunting Peoples*（New York: Little, Brown and Co., 1971）。

② Mellars, *The Neanderthal Legacy*, pp. 295 – 301; Hoffecker, *Desolate Landscapes*, pp. 108 – 109.

③ H. Bocherens et al., "Palaeoenvironmental and Palaeodietary Implications of Isotopic Biogeochemistry of Last Interglacial Neanderthal and Mammal Bones at Scladina Cave (Belgium)," *Journal of Archaeological Science* 26 (1999): 599 – 607; M. P. Richards et al., "Neanderthal Diet at Vindija and Neanderthal Predation: The Evidence from Stable Isotopes," *Proceedings of the National Academy of Sciences* 97, no. 13 (2000): 7663 – 7666.

(basal metabolic rate) 和更高的热量需求。由于尼安德特人进化出了庞大的体型和异常强壮的肌肉，他们的能量需求必定特别高。他们缺乏保温性良好的衣服，这将进一步增加在低温条件下对高热量的需求。[①]

尼安德特人食用的大部分肉类似乎都是从大型哺乳动物身上获取的。在尼安德特人活动范围内的洞穴和露天居住点发现了各类物种的骨骼和牙齿——通常数量很多。在西欧，像马鹿这样的林地种类很常见，尽管在较冷的时期驯鹿数量会变得很多。在东欧，开放的草原栖息地更为广阔，像野牛和赛加羚羊这样的物种更为典型。在北部高加索等高地地区，当地的尼安德特人有时会捕食绵羊和山羊。[②]

他们食用的大部分大型哺乳动物的肉似乎都是通过狩猎获得的。从尼安德特人居住点发现的动物骨骼经常显示出锤击和石器切割的痕迹，这表明他们对动物尸体进行了集中切割。在这些居住点的成年哺乳动物遗骸中，壮年动物往往占主导地位，这种模式在食腐肉堆积的遗骸中并未发现。在后一种情况下，老年动物的遗骸通常占多数，这反映了动物种群的自然死亡。事实上，在尼安德特人遗址中搜寻食腐肉的证据要比搜寻狩猎的证据困难得多。[③]

---

① Coon, *The Origin of Races*, p. 534.

② Philip G. Chase, "The Hunters of Combe Grenal: Approaches to Middle Paleolithic Subsistence in Europe," *British Archaeological Reports International Series* S286 (1986); Gennady Baryshnikov and John F. Hoffecker, "Mousterian Hunters of the NW Caucasus: Preliminary Results of Recent Investigations," *Journal of Field Archaeology* 21 (1994): 1 - 14.

③ Chase, "The Hunters of Combe Grenal"; Sabine Gaudzinski, "On Bovid Assemblages and Their Consequences for the Knowledge of Subsistence Patterns in the Middle Palaeolithic," *Proceedings of the Prehistoric Society* 62 (1996): 19 - 39; Curtis W. Marean and Zelalem Assefa, "Zooarchaeological Evidence for the Faunal Exploitation Behavior of Neandertals and Early Modern Humans," *Evolutionary Anthropology* 8, no. 1 (1999): 22 - 37; John F. Hoffecker and Naomi Cleghorn, "Mousterian Hunting Patterns in the Northwestern Caucasus and the Ecology of the Neanderthals," *International Journal of Osteoarchaeology* 10 (2000): 368 - 378. 据报道，在意大利中西部的一些遗址中发现了一些大型哺乳动物被捕食的证据。参见 Mary C. Stiner, *Honor among Thieves: A Zooarchaeological Study of Neandertal Ecology* (Princeton: Princeton University Press, 1994)。

尽管尼安德特人不仅擅长捕猎驯鹿和山羊，还擅长捕获体型更大的猎物，如马鹿、马和野牛，但他们可能发现很难杀死猛犸象。猛犸象的骨头和牙齿经常出现在他们的定居点中，但通常数量不多。有时这些骨头的外观看起来比其他遗骸风化更严重，还有大型食肉动物啃咬过的痕迹。这些骨头和象牙中至少有一些似乎是从自然环境中收集而来的，也许如前所述，是用作防风屏障。一个罕见的猛犸象狩猎的例子可能发生在泽西岛的拉科特·德·圣布雷拉德（La Cotte de St. Brelade）（法国海岸外的海峡群岛）。[①]

在粒径谱（size spectrum）的另一端，小型哺乳动物和鸟类遗骸也出现在许多尼安德特人的遗址中，但是在大多数情况下，这些物种似乎并不是食物残渣。这些遗骨似乎是通过其他方式进入洞穴或露天居所的。它们中的大多数要么是在被尼安德特人占据的同一洞穴或露天居所筑巢的小动物的遗骨，要么是被其他动物收集来的骨头。尽管地中海沿岸［例如，在意大利的格罗塔·德·莫塞里尼（Grotta dei Moscerini）］有一些贝类收集的证据，但鱼类遗骸几乎完全缺失，对尼安德特人骨骼的稳定同位素分析表明，鱼类并不是他们饮食的重要组成部分。[②]

尼安德特人饮食中明显缺少小型猎物，这与现代人类形成了鲜明的对比。无论是继尼安德特人之后欧亚大陆北部的族群，还是近代高纬度地区的居民，通常都通过食用各种小型哺乳动物和鸟类来补充他

---

① Baryshnikov and Hoffecker, "Mousterian Hunters of the NW Caucasus," pp. 10 - 11; Hoffecker, *Desolate Landscapes*, pp. 113 - 115. 在拉科特·德·圣布雷拉德，猛犸象的遗骸上有工具痕迹，反映了壮年成年人的优势。参见 Katherine Scott, "Mammoth Bones Modified by Humans: Evidence from La Cotte de St. Brelade, Jersey, Channel Islands," in *Bone Modification*, eds. by R. Bonnichsen and M. H. Sorg (Orono, M. E.: Center for the Study of the First Americans, 1989), pp. 335 - 346。

② Stiner, *Honor among Thieves*, pp. 158 - 198; Hoffecker and Cleghorn, "Mousterian Hunting Patterns".

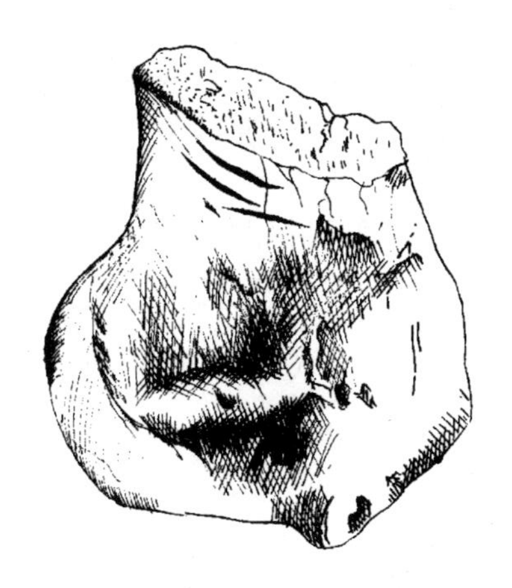

图 4-4　从尼安德特人遗址中发现的大型哺乳动物骨骼碎片，上面有石器切割的痕迹

资料来源：G. Baryshnikov and J. F. Hoffecker, "Mousterian Hunters of the NW Causacus: Preliminary Results of Recent Investigations," *Journal of Field Archaeology* 21 (1994): fig. 5。

们以大型哺乳动物为主的饮食结构，而鱼类几乎是所有北方觅食民族饮食的重要组成部分。这种对比似乎反映了尼安德特人无法设计出更复杂的技术工具——陷阱、圈套、堰、网、掷镖等，原始人用它们来捕捉那些不易接近和更难捕捉的猎物。①

所有这些对大型哺乳动物狩猎的重视以及对食腐肉、植物采集和小猎物抓捕的有限依赖，都对尼安德特人在整个地区的分布产生了深远的影响。大型哺乳动物具有高度的流动性，为了确保稳定的食物供应，必须跟踪和/或预测它们的行动，因为人类很难跟上兽群的步伐，所以拦截是更实用和常用的策略。

① M. C. Stiner et al., "Paleolithic Population Growth Pulses Evidenced by Small Animal Exploitation," *Science* 283 (1999): 190-194. 大多数近代在北纬 50 度以北地区觅食的人类的饮食构成中，鱼类至少占 20%。参见 Robert L. Kelly, *The Foraging Spectrum: Diversity in Hunter-Gatherer Lifeways* (Washington, D.C.: Smithsonian Institution Press, 1995), pp. 66-73。

北高加索西端是观察尼安德特人定居点区域分布的最佳地区之一。在这一地区，经过多年的考古调查和发掘，已获得了大量有关位于山坡上不同海拔高度的洞穴和露天定居点的资料。这些定居点分布范围广泛，从仅高出现代海平面约300英尺（100米）的山麓丘陵到海拔2300英尺（720米）的高地和海拔4200英尺（1300米）的高山，如梅兹迈斯卡亚洞穴。尽管关于在哪些季节占据这些地点的数据仍很粗略，但尼安德特人似乎在一年中的特定时间利用不同地点来捕猎季节性哺乳动物。野牛可能在深秋和冬季的山麓丘陵地区被捕猎；山羊和绵羊在夏季的高海拔地区被猎杀。①

在上述大部分居住点，尼安德特人正在从其他（大概是附近的）地点取回动物尸体或部分动物尸体。北高加索和其他地方的洞穴和露天居所都是如此，否则就无法解释这些地方堆积的大量哺乳动物骨骼。尽管他们的欧洲祖先（海德堡人）的做法可能存在不确定性和模糊性，但毫无疑问尼安德特人是中心地觅食者（这与生态学家的觅食理论预测完全一致）。②

在北高加索观察到的模式表明，尼安德特人正在安排他们的行动，以便利用大型哺乳动物季节性集中的优势进行捕猎。除了肉类饮食，这可能是他们在寒冷地区生存的先决条件。无论如何，这种模式都至少表明了某种程度的协调和规划，并在尼安德特人的研究中提出了一个基本而有争议的问题。现代人类使用口头语言来计划和协调他

① Baryshnikov and Hoffecker, "Mousterian Hunters of the NW Caucasus"; L. V. Golovanova et al., "Mezmaiskaya Cave: A Neanderthal Occupation in the Northern Caucasus," *Current Anthropology* 41 (1999): 77 - 86; Hoffecker and Cleghorn, "Mousterian Hunting Patterns".

② Edwin N. Wilmsen, "Interaction, Spacing Behavior, and the Organization of Hunting Bands," *Journal of Anthropological Research* 29 (1973): 1 - 31; Hoffecker, *Desolate Landscapes*, p. 112.

图 4-5　位于高加索山脉北坡的梅兹迈斯卡亚洞穴

资料来源：约翰·F. 霍菲克尔摄。

们的活动，这使他们能够创建和表达世界的抽象模型。

尼安德特人拥有语言吗？如果没有，他们如何规划和协调觅食行动？他们与现代人类在解剖学上一个微小但存在潜在重要性的差异是声道的位置。颅底（basicranium）（或头盖骨基部）的形状表明喉在颈部的位置比我们的喉在颈部的位置要高。这将限制尼安德特人的发声范围，并剥夺他们快速说话的能力。[①] 然而，语速较慢和话语较有限并不妨碍某种语言的形成。[②]

也许更为重要的是，对尼安德特人的考古记录中缺乏符号证据。

---

① J. T. Laitman, R. C. Heimbuch, and C. S. Crelin, "The Basicranium of Fossil Hominids as an Indicator of Their Upper Respiratory Systems," *American Journal of Physical Anthropology* 51 (1979): 15-34; P. Lieberman et al., "The Anatomy, Physiology, Acoustics, and Perception of Speech: Essential Elements in the Analysis of the Evolution of Human Speech," *Journal of Human Evolution* 23 (1992): 447-467.

② Stringer and Gamble, *In Search of the Neanderthals*, pp. 88-91.

语言只是现代人类用符号构建和塑造世界的众多方式之一。如下一章所述，在5万年前，其他象征性表现形式的物质痕迹在现代人类遗址中很常见，比如艺术品、乐器、装饰物等。这些人工制品连同声道位置变化的证据，有助于证实当时现代人类中存在符号语言（symbolic language）。[①]

但在尼安德特人遗址中，类似象征意义的物质表达几乎未曾出现，这种缺失加深了人们对尼安德特人有语言的怀疑。有几个遗址出土过一些简单的装饰品和艺术品，但这种物件是极其罕见的。在某些情况下，它们是否与尼安德特人的遗迹有关联尚不能确定。[②] 1997年，在斯洛文尼亚（Sloveina）一个洞穴里发现的一根被刺穿的熊骨头，当时被认为是一根笛子，现在看来它是食肉动物咀嚼过的一段碎片。[③]

埋葬死者可另当别论。自1908年以来，就发布过关于尼安德特人在洞穴和岩石遮蔽处有意埋葬死者的报道，而且一直存有争议。有时也报道在这些埋葬地中有以动物遗骸或石器形式出现的“随葬品”（grave goods）。[④] 经过数十年常常是充满敌意的争论，大多数考古学家认为这些墓葬是真实的，尽管许多人对这些随葬品的

---

① Iain Davidson and William Noble, “The Archaeology of Perception: Traces of Depiction and Language,” *Current Anthropology* 30, no. 2 (1989): 125 – 155.

② Philip G. Chase and Harold L. Dibble, “Middle Paleolithic Symbolism: A Review of Current Evidence and Interpretations,” *Journal of Anthropological Archaeology* 6 (1987): 263 – 296; Mellars, *The Neanderthal Legacy*, pp. 369 – 375.

③ Francesco d'Errico et al., “A Middle Palaeolithic Origin of Music? Using Cave-Bear Bone Accumulations to Assess the Divje Babe I Bone ‘Flute,’” *Antiquity* 72 (1998): 65 – 79.

④ Francis B. Harrold, “A Comparative Analysis of Eurasian Palaeolithic Burials,” *World Archaeology* 12, no. 2 (1980): 195 – 211. Trinkaus and Shipman, *The Neandertals.* 尼安德特人的露天遗址中没有任何墓葬，这表明早期（25万年前）没有墓穴可能仅仅反映了这些时期洞穴和岩石遮蔽处的稀缺。

解释提出怀疑。[①] 然而，关于埋葬动机的争论仍在继续。有人认为尼安德特人只是把尸体当作有害废物处理，但许多人认为这种解释不能令人信服。[②]

这些坟墓是一个谜，也是一条提示我们尼安德特人可能不像他们看起来那么简单的最重要线索。有意埋葬似乎反映了一些关于死亡和来世的概念或看法。这种行为在现存猿类中是没有的。在以艺术、音乐和装饰等形式体现象征意义这方面，缺乏证据支持。这表明，上述概念的建构和表达方式可能与现代人类非常不同。

语言和象征主义手法的明显缺失也对尼安德特人的社会组织产生了影响。在现代人类中，直系亲属之外的组织主要建立在共享符号的基础上。很难想象现存于世的人们如何生活在缺少多元的服装风格、餐桌礼仪、宗教仪式、笑话等的社会中。尼安德特人似乎没有这样的东西，这就引致了他们如何将社会团结起来的问题。[③]

也许尼安德特人的社会生活是基于他们的交流系统，以及埋葬死者等简单习俗。尽管与现代人类相比有限，但他们的言语伴随着各种各样的手势和习俗（其中大多数在考古记录中可能保存得不太好），可能为在直系亲属之外的群体之间建立关系提供了基础。或者，他们

---

① 有关尼安德特人墓葬中最著名的“随葬品”，是拉尔夫·S. 索莱基（Ralph S. Solecki）描述的伊拉克沙尼达尔洞穴（4 号墓葬）中以花粉集合形式保存的花朵。Ralph S. Solecki, *Shanidar, the First Flower People* (New York: Alfred Knopf, 1971). 集合的花粉可能来自啮齿类动物采集的花头，这些啮齿类动物在这个掩埋处及其周围的洞穴沉积物中挖洞。参见 Jeffrey D. Sommer, "The Shanidar IV 'Flower Burial': A Re-evaluation of Neanderthal Burial Ritual," *Cambridge Archaeological Journal* 9, no. 1 (1999): 127 – 129。

② Chase and Dibble, "Middle Paleolithic Symbolism," pp. 273 – 274; Stringer and Gamble, *In Search of the Neanderthals*, pp. 158 – 160; Mellars, *The Neanderthal Legacy*, pp. 375 – 381.

③ Clive Gamble, *Timewalkers: The Prehistory of Global Colonization* (Cambridge: Harvard University Press, 1994), pp. 167 – 174.

的社会可能是按照与现代人类截然不同的方式组织起来的，而且对尼安德特人组织的性质一直有很多猜测，其中一些相当奇怪。一位考古学家认为，成年男性和女性生活在不同的群体中，只是周期性地会面配对。[①]

对猎捕大型哺乳动物的过分依赖给社会组织带来了一些可能的制约因素。在近代的觅食族群中，随着采集食物比例下降，男性在获取食物方面发挥的作用更大，两性劳动分工显著增加。就像现代人类一样，怀孕或哺乳的女性在猎捕大型哺乳动物中似乎不太可能起重要作用，而且男女配对（male-female pair bonds）很可能是尼安德特人社会的基石。[②]

然而，在典型的尼安德特人中，男女配对及其后代的数量可能比近代觅食族群中发现的要少。很难估算占据某个考古遗址的一群人的规模，因为几乎不可能确定该地点所在的整个区域只是被占据一次。大多数定居点可能被一个或多个群体反复占据，并且这些地点包含无法按特定群体分类的混杂残骸。但是在少数情况下，至少可以确定居住区的最大范围。在法国南部的拉扎雷特洞穴（Grotte du Lazarel）和北高加索的巴拉卡耶夫斯卡亚洞穴（Barakaevskaya Cave）等，被使用的区域看起来非常小，不到360平方英尺（约40平方米），这意味着该群体不会超过12人。[③] 与之相比，在近代的觅食族群中，居住群体通常有25人。[④]

当然，上面提到的例子可能是非典型的，较大的群体可能占据了

---

① Lewis R. Binford, "Hard Evidence," *Discover*, February (1992): 44 - 51; Mellars, *The Neanderthal Legacy*, pp. 357 - 359.

② Kelly, *The Foraging Spectrum*, pp. 262 - 270; Mellars, *The Neanderthal Legacy*, pp. 361 - 362.

③ Mellars, *The Neanderthal Legacy*, pp. 270 - 295; Hoffecker, *Desolate Landscapes*, p. 131.

④ Kelly, *The Foraging Spectrum*, pp. 210 - 213.

多个地点。但是，尼安德特人长距离移动的证据与较小社会的观点完全一致。如果原材料，如用于制造工具的燧石，从产地所经过的距离准确地反映了搬运它们的人的移动，那么尼安德特人的活动范围就比近代在类似环境中觅食族群的活动范围要小得多。尽管已知一些个别例外情况，但尼安德特人的定居点很少有从 60 英里（100 公里）以外原产地运来的原材料。较小的活动范围和领地适于供养较小的群体。[①]

到底是哪里出了错？尼安德特人的命运

尼安德特人大约在 3 万年前从化石记录中消失。他们的消失与现代人类的出现差不多同步，这是古人类学中争议较大的问题之一。[②]没有理由相信尼安德特人的灭绝是因为他们不能适应这一时期不断变化的环境。尽管有证据表明在普伦尼冰期晚期他们放弃了活动范围内最冷的地区，但到 5 万年前，他们又重新活跃起来——可能是重新占据了以前空出的区域。

卡尔顿·库恩为尼安德特人研究提供了诸多深刻见解，是许多相信尼安德特人直接进化成现代人类的人类学家之一。[③] 考虑到这两个种类在解剖学上的显著差异（由化石 DNA 研究显示的遗传距离支持），这一论点现在看来不太可能。此外，继欧洲尼安德特人之后的现

① Wil Roebroeks, J. Kolen, and E. Rensink, "Planning Depth, Anticipation and the Organization of Middle Palaeolithic Technology: the 'Archaic Natives' Meet Eve's Descendents," *Helinium* 28, no. 1 (1988): 17 - 34; J. Feblot-Augustins, "Raw Material Transport Patterns and Settlement Systems in the European Lower and Middle Palaeolithic: Continuity, Change, and Variability," in *The Middle Palaeolithic Occupation of Europe*, eds. by W. Roebroeks and C. Gamble (Leiden: University of Leiden, 1999), pp. 193 - 214.

② Stringer and Gamble, *In Search of the Neanderthals*, pp. 195 - 218; Tattersall, *The Last Neanderthal*, pp. 198 - 203.

③ Coon, *The Origin of Races.*

代人类呈现出与温暖气候相关的解剖学特征，很难解释为什么他们会在末次间冰期进化出这样的特征。[①]

相反，几乎可以肯定的是，尼安德特人的消失与从南方纬度区到来的现代人类密切相关。然而，关于转变过程的争论却十分激烈。许多人认为，这本质上是非洲基因流动的一部分，而欧亚大陆北部的现代人类最终获得了混合遗传基因。[②] 1998 年从葡萄牙拉加尔·维尔霍（Lagar Velho）发掘出的现代人类骨骼显示出一些尼安德特人的特征（如短的远端肢体段），并被视为这两个种群杂交的一个例子。[③]

另一些人则对这一设想持高度怀疑的态度，他们认为现代人类完全取代尼安德特人的可能性更大，很少或根本没有基因交换。[④] 这种观点的拥护者面临的挑战是：如何解释尼安德特人非常成功地适应了欧亚大陆西北部的冰川环境，却被如此不适应这种环境的人取代。

（周玉芳　刘文翠　译）

---

① Hoffecker, *Desolate Landscapes*, pp. 157 – 158.

② Milford H. Wolpoff, *Paleoanthropology*, 2nd ed. (Boston: McGraw-Hill, 1999).

③ C. Duarte et al., "The Early Upper Paleolithic Human Skeleton from the Abrigo do Lagar Velho (Portugal) and Modern Human Emergence in Iberia," *Proceedings of the National Academy of Sciences* 96 (1999): 7604 – 7609. 从罗马尼亚出土的一个距今 3.5 万多年的现代人类下颌，据说至少具有尼安德特人的一种特征（单侧下颌孔舌骨桥［unilateral mandibular foramen lingular bridging］）。参见 Erik Trinkaus et al., "An Early Modern Human from the Pestera cu Oase, Romania," *Proceedings of the National Academy of Sciences* 100, no. 20 (2003): 11231 – 11236。

④ Richard G. Klein, "Whither the Neanderthals?" *Science* 299 (2003): 1525 – 1527.

第五章
北方的现代人类

革　命

现代人类在非洲逐渐进化，后来突然分散到欧亚大陆和澳大利亚。4 万 ~6 万年前，他们将人类活动范围扩大到南纬和北纬的一些新区域。这种突发性扩展和对各种环境的快速适应源于一场有关口语及其他形式符号的行为革命的影响。在这场革命中，人类获得了一种前所未有的掌控周围环境的能力，并在几乎所有的地方给自己建造了住所。

在南半球，从热带雨林到沙漠边缘都有人类定居，但毫无疑问，最令人印象深刻的扩张是走出非洲并定居欧亚大陆北部。尽管现代人类起源于热带地区，但他们很快就扩散到了欧洲和西伯利亚寒冷的草原和森林地带。2.4 万 ~4.5 万年前，他们在北纬60 度地区定居，有时候甚至更靠北。在此期间，欧亚大陆北部的气候比现在更冷，其中一些地区冬季的温度可能超出了早期人类的承受范围。①

现代人类通过新行为扩展到了新的寒冷地区。如前一章的末尾所述，他们到达欧亚大陆北部时，其身体结构特征更适合于在赤道一带生存。然而，他们设法定居在了比那些适应寒冷环境的尼安德特人长期居住的寒冷地区更冷的地方。考古资料表明，这在很大程度上是通过技术创新实现的。②

从亚北极和北极地区最近的觅食族群的民族志记载中可以找到许多资料或推断出的新技术，包括特制的毛皮衣服、便携式灯具以及用于防止极端低温的加热避难所，还包括猎捕小动物和捕鸟捕鱼的工具。欧亚大陆北部的现代人类像尼安德特人一样食用高蛋白、高脂肪的食物，但他们制造了新工具，扩大了食物来源范围，新技术包括烧制陶瓷、编织，可能还有最早的机械装置。③

所有这些创新和复杂技术背后的创造能力都与口语和其他形式的象征符号联系在一起，这在 10 万年前的考古记录中是显而易见的。所有迹象表明，现代人类在这个时候已经开始用词语、视觉艺术、音乐和其他媒介符号对他们周围的一切进行分类和安排。当他们通过对

---

① Clive Gamble, *Timewalkers: The Prehistory of Global Colonization* (Cambridge: Harvard University Press, 1994), pp. 181 - 202; Ted Goebel, "The Pleistocene Colonization of Siberia and Peopling of the Americas: An Ecological Approach," *Evolutionary Anthropology* 8 (1999): 208 - 227. 本章和整本书中都使用历年，而不是现在之前的放射性碳年。过去大气放射性碳的变化将碳 14 数据扭曲了几千年之久，但这些扭曲可以通过校准尺度加以纠正。参见 C. Bronk-Ramsey, "Radiocarbon Calibration and Analysis of Stratigraphy: The OxCal Program," *Radiocarbon* 37 (1995): 425 - 430。关于对过去 5 万年新的高分辨率的年度校准，参见 K. Hughen et al., "^{14}C Activity and Global Carbon Cycle Changes over the Past 50,000 Years," *Science* 303 (2004): 202 - 207。

② Richard G. Klein, *The Human Career*, 2nd ed. (Chicago: University of Chicago Press, 1999), pp. 520 - 544.

③ John F. Hoffecker, *Desolate Landscapes: Ice-Age Settlement in Eastern Europe* (New Brunswick, N. J.: Rutgers University Press, 2002), pp. 158 - 162.

符号进行重新组合和编排来创造新句子、歌曲、雕塑和其他形式的事物的时候，他们使用了同样新颖的工具和设备。[①] 事实上，口语本身就是一种在新环境中定居的强大手段，为陌生动植物的分类提供了现成的方法。

2.8 万年前之后，北半球的冰川开始扩张，气候愈发寒冷干旱。这一时期就是普伦尼冰期晚期，在几千年的时间里，中纬度地区类似于北极的寒冷环境。在此期间，生活在欧亚大陆北部的现代人类形成了对寒冷的适应性，这与后来因纽特人和其他在北极谋生的族群很相似。然而，大约 2.4 万年前，当极度严寒的天气来临时，人类突然从东欧和西伯利亚低地的大部分地区撤离。[②]

从最寒冷的地区撤离后，现代人类又回到了与之前尼安德特人在冰川时期（普伦尼冰期早期）居住的大致相同的地方。我们并不清楚现代人类在冷锋期间离开欧亚大陆北部的原因，近代在亚洲东北部谋生的族群［如尤卡吉尔人（Yukaghir）］利用类似的技术成功地应对了同样恶劣的气候。也许与他们的衣服和住所无关，主要是由于现代人类的身体结构适应热带地区，对寒冷的伤害极其敏感。[③]

---

① Paul Mellaes, "Major Issues in the Emergence of Modern Humans," *Current Anthropology* 30, no. 3 (1989): 349 - 385; Christopher Stringer and Robin McKie, *African Exodus: The Origins of Modern Humanity* (New York: Henry Holt and Co., 1996), pp. 194 - 223.

② Goebel, "The Pleistocene Colonization of Siberia," p. 218; P. Dolukhanov, D. Sokoloff, and A. Shukurov, "Radiocarbon Chronology of Upper Palaeolithic Sites in Eastern Europe at Improved Resolution," *Journal of Archaeological Science* 28 (2001): 699 - 712; Hoffecker, *Desolate Landscapes*, pp. 200 - 201.

③ John F. Hoffecker and Scott A. Elias, "Environment and Archeology in Beringia," *Evolutionary Anthropology* 12, no. 1 (2003): 34 - 49.

现代人类起源

现代人类的起源进化在很多方面与尼安德特人相似，都是在相同的时间段（距今 20 万 ~60 万年）内由海德堡人逐渐进化而来。然而，尼安德特人形成的专有特征，即他们对欧洲寒冷气候的适应能力，在非洲的化石记录中并没有找到。

在 15 万 ~30 万年前的非洲化石中，可以看到现代人类的典型特征。随着骨骼强壮度的整体降低，大脑的容量也变大了。在南非弗洛里斯巴德（Florisbad）发现的距今约 25 万年的部分头骨中可以看到人类前额更加垂直、脸部凸出度更低的发展趋势。而摩洛哥杰贝尔伊罗（Jebel Irhoud）、苏丹辛加（Singa）和埃塞俄比亚奥莫（Omo）的晚期遗骸，虽然保留了一些古老的特征（如厚厚的眉脊），但在外表上和现代人类相差无几。[①]

大脑形状的改变和尺寸的增加可能反映了其功能的重要变化，一些人认为这反映了“执行大脑”的出现。执行功能位于大脑的额叶，包括决策、组织和计划、顺序记忆，以及思考过去和未来的能力。[②]

随着大脑结构的发展变化，非洲人类最重要的进化发展似乎是声道的位置。对颅底形状的分析表明，在 10 万年前，也许更早，人类的喉部已经向下移动到和现代人类大致相同的位置。这表明早期智人已经发展出现代人类讲话的解剖学能力。喉部位置的降低增加了食物

---

① Klein, *The Human Career*, pp. 305 – 312.

② 例如，参见 F. L. Coolidge and T. Wynn, “Executive Functions of the Frontal Lobes and the Evolutionary Ascendancy of *Homo Sapiens*,” *Journal of Human Evolution* 42, no. 3 (2002): A12 – A13。关于这些内容的大背景，参见 Elkhonon Goldberg, *The Executive Brain: Frontal Lobes and the Civilized Mind* (Oxford: Oxford University Press, 2001)。

哽噎的危险，这也是困扰现代人类的问题，同时也说明了这一变化极其重要以及其背后强大的选择压力。[①]

如果说尼安德特人的进化可以解释为对寒冷气候的适应，那么就更难解释为什么非洲海德堡人会进化成现代人类。气候似乎对现代人类的起源没有什么影响，而从非洲的化石中可能会发现他们表现出对温暖气候的适应，正如首先在直立人中提到的那样（见第二章）。[②]脑容量的增加和颅骨结构的其他变化可能在某种程度上与声道和语言有关的行为变化相关联。

为什么人类语言如此重要和独特？专门研究语言起源的语言学家人数不多，德里克·比克顿（Derek Bickerton）是其中之一，他提出只有人类可以将一个复杂的“表征”（representational）系统融入他们的交流方式。事实上，几乎所有的动物都在大脑中进化出了表征系统，用来反映或模拟外部环境。比如说，家养的狗和猫会在脑海中生成它们所居住的房子的地图，而无须在每次它们想要或需要的时候重新学习特定物体（比如它们的食具）的位置和路线。[③]

大多数动物，尤其是生活在社会群体中的动物，也进化出了交流的方式。然而，动物交际系统携带的信息非常简单（如报警呼叫或威胁信息）。根据比克顿的说法，当人类进化出神经机制和声音器官，通过产生编码序列的声音来交流环境中的心理模式时，语言就出现了。通过把声音组合成单词，把单词组合成句子，人类可以创造出

① Philip Lieberman, *Eve Spoke: Human Language and Human Evolution* (New York: W. W. Norton and Co., 1998), pp. 85 – 96.

② G. E. Kennedy, "The Emergence of *Homo Sapiens*: The Post-cranial Evidence," *Man* 19 (1984): 94 – 110.

③ Derek Bickerton, *Language and Species* (Chicago: University of Chicago Press, 1990), pp. 75 – 104.

几乎无穷无尽的意义。[①] 现代人类还发展出通过非语言手段（如视觉艺术和音乐）传递心智模式的能力。此外，通过互相交流，心智模式成为社会群体的共同财富。

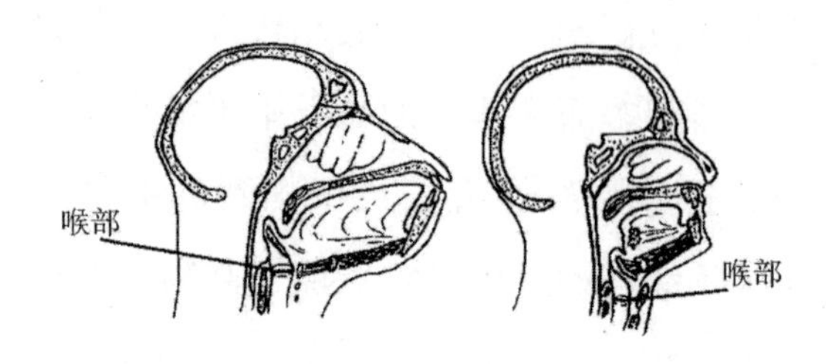

图 5－1　猿（左）到现代人类（右）声道的进化

资料来源：P. Lieberman, J. T. Laitman, J. S. Reidenberg, and P. J. Gannon, "The Anatomy, Physiology, Acoustics, and Perception of Speech: Essential Elements in the Analysis of the Evolution of Human Speech," *Journal of Human Evolution* 23（1998）: 447－467。

随着现代人类的进化而演变的行为变化的时间仍有争议。2000年秋，艾莉森·布鲁克斯（Alison Brooks）和莎莉·麦克布里亚蒂（Sally McBrearty）在《人类进化杂志》（*Journal of Human Evolution*）上发表了一篇长文，认为在5万～30万年前，符号的使用和新技术的发展比较缓慢。在这段时间非洲出现了许多与语言和现代人类行为有关的考古线索，包括在石片上制作的工艺品、颜料的使用、原材料的长途运输、骨制工具和武器的使用，可能还有一些装饰品和艺术品。[②] 这一观点与解剖学上早期声道位置改变的证据非常吻合。

---

① Derek Bickerton, *Language and Species* (Chicago: University of Chicago Press, 1990), pp. 7－24. 具有讽刺意味的是，目前已知的关于动物心理交流模型的唯一例子不是在哺乳动物或其他脊椎动物中发现的，而是在昆虫世界。著名的蜜蜂舞蹈——用来交流食物来源的位置是这种交流方式的一个特例。参见 Derek Bickerton, *Language and Human Behavior* (Seattle: University of Washington Press, 1995), pp. 12－18。

② S. McBrearty and A. S. Brooks, "The Revolution That Wasn't: A New Interpretation of the Origin of Modern Human Behavior," *Journal of Human Evolution* 39, no. 5（2000）: 453－563.

理查德·克莱因（Richard Klein）提出了一个激进的观点，他认为语言和现代人类的行为在5万~6万年前突然进化而来。根据“神经假说”，完全现代的语言是一个随机基因突变的结果，这个突变在当时的非洲现代人类中迅速传播。[①] 比克顿认为，关键的变异与语法的出现有关，语法是控制所有语言句子形成的复杂规则。[②] 这种突变的生物分子证据最近出现，即一个与语言功能相关的基因（被称为FOXP2）在不到20万年前就已经进化成了现在的形式。[③]

有证据表明，许多非洲人在距今5万~6万年之前就已使用符号和新技术，但这些证据的年代测定无疑是有问题的。例如，据报道，于刚果（金）卡坦达（Katanda）发现的骨制鱼叉可以追溯到9万~15万年前，但实际上可能都不到2.5万年。[④] 最近，在南非布隆博斯（Blombos）洞穴的地层中发现了可以追溯到大约7万年前的赭石和骨制工具的雕刻碎片。[⑤] 尽管来自布隆博斯洞穴的骨制工具和艺术品的年代逐渐被广泛接受，但考古学家对此仍然争论不休。

无论如何，在5万~6万年前智人开始走出非洲的时候，语言和符号的使用似乎已经达到了与现代人类相当的水平。从那时起，考古

---

① Klein, *The Human Career*, pp. 514 – 517.

② 比克顿认为，直立人和其他前现代人类很可能进化出了一种“没有句法的原始语言，类似于两岁以下婴儿的语言”。参见比克顿《语言与物种》，第164~197页。句法能力的进化——不仅仅是使用符号，可能是现代人类和其他动物最重要的区别。William H. Calvin and Derek Bickerton, *Lingua ex Machina: Reconciling Darwin and Chomsky with the Human Brain* (Cambridge: MIT Press, 2000), pp. 19 – 24.

③ Wolfgang Enard et al., “Molecular Evolution of FOXP2: A Gene Involved in Speech and Language,” *Nature* 418 (2002): 869 – 872.

④ Klein, *The Human Career*, pp. 439 – 440; Richard G. Klein, “Archaeology and the Evolution of Human Behavior,” *Evolutionary Anthropology* 9 (2000): 17 – 36.

⑤ Christopher S. Henshilwood et al., “An Early Bone Tool Industry from the Middle Stone Age at Blombos Cave, South Africa: Implications for the Origins of Modern Human Behaviour, Symbolism, and Language,” *Journal of Human Evolution* 41, no. 6 (2001): 631 – 678.

记录中就有越来越多的证据证明早期人类所不为人知的复杂技术。不管现代人类行为是在25万年间逐渐进化形成，还是在走出非洲之前突然获得，符号的使用和创新技术的能力似乎都达到了一定的阈值，这个阈值可能对人类迅速扩张到欧亚大陆和澳大利亚地区至关重要。

再次走出非洲

现代人类走出非洲，无论是在人类进化史还是在地球历史上都是一个重要的事件。至少在脊椎动物中，没有任何一个物种能够在如此短的时间内，在如此多样的环境中繁衍生息。[①] 在不超过2万年的时间，可能更短，智人就占据了140万~180万年前被直立人占据的欧亚大陆南部所有地区，他们还进而占据了澳大利亚和大部分欧亚大陆北部地区。在这个时候，只有在更广泛的传播背景下才能理解人类在寒冷地区的扩张。

走出非洲的时间仍然在考察中。现代人类出现在南亚和澳大利亚已经有4万年的历史，而且可能更早，至少在4.5万年前，现代人类就生活在欧亚大陆北部的部分地区。[②] 但是，很可能早在5万~6万年前就开始扩散。关于年代的许多不确定性都与放射性碳年代测定法的局限性有关。在3.5万年的时间里，大多数放射性碳都已经衰变。从至少有4万年历史的地点采集的样本很容易被时间较晚的放

---

① Brian M. Fagan, *The Journey from Eden: The Peopling of Our World* (London: Thames and Hudson, 1990); Gamble, *Timewalkers*, pp. 181 – 202. 有些脊椎动物，如狐狸和犬科动物，表现出非常广泛的纵向和横向分支，但在其范围内已分化为不同的物种（有时是不同的属系）。

② Goebel, "The Pleistocene Colonization of Siberia," pp. 213 – 216; J. F. Hoffecker et al., "Initial Upper Paleolithic in Eastern Europe: New Research at Kostenki," *Journal of Human Evolution* 42, no. 3 (2002): A16 – A17.

射性碳污染，而且可能产生虚假日期。[1] 发光测试和电子自旋共振（ESR）等可选的年代测定方法正在得到更广泛的应用，但迄今为止，其测定结果还很有限。[2] 其他年代资料来源，如与埋藏土壤的关系、古地磁地层学、火山灰层等，虽然有时是有用的，但也不精确。

首先，现代人类早在9万~12万年前就出现在了黎凡特。在以色列的斯库尔（Skhul）和卡泽赫（Qafzeh）的遗址中都发现了一种稍古老的智人标本，1987~1992年对智人标本的测定使许多人类学家感到震惊，因为这些智人明显至少比一些生活在近东地区的4万~5万年前的尼安德特人更古老。[3] 黎凡特的晚期尼安德特人似乎反映了在普伦尼冰期早期以及之后的时间里他们从欧洲向南入侵（见第四章）。[4]

斯库尔人和卡泽赫人的骨骼遗骸看来并不是扩散到澳大利亚和西伯利亚现代人类的一部分，他们可能明显反映出在一个气候温暖的时期非洲人类在黎凡特邻近地区的有限扩张。值得注意的是，尽管这些人的声道显示出已完全现代化（由颅骨的形状显示），但缺乏与现代

---

① R. E. Taylor, "Radiocarbon Dating: The Continuing Revolution," *Evolutionary Anthropology* 4 (1996): 169 - 181.

② James K. Feathers, "Luminescence Dating and Modern Human Origins," *Evolutionary Anthropology* 5, no. 1 (1996): 25 - 36. 在近东向现代人类过渡的年表中，有很大一部分依赖于热释光（TL）的日期，并得到一些ESR的日期支持。参见 Ofer Bar-Yosef, "The Middle and Upper Paleolithic in Southwest Asia and Neighboring Regions," in *The Geography of Neandertals and Modern Humans in Europe and the Greater Mediterranean*, ed. by O. Bar-Yosef and D. Pilbeam, pp. 107 - 156 (Cambridge, M. A.: Peabody Museum of Archaeology and Ethnology, 2000)。

③ Christopher Stringer and Clive Gamble, *In Search of the Neanderthals: Solving the Puzzle of Human Origins* (New York: Thames and Hudson, 1993), pp. 96 - 122.

④ Ofer Bar-Yosef, "Upper Pleistocene Cultural Stratigraphy in Southwest Asia," in *The Emergence of Modern Humans*, ed. by E. Trinkaus (Cambridge: Cambridge University Press, 1989), pp. 154 - 180.

人类相关的符号和创新技术的相关考古证据。[①]

真正的扩散可能开始于最初穿过欧亚大陆热带地区，可以追溯到6.2万年前的澳大利亚现代人类遗址就有相关报道，不过近年来在芒戈湖（Lake Mungo）日期修正为4.2万年，那时该岛可能才被人类占据。[②] 几年前在中国南部的柳江（Liujiang）（北纬24度）发现的人类头骨毫无争议被认为至少有6.8万年的历史。然而，头骨的来源以及新的日期仍然不确定。[③] 虽然有一些支持早期向热带欧亚大陆扩散的生物分子数据，[④] 但目前还无法得到证实。

在近东地区，有证据表明在4.5万~4.7万年前技术已经开始转向生产石器和一些骨制工具。在这个时间范围内，黎巴嫩的卡萨尔阿基尔（Ksar 'Akil）等地也出现了类似穿孔贝壳的简单装饰物。但是迄今为止我们所知道的现代人类的骨骼化石只能从更晚的遗址中获得，最早的似乎是从卡萨尔阿基尔发现的一个孩子的头骨，可以追溯到大约3.5万年前。[⑤]

现代人类在欧亚大陆北部定居的最早的遗迹可能来自东欧平原。在距莫斯科以南约250英里（400公里）的顿河（Don River）

---

① Lieberman, *Eve Spoke*, pp. 137 – 143. 在约10万年前的黎凡特地区，早期现代人类确实像欧洲和近东的穴居人那样，进行了有意埋葬，参见 Bar-Yosef, "The Middle and Upper Paleolithic," p. 119。

② M. M. Lahr and R. Foley, "Multiple Dispersals and Modern Human Origins," *Evolutionary Anthropology* 3 (1994): 48 – 60; R. G. Roberts et al., "The Human Colonisation of Australia: Optical Dates of 53, 000 and 60, 000 Years Bracket Human Arrival at Deaf Adder Gorge, Northern Territory," *Quaternary Science Reviews* 13 (1994): 575 – 586; J. M. Bowler et al., "New Ages for Human Occupation and Climatic Change at Lake Mungo, Australia," *Nature* 421 (2003): 837 – 840.

③ Guanjun Shen et al., "U-Series Dating of Liujiang Hominid Site in Guangxi, Southern China," *Journal of Human Evolution* 43 (2002): 817 – 829.

④ Lahr and Foley, "Multiple Dispersals".

⑤ Bar-Yosef, *The Middle and Upper Paleolithic*, pp. 111 – 130.

（北纬 52 度）畔的科斯滕基（Kostënki）露天遗址正在进行发掘，已经发现可以追溯到大约 4.5 万年前的石制刀具、骨制用具、装饰品和象征性的艺术品。尽管在发现这些物品的地层中只找到了人类牙齿，但这些工具和饰品等肯定是由现代人类制造的。①

图 5-2　俄罗斯顿河科斯滕基遗址发掘现场

资料来源：约翰·F. 霍菲克尔摄。

大约在同一时间或稍晚的时期，西伯利亚南部也出现了现代人类制造的器物，距今 4.2 万年前的阿勒泰地区（北纬 50 度）的卡拉-博姆（Kara-Bom）露天遗址中没有人类骨骼遗骸，但这些石器是在

① Hoffecker et al.，"Initial Upper Paleolithic in Eastern Europe"；A. A Sinitsyn，"Nizhnie Kul'turnye Sloi Kostenok 14 （Markina Gora）（Raskopki 1998 - 2001gg.），" in *Kostenki v Kontekste Paleolita Evrazii*，eds. by A. A. Sinitsyn，V. Ya. Sergin，and J. F. Hoffecker （St. Petersburg：Russian Academy of Sciences，2002），pp. 219 - 236；M. V. Anikovich，"The Early Upper Paleolithic in Eastern Europe，" *Archaeology*，*Ethnology & Anthropology of Eurasia* 2，no. 14 （2003）：15 - 29.

其他地方发现的现代人类化石的典型代表。[①] 在另外两处西伯利亚南部较晚的遗址（距今3万~3.5万年）中也发现了孤立的牙齿，直到普伦尼冰期早期才在这一地区发现了更完整的骨骼遗骸。[②]

随着现代人类向欧亚大陆北部扩散，第一次在相对寒冷和干旱地区定居之后，他们似乎开始扩散到像欧洲西南部这样的温暖地区。他们最早的遗址在欧洲西部，如威伦多夫（奥地利）和埃尔·卡斯蒂略（西班牙北部），最早可以追溯到4万年前。[③] 在这些遗址中几乎没有任何骨骼遗骸，但在3.5万年前，现代人类化石和遗留器物的遗址较为普遍。[④] 可能最晚到3.2万年前，现代人类有可能到达了东欧最温暖和最南端的地区（即克里米亚半岛和北高加索地区）。[⑤]

这种定居模式与早期人类相反，早期人类最初只占据了欧亚大陆北部最温暖的地区（见第三章），似乎特别奇怪的是新来的人类也起源于南纬地区。虽然从最早的北纬40度以北的现代人类遗址中发现的只有孤立的牙齿和骨头，而在距今3万~3.5万年的欧洲遗址中发现了完整或几近完整的骨骼，这些遗址有英国帕维兰（Paviland）、法国克罗马农（Cro-Magnon）、意

① Ted Goebel, A. P. Derevianko and V. T. Petrin, "Dating the Middle-to-Upper-Paleolithic Transition at Kara-Bom," *Current Anthropology* 34 (1993): 452 - 458; Goebel, *The Pleistocene Colonization of Siberia*, pp. 213 - 214.

② V. P. Alekseev, "The Physical Specificities of Paleolithic Hominids in Siberia," in *The Paleolithic of Siberia: New Discoveries and Interpretations*, ed. by A. P. Derevianko (Urbana: University of Illinois Press, 1998), pp. 329 - 335; Goebel, *The Pleistocene Colonization of Siberia*, pp. 215 - 218.

③ Paul Mellars, *The Neanderthal Legacy: An Archaeological Perspective from Western Europe* (Princeton: Princeton University Press, 1996), pp. 392 - 419; Jean-Pierre Bocquet-Appel and Pierre Yves Demars, "Neanderthal Contraction and Modern Human Colonization of Europe," *Antiquity* 74 (2000): 544 - 552.

④ Stringer and Gamble, *In Search of the Neanderthals*, pp. 179 - 181; Klein, *The Human Career*, pp. 496 - 497. 2003年，在罗马尼亚的一个洞穴中发现了一个现代人类的下颚，其放射性碳年代为3.4万~3.6万年前。参见Erik Trinkaus et al., "An Early Modern Human from the Pestera cu Oase, Romania," *Proceedings of the National Academy of Sciences* 100, no. 20 (2003): 11231 - 11236。

⑤ Hoffecker, *Desolate Landscapes*, p. 143.

大利安非斯（Grotte des Enfants）和位于俄罗斯科斯滕基的一个著名的洞穴墓葬。对他们的骨骼测量显示，他们身体尺寸具有热带人的特征。[①]

方框3　北半球的气候

2万～6万年前

现代人类向欧亚大陆北部扩散是在几乎不断变化的气候中进行的。当时的天气总体上比现在凉爽，但显然还没有达到普伦尼冰期早期那样的极度寒冷。3万～6万年前的这段时期通常被称为普伦尼冰期中期，它的特征是一系列短暂的冷热波动。在随后的一段时间（即普伦尼冰期晚期）里，气温再次下降到冰川时期的水平，在2.1万～2.4万年前达到极度寒冷的状态。

许多过去气候的代表性记录可用于普伦尼冰期中期，但稳定同位素岩心记录提供了最佳的总体框架。格陵兰冰芯项目（The Greenland Ice-Core Project，GRIP）和格陵兰冰原项目二（Greenland Ice Sheet Project 2：GISP 2）根据$^{18}O/^{16}O$的波动，提供了这一时期特别详细的记录。与深海岩芯的情况相反，冰层中较轻的氧同位素（^{10}O）所占比例更高，这反映出冰川的膨胀和低温。漂移的冰川中沉积的海底沉积物的日期[海因里希层（Heinrich layers）]可以代表寒冷阶段的时间。

这些冰芯揭示了距今3万～6万年前十多个短暂的温暖的间隔[丹斯加德－奥什格尔事件（Dansgaard-Oeschger events）]。其中5

① Erik Trinkaus, "Neanderthal Limb Proportions and Cold Adaptation," in *Aspects of Human Evolution*, ed. by C. Stringer (London: Taylor and Francis, 1981), pp. 187－224; T. W. Holliday, "Brachial and Crural Indices of European Late Upper Paleolithic and Mesolithic Humans," *Journal of Human Evolution* 36 (1999): 549－566; Hoffecker, *Desolate Landscapes*, pp. 155－158.

个间隔的温度显著升高，被认为是间冰期（interstadial），虽然年温度可能保持比目前水平低华氏9～11度（5～6摄氏度）。对花粉孢子样本、昆虫化石、脊椎动物残骸、土壤和其他环境信息来源的研究揭示了欧洲部分地区和西伯利亚南部相对温和的环境。包括一些落叶阔叶树在内的树木植被在许多地区广泛分布，而喜寒的哺乳动物则不那么常见。

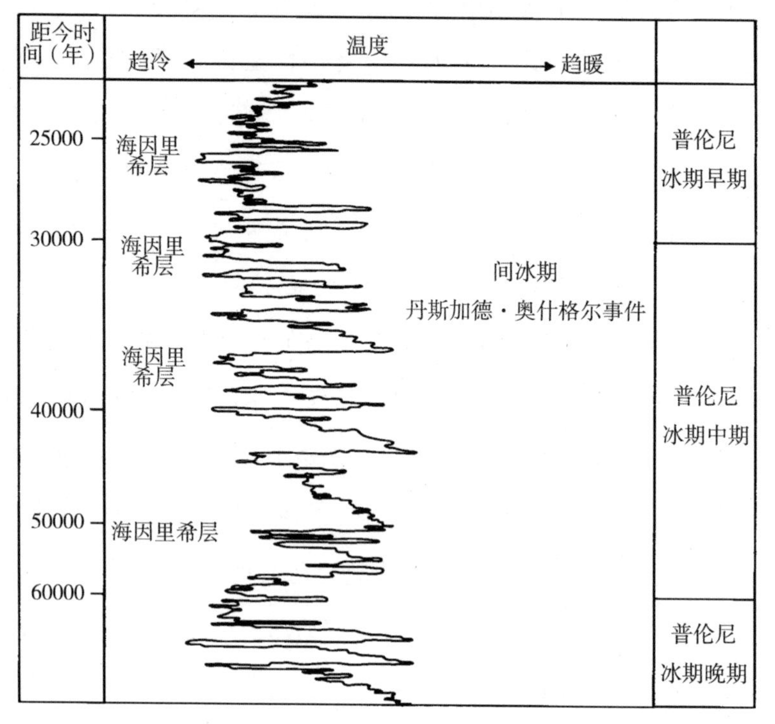

图 B3　格陵兰冰芯项目峰会基于氧同位素比率波动的温度曲线

资料来源：W. Dansgaard et al.，"Evidence for General Instability of Past Climate from a 250-kyr Ice-Core Record，" *Nature* 364（1993）：fig. 1。

3万～6万年前的温暖间隔中穿插着同样短暂的寒冷波动，其中至少有两个与海因里希事件相对应。在降温阶段，温度下降了华氏9～14度（5～8摄氏度），低于间冰期间隔的温度。在现代人类居住的欧亚大陆北部地区，树木植被减少，冻土带甲虫和北极哺乳动物（如北极狐）数量增加。

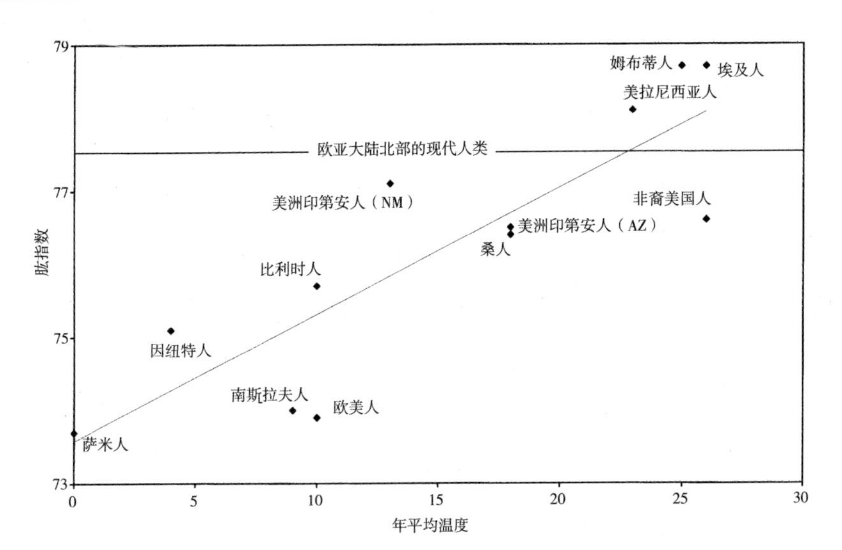

图5-3　现代人类下肢长度与上肢长度（肱指数）之比（显示3万年前欧亚大陆北部现代人类的位置接近热带地区的现代人类）

资料来源：Erik Trinkaus, "Neanderthal Limb Proportions and Cold Adaptation," in *Aspects of Human Evolution*, ed. by C. Stringer (London: Taylor and Francis, 1981), table 7。

现代人类在欧亚大陆北部的扩散颠覆了解剖学上生物对气候适应的规则。3万~6万年前，欧洲和西伯利亚经历了两次主要冰川活动之间的一段振荡气候，通常被称为普伦尼冰期中期。然而，即使在较温暖的振荡期，气候也明显比现在凉爽干燥。大约在3.5万年前（在末次冰盛期之前的较温暖时期），东欧平原1月的平均温度估计为华氏零下5度（零下20摄氏度），降水量则下降了25%~35%。[①]

① A. A. Velichko et al., "Periglacial Landscapes of the East European Plain," in *Late Quaternary Environments of the Soviet Union*, ed. by A. A. Velichko, pp. 94-118 (Minneapolis: University of Minnesota Press, 1984), p. 114.

由于他们的非洲体质特征，对第一次定居欧洲和西伯利亚的现代人类来说，寒冷带来的压力肯定极大，大于高纬度地区的近代人所承受的压力，这也凸显了他们的技术创新对适应这些环境的重要性，也引起了人们对在东欧平原这样寒冷和干旱地区奇特的最初定居模式的关注。

事实上，显而易见的是，普伦尼冰期中期在东欧平原和西伯利亚的定居点延伸到了北极圈（北纬 66 度）和更靠北的地方。俄罗斯北部马蒙托瓦亚·库里亚（Mamontovaya Kurya）遗址的最新日期表明在这个纬度至少有季节性的居住。现如今这一地区 1 月的平均气温为华氏零下 2 度（零下 18 摄氏度），而当时的气温（大约 4 万年前）几乎更冷。更引人注目的是，最近在西伯利亚东北部即北纬 71 度的亚纳河口附近发现了一个可以追溯到 3 万年前的遗址，也就是说，在普伦尼冰期中期结束时有一个温暖间隔期。[①]

在欧洲西部，现代人类“姗姗来迟”很可能是由于尼安德特人的存在。这也许可以解释为什么现代人类较晚到达东欧最南端。从前面一章中可以看到，尼安德特人在普伦尼冰期早期缩小了他们的活动范围，并放弃了欧亚大陆北部最寒冷的地区。在随后的普伦尼冰期中期，对这些地区的重新占领似乎是零星且有限的。随着现代人类向北迁移，他们喜欢占据很少有或几乎没有尼安德特人的地方。直到后来，他们才开始占据那些尼安德特人仍然占据着的栖息地，争夺同样的资源。到 3 万年前，在欧洲或其他地方，尼安德特人已经所剩无几。

---

① Pavel Pavlov, John Inge Svendsen and Svein Indrelid, “Human Presence in the European Arctic nearly 40, 000 Years Ago,” *Nature* 413 (2001): 64 – 67; V. V. Pitulko et al., “The Yana RHS Site: Humans in the Arctic before the Last Glacial Maximum,” *Science* 303 (2004): 52 – 56.

符号考古学

1879 年，唐·马塞利诺·桑兹·德·绍图奥拉（Don Marcelino Sanz de Sautuola）进入位于西班牙北部属于他私产的一个洞穴，发现了壮观的阿尔塔米拉（Altamira）洞穴壁画。岩洞顶的彩色野牛图案特别出名。绍图奥拉注意到这幅画与法国旧石器时代遗址中发现的骨头上的雕刻图案有相似之处，他在次年出版的一本小册子中提出，阿尔塔米拉的画作肯定也同样古老。然而，他的论文遭到了其他学者的猛烈抨击，主要理由是旧石器时代人类缺乏制作如此瑰丽艺术品的艺术眼光和技巧。[①]

当然，绍图奥拉最终被证明是正确的。到 20 世纪初，考古学家们确认阿尔塔米拉洞穴和其他旧石器时代洞穴里的画作均是生活在末次冰期的现代人类的作品。尽管如此，许多人仍然认为旧石器时代的艺术出现相对较晚——通常认为在 2 万年前之后。[②] 近年来，新的雕塑和洞穴壁画的发现及年代测定（包括用加速器质谱法直接测定绘画的放射性碳年代）表明，旧石器时代一些最令人印象深刻的作品可以追溯到 3 万多年前。[③] 在科斯滕基遗址最低地层中发现的一尊象牙头雕表明，现代人类第一次来到欧亚大陆北部时，艺术就已经

---

① David Lewis-Williams, *The Mind in the Cave*: *Consciousness and the Origins of Art* (London: Thames and Hudson, 2002), pp. 29 - 36.

② 例如，John M. Lindly and Geoffrey A. Clark, "Symbolism and Modern Human Origins," *Current Anthropology* 31 (1990): 233 - 261。

③ 特别重要的是法国南部肖韦岩洞中的绘画，可追溯到放射性碳年代 30340 ~ 32410 年前。参见 Jean-Marie Chauvet, Eliette Brunel Deschamps, and Christian Hillaire, *Dawn of Art*: *The Chauvet Cave* (New York: Harry N. Abrams, 1996), pp. 121 - 126。最近，在德国发现了类似年代的便携式艺术品，参见 Nicholas J. Conard, "Palaeolithic Ivory Sculptures from Southwestern Germany and the Origins of Figurative Art," *Nature* 426 (2008): 830 - 832。

存在。①

这些现代人类在离开非洲扩散到各地时所创造的视觉艺术是他们行为转变的最显著的证据。如此高度复杂的人类特有的艺术形式，已经让大多数人类学家相信这些族群的认知技能已经完全现代化。尽管解剖学上的证据表明现代人类在 10 万年前就已经进化出语言能力，但艺术作为一种象征性符号结构的出现，证实了现代人类语言的存在。②

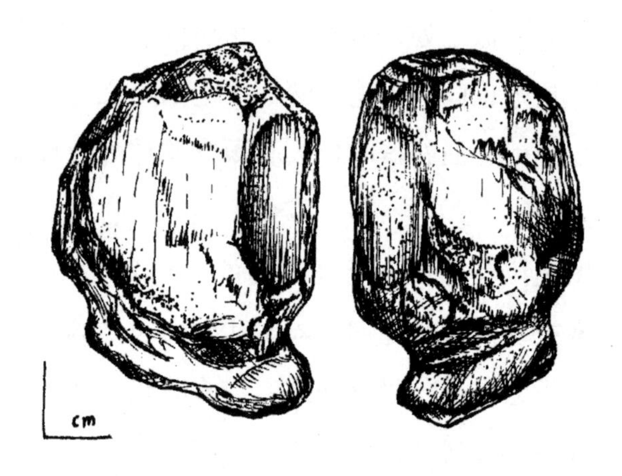

图 5-4 在科斯滕基 14 号遗址地层中发现的 4 万多年前的一尊猛犸象牙头雕

资料来源：A. A. Sinitsyn, "Nizhnie Kul'turnye Sloi Kostenok 14 (Markina Gora) (Raskopki 1998-2000 gg.)," in *Kostenki v. Kontekste Paleolita Evrazii*, eds. by A. A. Sinitsyn, V. Ya. Sergin and J. F. Hoffecker (Saint Petersburg: Russian Academy of Sciences, 2002), fig. 9。

与口语一样，视觉艺术也提供了一种用符号构建和交流关于世界的概念的方式。虽然许多艺术作品似乎都是模仿人、动物和其他物

① Sinitsyn, "Nizhnic Kul'turnye Sloi Kostenok 14," pp. 228-230.

② Iain Davidson and William Noble, "The Archaeology of Perception: Traces of Depiction and Language," *Current Anthropology* 30, no. 2 (1989): 125-155.

体，但实际上所有的一切都是象征性的，类似于文字和句子，与它们的主题只有有限和任意的关系。即使是旧石器时代艺术中最真实的动物形象也被压缩（或者在绘画和雕刻中被压缩成两个维度），缺乏动物的质地、身体结构细节、气味、声音、动作，通常也没有动物的颜色。它们是从连续经验中提取出来的代表或者抽象出来的（通常是部分或完全想象出来的）模型。[①]

同样令人印象深刻但有时会被考古学家忽视的是在至少3.5万年前的现代人类遗址中发现的乐器。在法国南部伊斯图里茨（Isturitz）和德国盖森克洛斯特尔（Geissenklösterle）的洞穴中发现了这一时期的长笛，这在许多较晚的遗址中也有发现。[②] 据报道，一些简单的打击乐器可以追溯到大约2.5万年前的乌克兰遗址，[③] 尽管这些乐器的真实程度仍然不能确定。许多乐器或乐器的部件可能没有在考古记录中得到识别和保存。[④]

音乐是另一种建构和交流的方式，在这种情况下使用“声音符号”，即声谱中的声音。对大脑功能的研究揭示了新大脑皮层中语音和音乐的重叠网络，表明语言和音乐能力是一起进化的。[⑤] 音乐像口

---

① Claude Lévi-Strauss, *The Savage Mind* (Chicago: University of Chicago Press, 1966), pp. 22 – 30.

② D. Buisson, "Les Flûtes Paléolithiques d'Isturitz (Pyrénées Atlantiques)," *Société Préhistorique Française* 87 (1991): 420 – 433; Joachim Hahn, "Le Paléolithique Supérieur en Allemagne Méridonale (1991 – 1995)," *ERAUL* 76 (1996): 181 – 186.

③ S. N. Bibikov, *Drevneishii muzykal'nyi kompleks iz kostei mamonta* (Kiev: Naukova dumka, 1981).

④ 对世界上近代非工业民族（nonindustrial peoples）音乐的研究为我们认识各种各样的乐器提供了一些启示，这些乐器在3.5万年前可能就被制作和使用。参见 John E. Kaemmer, *Music in Human Life: Anthropological Perspectives on Music* (Austin: University of Texas Press, 1993), pp. 88 – 97; Jeff Todd Titon et al., *Worlds of Music: An Introduction to the Music of the World's Peoples* (New York: Schirmer Books, 1984)。

⑤ Dean Falk, "Hominid Brain Evolution and the Origins of Music," in *The Origins of Music*, ed. by N. L. Wallin, B. Merker and S. Brown (Cambridge: MIT Press, 2000), pp. 197 – 216.

语一样世界通用，在最“原始”的民族中可能呈现出非常复杂的形式。[1] 与口语和视觉艺术一样，音乐也有着无限的生产力：乐器所产生的声音不断地被重新编排来创作新的作品。

口语、视觉艺术和音乐并不是现代人类构建周围世界的唯一手段，他们通过创造基本概念对能够感知的物理世界进行分类和操控，比如空间、时间和可见光（即颜色）。2.5 万 ~3 万年前，现代人类构建空间并加以利用是显而易见的，这表现在他们对工作区域（以石头和骨头碎片的浓度表示）、炉灶和住所的安排上。在乌克兰的库里奇维卡（Kulichivka）、西伯利亚的马尔塔（Mal'ta）和其他定居点遗址的地上储藏坑的排列上就可以明显看出。[2] 这种构造方式和早期的人类形成了鲜明的对比，尼安德特人甚至极少安排他们的居住空间。

在考古记录中关于时间的组织方式不太明显，但简单的历法——带有时间序列标志的骨骼、象牙和石器的残片，可能在 3.5 万年前就已经存在。据报道，可能存在的农历的例子来自南非的博德洞穴（Border Cave）和法国的阿布里·布兰夏尔（Abri Blanchard）以及其他一些遗址，[3] 尽管这些日历与世界各地部落民族的“日历棒”相

---

① Bruno Nettl, *Music in Primitive Culture* (Cambridge: Harvard University Press, 1956), pp. 73 - 74; Alan P. Merriam, *The Anthropology of Music* (Evanston, I. L.: Northwestern University Press, 1964), pp. 229 - 258; Kaemmer, *Music in Human Life*, pp. 108 - 141.

② Clive Gamble, *The Palaeolithic Settlement of Europe* (Cambridge: Cambridge University Press, 1986), pp. 256 - 268. 关于在不同的文化环境下现代人类如何建构时间与空间的背景知识，参见 Edward T. Hall, *The Hidden Dimension* (Garden City, N. Y.: Doubleday and Co., 1966); Edward T. Hall, *The Dance of Life: The Other Dimension of Time* (New York: Doubleday and Co., 1983)。

③ Alexander Marshack, *The Roots of Civilization* (London: Weidenfeld and Nicolson, 1972); Alexander Marshack, "The Taï Plaque and Calendrical Notation in the Upper Palaeolithic," *Cambridge Archaeological Journal* 1 (1991): 25 - 61; Karl W. Butzer et al., "Dating and Context of Rock Engravings in Southern Africa," *Science* 203 (1979): 1201 - 1214.

似，但一些考古学家认为，它们可能代表了其他的含义。[①] 颜色分类尽管在所有最近和现存的人类中普遍存在，但在史前的背景下也很难验证。然而，在洞穴壁画中颜料的混合和使用很可能反映了颜色的分类。[②]

从西班牙到澳大利亚，在露天和洞穴中发现的墓葬与那些绘画交相辉映。其中最引人注目的例子是俄罗斯北部的桑吉尔（Sungir'）遗址中的墓葬（位于北纬56度的莫斯科东北部），其历史可追溯到2.6万~2.7万年前。这些墓葬中埋藏着一名年长的男性和两名青少年，他们头对头埋葬，所有墓葬中都安放了数量惊人的葬礼装饰品和物品，项链、手镯、胸针和数千颗象牙珠子（显然缝在衣服上）覆盖着骨架。长矛和其他物品都放在他们旁边的坟墓里，坟墓里堆满了木炭和赭石。[③]

桑吉尔和其他地方的葬礼有着丰富的象征意义。死者身上的装饰品——在非葬礼的场景中也很丰富——说明了分类和社会结构的另一个方面。现代人类在社交中彼此分类，经常穿着象征他们地位和民族身份的衣服和装饰。撒在尸体上的祭品和颜料暗示着与死亡和埋葬有关的仪式，而这些仪式无疑又反映了关于来世和精神世界的概念和信仰。[④]

---

① Francesco d'Errico, "Palaeolithic Lunar Calendars: a Case of Wishful Thinking?" *Current Anthropology* 30, no. 1 (1989): 117 - 118.

② Paul G. Bahn and Jean Vertut, *Journey through the Ice Age* (Berkeley: University of California Press, 1997).

③ O. N. Bader, "Pogrebeniya v Verkhnem Paleolite i Mogila na Stoyanke Sungir'," *Sovetskaya Arkheologiya* 3 (1967): 142 - 159; O. N. Bader, "Vtoraya Paleoliticheskaya Mogila na Sungire," in *Arkheologicheskie Otkrytiya 1969 Goda* (Moscow: Nauka, 1970), pp. 41 - 43; O. N. Bader, *Sungir' Verkhnepaleoliticheskaya Stoyanka* (Moscow: Nauka, 1978).

④ 把黑炭涂在地板上，把红赫石涂在坟墓里，这表明这些颜色在埋葬仪式和与之相关的信仰之间具有突出的地位。现存的可与之比较的例子是赞比亚恩登布仪式中红、白、黑三色的重要作用。参见 Victor Turner, *The Forest of Symbols: Aspects of Ndembu Ritual* (Ithaca, N. Y.: Cornell University Press, 1967)。

这些仪式、空间和时间的概念、音乐作品、艺术品和其他符号的总和，构成了人类学家很久以前称为“文化”的东西。[①] 考古记录中文化的物质表现形式表明，文化的许多非物质形式——笑话、食谱、舞蹈、圣歌、神话等，在那时的现代人类中同样存在。人类学家在很久以前也认识到，每一种文化并不仅仅包括随机分类的符号，而是玛丽·道格拉斯（Mary Douglas）所描述的“统一的整体”（integrated whole）。[②] 每一种文化都提供了连贯的世界观和一套与之相适应的礼仪和行为规则。

当现代人类走出非洲的时候，他们携带着大量这种结构化的符号——文化。很明显，随着现代人类在各地方大规模定居，文化发生了迅速变化，变得更加多样化。大约发生在 5 万年前的大迁徙为现代世界的语言和文化多样性奠定了基础（尽管随着人类向北极和美洲迁徙，在末次冰期后期语言和文化的多样性进一步增强）。由于居住人口的分布范围非常广泛，最初和后来的迁移都与现存族群中相对有限的遗传变异形成了对比。[③]

毫无疑问，文化在现代人类迅速占据并适应如此之多不同环境的能力中发挥了重要作用。文化的一个更明显的优势是提供了编译一个庞大数据库的能力，该数据库作为给定生存环境的植物、动物和其他

---

① “文化”的概念已被很多著名的人类学家定义。例如，A. L. Kroeber, *Anthropology*（New York: Harcourt, Brace and World, 1948）; Leslie A. White, *The Science of Culture: A Study of Man and Civilization*（New York: Grove Press, 1949）; Marvin Harris, *The Rise of Anthropological Theory: A History of Theories of Culture*（New York: Thomas Y. Crowell Co., 1968）; Marshall Sahlins, *Culture and Practical Reason*（Chicago: University of Chicago Press, 1976）。

② Mary Douglas, “Symbolic Orders in the Use of Domestic Space,” in *Man, Settlement, and Urbanism*, eds. by P. J. Ucko, R. Tringham, and G. W. Dimbleby, pp. 513 – 521（Cambridge, MA: Schenkman Publishing Co., 1970）, p. 514.

③ M. Ingman et al., “Mitochondrial Genome Variation and the Origin of Modern Humans,” *Nature* 408（2000）: 708 – 713.

图 5－5　俄罗斯北部桑吉尔遗址中的墓葬

资料来源：O. N. Bader，"Pogrebeniya v Verkhnem Paleolite i Mogila na Stoyanke Sungir'，" *Sovetskaya Arkheologiya* 3（1967）：142－159。

特征的群组中的集体记忆库来维护。研究世界各地部落民族的人类学家发现，他们的动植物分类系统的细致性和精确性常常可与科学分类法媲美。关于身体部位、动物行为和植物的用途也汇集了大量信息，分类体现在歌曲、神话、视觉艺术、社会类别和其他文化元素中。[①]

有关 3 万～5 万年前详细的动植物分类的直接证据相当少。末次冰期在一些绘画、雕刻和雕塑中描绘的许多动物种类和一些罕见的植物种类，也许是除了通过口头传递保存下来的唯一的物质表达系统。在 2 万年前之后，艺术图像的分类种类显著增加，但所代表的分类数量仅占最近和现存族群中动植物分类的一小部分。[②] 在2 万

① Harold C. Conklin，"Lexicographical Treatment of Folk Taxonomies，" *International Journal of American Linguistics* 28（1962）；Jared M. Diamond，"Zoological Classification System of a Primitive People，" *Science* 151（1966）：1102－1104；Lévi-Strauss，*The Savage Mind*，pp. 3－9.

② V. Gordon Childe，*Man Makes Himself*（London：Watts and Co.，1936），p. 71；Bahn and Vertut，*Journey through the Ice Age*，pp. 134－158.

年前和2万年前之后，现代人类的60种分类系统可能比记录显示的要复杂得多。

对生物群和地形进行汇编、组织和共享大量编码信息的能力，使人类占据新大陆具有前所未有的优势。距今5万年前后，现代人类占据的许多栖息地都含有非洲没有的动植物类群，包括澳大利亚特有的物种和西伯利亚的北方动植物群。[①] 现代人类为了适应新形势修改数据库，这有助于对时间和空间环境的变化做出调整和回应。由于当地的动植物在末次冰期的气候改变中发生了变化，现代人类可以对动植物分类系统进行相应的调整。

文化可能为占据新大陆提供了另一个重要的优势，特别是在寒冷和干燥地区。如前一章所述，很难想象，如果没有共同的符号，现代人类是如何在社会生活中建立和维持他们的社会关系的。一些考古学家认为，通过促进大型社交网络的形成，口语和其他符号对于占据食物资源分布稀疏的环境来说至关重要，特别是在西伯利亚和澳大利亚地区。在这些地区，部落民族依靠分散在各地的家庭之间的联盟来共享信息、确保充足的食物供应和婚姻网络的维持。[②]

考古记录表明，现代人类的出现和扩散是远距离运输和交往的一次重大飞跃。原材料远距离运输是伴随着现代人类走出非洲扩散到世界各地而发生的更为显著的变化之一。3万~4万年前，现代人类从黑海地区跨越数百英里，将贝壳运送至东欧中部平原的科斯滕基等

① Gamble, *Timewalkers*, pp. 181 - 202.

② Robert Whallon, "Elements of Cultural Change in the Later Paleolithic," in *The Human Revolution*, eds. by P. Mellars and C. Stringer (Princeton: Princeton University Press, 1989), pp. 433 - 454.

地。[1] 同一时期，其他地区也发现贝壳和其他物品在同等距离内的运输——这在人类进化中是前所未有的。[2] 不论是不是由于族群之间的贸易，这种模式与最近在冻土带和沙漠中发现的情况都十分相似，作为同盟网络的一部分，人类在大片地区活动。[3] 3 万年前之后，某些艺术品（最出名的是中欧和东欧著名的“维纳斯”雕像）的分布表明了文化在广阔地域上的联系。[4]

然而，用文化的适应性来解释文化的各个方面可能是错误的。20 世纪早期，人类学家如布罗尼斯拉夫·马林诺夫斯基（Bronislaw Malinowski）和 A. R. 拉德克利夫 - 布朗（A. R. Radcliffe-Brown）坚持认为文化的作用是为个人和群体提供物质和社会利益。20 世纪后半叶，朱利安·斯图尔德等文化生态学家，将文化描述为一种非遗传的（或“超遗传的”）适应方式。其他人类学家对这些观点常常持批驳态度，他们认为文化只能作为一种感知宇宙的符号结构来理解。[5]

文化的每一个方面一方面显示出一种适应性功能，另一个方面似

---

① Sinitsyn, “Nizhnie Kul'turnye Sloi Kostenok 14,” pp. 227 – 230.

② Wil Roebroeks, J. Kolen, and E. Rensink, “Planning Depth, Anticipation, and the Organization of Middle Palaeolithic Technology: The ‘Archaic Natives’ Meet Eve's Descendents,” *Helinium* 28 no. 1 (1988): 17 – 34; Clive Gamble, *The Palaeolithic Societies of Europe* (Cambridge: Cambridge University Press, 1999), pp. 313 – 319. 西伯利亚早期现代人类之间物资远距离运输不能得到证实，但据记载，这发生在大约 3 万年前以后。参见 Goebel, “The Pleistocene Colonization of Siberia and Peopling of the Americas,” pp. 214 – 218。

③ Polly Wiessner, “Risk, Reciprocity and Social Influences on! Kung San Economics,” in *Politics and History in Band Societies*, eds. by E. Leacock and R. B. Lee (Cambridge: Cambridge University Press, 1982), pp. 61 – 84; Bruce Winterhalder, “Diet Choice, Risk, and Food Sharing in a Stochastic Environment,” *Journal of Anthropological Archaeology* 5 (1986): 369 – 392; Robert L. Kelly, *The Foraging Spectrum: Diversity in Hunter-Gatherer Lifeways* (Washington, D. C.: Smithsonian Institution Press, 1995).

④ Gamble, *The Palaeolithic Settlement of Europe*, pp. 322 – 331.

⑤ Sahlins, *Culture and Practical Reason.*

乎纯粹是在浪费时间和精力。例如，在所有的民族中，动植物分类系统中包含了大量关于食品、药品、材料和危险的有用信息，但其中还包括一些完全没有实用价值的信息。[①] 同样的模式在3.5万年前的洞穴壁画中描绘的动物和在同一时代的考古遗址中具有经济意义的动物之间的不一致也很明显。[②] 因此，正如理解文化的其他方面一样，错在一叶障目，片面地理解文化。

文化能力，即口语和所有其他符号的使用，在现代人类中肯定已经进化发展，因为拥有文化的人具有极大的优势，这些优势大概超过了时间和精力上的成本。此外，一旦在一个群体中形成，文化行为就会像在所有现代人类中一样，因强烈的社会压力而更加强化。但是，每种文化的不同组成部分，就像每种语言的声音成分一样，只有在这种文化背景下才能被理解。

机械的发明

无论符号的适应性优势如何，它们在考古记录中的出现都与人类技术能力的非凡转变不谋而合。正如口语一样，现代人类似乎已经带着与今天人类相当的技术和想象力离开了非洲。在制造复杂的工具、武器、装置和设备的过程中，同样的认知能力构成操控语言和其他符号表达的基础。

关于语言和工具之间关系的猜测由来已久。美国考古学家詹姆斯·迪茨（James Deetz）几年前就在思考文字和人工制品实际上是不

① Lévi-Strauss, *The Savage Mind*, pp. 8 – 9.

② Bahn and Vertut, *Journey through the Ice Age*, pp. 171 – 183.

是同一个系统的不同表达方式。格琳·艾萨克认为，语言能力和技术能力是一起进化的。[1] 然而，语言结构和工具行为的比较揭示了其根本差异。人们把制造工具的认知过程比作还没有学会说话的儿童，而不是会说具有句法特征的语言的成年人。[2]

因为人类的技术可能与中新世时期的猿类有很深的渊源，而且在考古记录中语言的证据出现之前，人类的进化历史已很悠久，因此在幼儿时期就发现技术的早期发展特征就不足为奇了。此外，虽然符号常常与现代人类技术相结合（如船头上标有符号），但工具或装置的核心部件不是符号，而是经过改造和组合以应对环境其他变化的天然材料。

但是，即使现代人类技术不能反映语法和句法的结构，它似乎也能反映人类对语言和其他符号系统的影响。4 万 ~6 万年前从非洲走出来的人类的技术展示了所有近现代文化中发现的模型或象征结构（如艺术品、神话）的复杂性。[3] 值得注意的是，现代人类成为第一个设计机械工具

---

① Gordon W. Hewes, "A History of Speculation on the Relation between Tools and Language," in *Tools, Language, and Cognition in Human Evolution*, eds. by K. R. Gibson and T. Ingold (Cambridge: Cambridge University Press, 1993), pp. 20 – 31; James Deetz, *Invitation to Archaeology* (Garden City, N. Y.: Natural History Press, 1967), p. 86; Glynn Ll. Isaac, "Stages of Cultural Elaboration in the Pleistocene: Possible Archaeological Indicators of the Development of Language Capabilities," *Annals of the New York Academy of Sciences* 280 (1976): 275 – 288.

② 关于对语言行为与工具行为之间对比的讨论，参见 Thomas G. Wynn, "The Evolution of Tools and Symbolic Behaviour," in *Handbook of Human Symbolic Evolution*, eds. by Andrew Lock and Charles R. Peters (Oxford: Blackwell Publishers, 1999), pp. 269 – 271。

③ 关于非工业民族艺术与音乐的精确复杂的例子，参见 Marc Chemillier, "Ethnomusicology, Ethnomathematics: The Logic Underlying Orally Transmitted Artistic Practices," in *Mathematics and Music*, eds. by G. Assayag, H. G. Feichtinger and J. F. Rodrigues (Berlin: Springer-Verlag, 2002), pp. 161 – 183. 关于神话的结构分析的例子，参见 Claude Lévi-Strauss, *Structural Anthropology*, trans. by C. Jacobson and B. Schoepf (New York: Basic Books, 1963), pp. 206 – 231. 仅有可视艺术的结构复杂性在考古记录中是可见的；音乐与神话的复杂性基于近代现存的部落推断而来。

和装备的人，这在很大程度上为工业文明奠定了基础。[①] 他们的技术还展示了语言和符号组构的生产力——通过元素的不断重组创造出新形式的能力。从这一点出发，现代人类手中的技术会不断改革和创新。[②]

许多年前，欧亚大陆现代人类的考古遗迹主要根据从法国洞穴深层的定居群中发现的人工制品被归入旧石器时代晚期。[③] 按照传统的定义，旧石器时代工业从片状石器生产向叶状石器生产转变。在工具中发现了很大一部分像凿子一样的雕刻刀以及一些骨头、鹿茸和象牙工具，其中也有艺术和装饰品，直到最近人们还认为旧石器时代晚期初期的艺术和装饰还很简单。[④]

大多数关于人类史前史的教科书都重复了旧石器时代晚期的经典定义，却未能传达开启这一时期的考古记录变化的革命性本质。这在

---

① Kathy D. Schick and Nicholas Toth, *Making Silent Stones Speak: Human Evolution and the Dawn of Technology* (New York: Simon and Schuster, 1993), p. 355. 机械工具或设备被定义为由两个或两个以上的部件组成的器物，在使用过程中，这些部件改变了它们之间的关系。参见 Wendell H. Oswalt, *An Anthropological Analysis of Food-Getting Technology* (New York: John Wiley and Sons, 1976), p. 50.

② 莱斯利·怀特写道："符号的引入……将类人猿的工具行为转化为人类工具行为。"参见 Leslie White, "On the Use of Tools by Primates," *Journal of Comparative Psychology* 34 (1942): 369-374. 对于现代人类来说，用语法代替符号（syntax）是恰当的（参见正文和注释中更早的讨论）。在约翰·特仑（John Troeng）《世界年表上的53个史前创新》（"Worldwide Chronology of Fifty-three Prehistoric Innovations"）[《阿克塔考古学年报》（*Acta Archaeologica Lundensia*）1993年第8卷第21期] 一文中，创新的加速是显而易见的。土著塔斯马尼亚人是说完全现代的语言但使用旧石器时代晚期技术——缺少制作工具、生火设施和人造住所——的现代人类的一个代表。然而，很显然，在与澳大利亚大陆隔离之后，他们已经抛弃了更复杂技术中的某些元素——这一现象在其他人类族群中也可以看到。他们仅保留了可能仅为现代人类发明的若干技术形式（如船、缝衣、用网诱捕鸟类）。参见 Henry Lee Roth, *The Aborigines of Tasmania* (London: Kegan Paul, Trench, Trubner, 1890); Oswalt, *An Anthropological Analysis of Food-Getting Technology*, pp. 263-264。

③ Bruce G. Trigger, *A History of Archaeological Thought* (Cambridge: Cambridge University Press, 1989), pp. 94-102; Paul G. Bahn, ed., *The Cambridge Illustrated History of Archaeology* (Cambridge: Cambridge University Press, 1996), pp. 118-127.

④ François Bordes, *The Old Stone Age*, trans by. J. E. Anderson (New York: McGraw-Hill Book Co., 1968), pp. 147-166; Henri Laville, Jean-Philippe Rigaud, and James Sackett, *Rock Shelters of the Perigord* (New York: Academic Press, 1980), pp. 218-227.

一定程度上反映了西欧考古学家的传统观点，他们认为旧石器时代是一个渐进的进化阶段，这还反映了一个事实，即许多关于复杂技术的证据来自推理而非考古信息。①

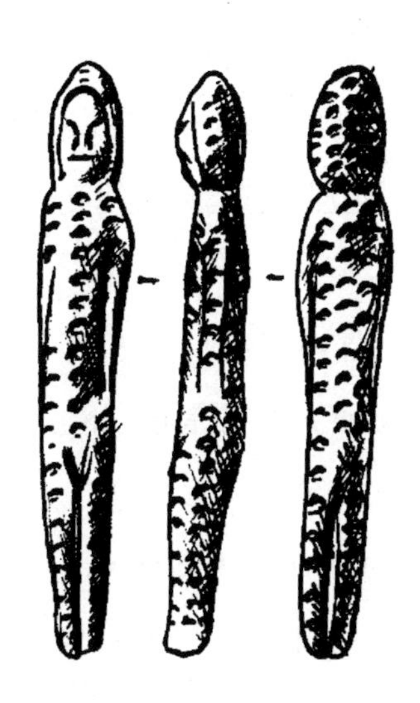

图 5-6　西伯利亚巴里特（Buret'）遗址中发现的小雕像（可以追溯到 2.5 万年前，身着缝制的毛皮衣物）

资料来源：Chester S. Chard, *Northeast Asia in Prehistory*（Madison: University of Wisconsin, 1974）, fig. 1.13。

4 万~6 万年前，创造新颖和复杂技术的能力在现代人类走出非洲的过程中发挥了重要作用。它们在澳大利亚的出现是通过建造船只来实现的，需要在开阔的海面上航行至少 55 英里（90 公里），这对早期人类的定居造成了绝对的障碍。② 复杂的技术对占领欧亚大陆的高纬度地区尤为关键，而且可能是扩张到尼安德特人以前没有居住过的寒冷环境中的最重要的因素。

---

① Hoffecker, *Desolate Landscapes*, pp. 158-162.

② J. B. Birdsell, "The Recalibration of a Paradigm for the First Peopling of Greater Australia," in *Sunda and Sahul: Prehistoric Studies in Southeast Asia, Melanesia, and Australia*, eds. by J. Allen, J. Golson, and R. Jones（London: Academic Press, 1977）, pp. 113-167.

现代人类开发了与御寒有关的新技术，这对在欧亚大陆北部的生存至关重要。早在3.5万年前，在东欧平原和同时期的西伯利亚就出现了一些骨针和象牙针，表明用来缝制毛皮衣物。[①] 尼安德特人遗址中完全没有发现缝衣针，而稍晚的西伯利亚遗址中发现的雕像描绘的是戴着帽子和穿着毛皮衣服的人。[②] 与尼安德特人住所中发现的切削工具相比，旧石器时代的切削工具通常表现出更细致的抛光度，表明要大量准备毛皮衣料。[③]

在欧亚大陆北部旧石器时代晚期的遗址中也发现了第一批令人信服的人造住所遗迹。有关证据主要是在东欧平原和西伯利亚南部发现的，那里的天然庇护所非常罕见。据报道，在至少有3万年历史的定居地［如乌克兰的库利奇夫卡（Kulichivka）］中发现了内部有炉灶的小型人工住所。这可能是由覆盖在木质框架上的兽皮做成的帐篷，

---

① Goebel, "The Pleistocene Colonization of Siberia," pp. 216–218; Hoffecker, *Desolate Landscapes*, p. 172. 已知最古老的有孔针是从俄罗斯的科斯滕基15号遗址中发现的，距今大约3.5万年。参见 A. N. Rogachev and A. A. Sinitsyn, "Kostenki 15 (Gorodtsovskaya Stoyanka)," in *Paleolit Kostenkovsko-Borshchevskogo Raiona na Donu 1879–1979*, eds. by N. D. Praslov and A. N. Rogachev (Leningrad: Nauka, 1982), pp. 162–171。据报道，可比较年代的针（没有眼）的碎片来自图尔巴嘎（Tolbaga）的西伯利亚遗址。参见 Troeng, *Worldwide Chronology*, pp. 125–130。现代人类服装年代学的新证据来自一个意想不到的来源。对人虱（Pediculus humanus）切片的一个综合样本DNA序列的分析显示了距今将近7.2万年（±4.2万年）的人类的非洲起源。因为虱子寄生在人的身体上，所以这一起源和年代看上去是有意义的。Ralf Kittler, Manfred Kayser, and Mark Stoneking, "Molecular Evolution of Pediculus Humanus and the Origin of Clothing," *Current Biology* 13 (2003): 1414–1417.

② G. Medvedev, "Upper Paleolithic Sites in South-Central Siberia," in *The Palaeolithic of Siberia: New Discoveries and Interpretations*, ed. by A. P. Derevianko, pp. 122–132 (Urbana: University of Illinois Press, 1998), p. 225, fig. 114.

③ S. A. Semenov, *Prehistoric Technology*, trans. by M. W. Thompson (New York: Barnes and Noble, 1964), pp. 85–93; H. Juel Jensen, "Functional Analysis of Prehistoric Flint Tools by High-Powered Microscopy: A Review of West European Research," *Journal of World Prehistory* 2, no. 1 (1988): 53–88; Patricia Anderson-Gerfaud, "Aspects of Behaviour in the Middle Palaeolithic: Functional Analysis of Stone Tools from Southwest France," in *The Emergence of Modern Humans*, ed. by P. Mellars, pp. 389–418 (Edinburgh: Edinburgh University Press, 1990), p. 405.

它们在年代较晚的遗址中更为常见。[①]

现代人类还利用他们的技术将可利用的动物的范围扩大到他们的祖先无法接触到的小型哺乳动物、鸟类和鱼类，这些证据大部分是基于间接来源。在距今至少 4 万年的东欧遗址中，人们发现了大量的狐狸和野兔等小型哺乳动物的遗骸，这些遗骸反映了罗网和陷阱的使用，野兔可能是被网捕获的。在一些时间较晚的遗址中［如俄罗斯的扎莱斯克（Zaraisk）遗址］，黏土印痕表明了捕猎工具的数量。尽管野兔可能作为食物被吃掉，但是狐狸的骨骼几乎是完整的，说明主要利用狐狸的皮毛。[②]

对人体骨骼的稳定同位素分析表明，至少在 3 万年前，人类主要以水禽或鱼类等淡水水生动物为食。[③] 虽然目前已知的考古遗迹中有关获取大量鸟类和鱼类的技术很少［如乌克兰梅津（Mezin）遗址中的钩状残片］，[④] 这可能包括可投掷的飞镖、带下沉装置的网和其他新颖的工具。现代人类正在利用技术来扩大他们在欧亚大陆北部的生存区域，这远远超出了尼安德特人的生活范围。但和尼安德特人一样，他们也在猎杀那些能为他们提供高蛋白高脂肪的大型哺乳动物，如马和驯鹿。

现代人类与其所有前辈在技术上最大的区别在于机械装置（带有可移动部件的工具或设备）的发明。机械工具和武器在旧石器时代晚期遗址中的出土早就被 V. 戈登 · 柴尔德（V. Gordon Childe）注

---

① Goebel, "The Pleistocene Colonization of Siberia," pp. 213 – 218; Hoffecker, *Desolate Landscapes*, pp. 162 – 163.

② Olga Soffer, J. M. Adovasio, and D. C. Hyland, "The 'Venus' Figurines: Textiles, Basketry, Gender, and Status in the Upper Paleolithic," *Current Anthropology* 41, no. 4 (2000): 511 – 537; Hoffecker, *Desolate Landscapes*, p. 161.

③ Michael P. Richards et al., "Stable Isotope Evidence for Increasing Dietary Breadth in the European Mid-Upper Paleolithic," *Proceedings of the National Academy of Sciences* 98 (2001): 6528 – 6532.

④ I. G. Shovkoplyas, *Mezinskaya Stoyanka* (Kiev: Naukova Dumka, 1965), pp. 203 – 206.

意到。[①] 机械技术的基本概念可能在于能够用句法语言和其他符号创造出复杂的模型，从而超出现代人类出现之前人类的理解能力。

到目前为止，令人信服的关于机械技术的考古证据仅限于2万年前，在普伦尼冰期晚期的冷锋时期重新占据了遗弃的区域之后（见第六章）。然而，至少在2.4万～4.5万年前开发的一些技术就很可能包括了机械装置。缝制的毛皮衣物可能已经装上了拉绳（在因纽特人的服装中发现），而一些陷阱和罗网则设计了活动部件，生火、捕鸟和捕鱼技术也可能包括一些机械设备，[②] 未来的发现可能会改变目前的研究现状。

尽管现代人类的独创性技术在高纬度地区的定居中具有巨大的实用价值，发挥了中心作用，但这种技术只有在创造这种技术的人的文化背景下才能被完全理解。例如，这一时期最令人印象深刻的技术成就之一就是烧制陶器技术的发展。大约在3万年前，欧洲中部的人类建造窑炉并将其加热到800摄氏度烧制雕像，而不是具有可识别的经济功能的陶罐或其他物品，有证据表明，作为仪式的一个环节，人类故意使其爆炸。[③]

---

① V. Gordon Childe, *Man Makes Himself* (London: Watts and Co., 1936), pp. 63 - 64.

② 奥斯瓦尔特在《食物获取技术的考古学分析》（“An Anthropological Analysis of Food-Getting Technology”）一文中提到了非工业民族使用机械获取食物技术的例子；古德蒙德·哈特（Gudmund Hatt）在其1914年的经典著作中描述了近代北方人类复杂的服饰，参见Gudmund Hatt, “Arctic Skin Clothing in Eurasia and America: An Ethnographic Study,” *Arctic Anthropology* 5, no. 2 (1969): 3 - 132；卡尔顿·库恩介绍了机械生火设施，参见Carleton S. Coon, *The Hunting Peoples* (New York: Little, Brown and Co., 1971)。

③ Pamela P. Vandiver et al., “The Origins of Ceramic Technology at Dolni Vestonice, Czechoslovakia,” *Science* 246 (1989): 1002 - 1008; Olga Soffer et al., “The Pyrotechnology of Performance Art: Moravian Venuses and Wolverines,” in *Before Lascaux: The Complex Record of the Early Upper Paleolithic*, eds. by H. Knecht, A. Pike-Tay, and R. White (Boca Raton, F. L.: CRC Press, 1993), pp. 259 - 275.

末次冰盛期

2.7万~2.8万年前，北半球的气候又开始变冷。冬天的气温低于普伦尼冰期早期，东欧平原中部1月的平均气温达到华氏零下22度（零下30摄氏度）。在2.1万~2.4万年前的冷锋期，冰川面积扩大并覆盖了欧洲西北部的大部分地区。沿冰川边缘产生的强风带走了欧亚大陆北部平原的大量泥沙（冰缘黄土），在这种寒冷干燥的环境中，许多地区的树木都消失了。[①]

2.8万年前，尼安德特人已经消失，而现代人类则占领了欧亚大陆的大部分地区。在末次冰盛期的早期阶段，随着气候变冷，现代人类住所的规模有所扩大，数量有所增加。2.4万~2.8万年前，人类显然在欧洲和西伯利亚南部发展壮大，他们经常占据复杂的大型居住地，在那里制作壮观的艺术品。但是，随着2.4万年前冷锋的到来，人类放弃了这些地区长达数千年之久，尽管当时的环境可能并不比一些现代北极人所忍受的条件更糟。

考古学家经常把这段时期称为“旧石器中晚期”，因为这些遗址很容易与其他时期的遗址区分开来。许多可以追溯到2.4万~2.8万年前的欧洲遗址属于旧石器时代晚期的格拉维特文化（Gravettian industry），其中包含颇具特色的有肩端点的石雕和著名的裸体“维纳斯”雕像。同一时期，在西伯利亚也发现了一组大致相似的石雕，不过没有肩端点，女性雕像的风格也不一样。[②]

---

① Velichko et al., “Periglacial Landscapes of the East European Plain”; A. A. Velichko, “Late Pleistocene Spatial Paleoclimatic Reconstructions,” in *Late Quaternary Environments of the Soviet Union*, ed. by Velichko, pp. 261 – 285.

② Lawrence Guy Straus, “The Upper Paleolithic of Europe: An Overview,” *Evolutionary Anthropology* 4, no. 1 (1995): 4 – 16; Goebel, “The Pleistocene Colonization of Siberia,” pp. 216 – 218.

在旧石器晚期格拉维特人（Gravettians）占据了像东欧平原中部那样的最寒冷干旱的地区，这是他们适应北极环境的开始。虽然由于纬度较低（加上肥沃的黄土），但植物和动物的繁殖能力比现代苔原高出许多。[①] 早在19世纪60年代人们就注意到格拉维特人（还有其他欧洲旧石器时代晚期的族群）和后来北极圈族群的相似之处。[②] 像因纽特人和其他类似族群一样，他们生活的地方没有树木，所以只能使用其他材料来替代树木充当燃料和原材料。

他们创造了一种复杂多样的工艺，包括加工兽皮、骨头、鹿角、象牙的技术，他们的许多手工艺品与因纽特人的非常相似。他们用象牙制作锄头，并用来挖掘大的储藏坑，把缝衣针放在骨制小盒里，制造用动物油做燃料的便携式灯具。他们还在俄罗斯顿河上的加加里诺（Gagarino）建造了一座半地下式的房子，这可能是用来过冬的。对他们普遍存在的肩部的微观磨损分析表明，它们的凹形边缘实际上像因纽特妇女的刀一样用于切割皮革。[③]

由于没有木头，格拉维特人收集了大量哺乳动物的骨头来充当燃

① R. Dale Guthrie, *Frozen Fauna of the Mammoth Steppe: The Story of Blue Babe* (Chicago: University of Chicago Press, 1990); R. Dale Guthrie, "Origin and Causes of the Mammoth Steppe: A Story of Cloud Cover, Woolly Mammoth Tooth Pits, Buckles, and Inside-Out Beringia," *Quaternary Science Reviews* 20, nos. 1 - 3 (2001): 549 - 574; Hoffecker, *Desolate Landscapes*, pp. 22 - 26.

② 鲁伯克爵士（Sir John Lubbock）在初版《史前时代》（*Pre-historic Times*）中发现北极的现代人类生活的时期和欧洲普伦尼冰期早期是重合的。之后这一现象也被包括索拉斯（William J. Sollas）、伯基特（Miles Burkitt）、奇尔德（V. Gordon Childe）和克拉克（Grahame Clark）在内的其他学者发现，参见 Trigger, *A History of Archaeological Thought*, pp. 114 - 155; John F. Hoffecker, "The Eastern Gravettian 'Kostenki Culture' as an Arctic Adaptation," *Anthropological Papers of the University of Alaska*, n. s. 2, no. 1 (2002): 115 - 136。

③ Semenov, *Prehistoric Technology*, pp. 93 - 94; L. M. Tarasov, *Gagarinskaya Stoyanka i Ee Mesto v Paleolite Evropy* (Leningrad: Nauka, 1979); G. P. Grigor'ev, "The Kostenki-Avdeevo Archaeological Culture and the Willendorf-Pavlov-Kostenki-Avdeevo Cultural Unity," in *From Kostenki to Clovis*, eds. by O. Soffer and N. D. Praslov (New York: Plenum Press, 1993), pp. 51 - 65; Hoffecker, "The Eastern Gravettian 'Kostenki Culture'".

料，在许多地方，他们可能在河流和山洞口收集自然堆积的骨头。在他们大多数的遗址中发现的大储藏窖通常被认为是储存肉类的，但在较暖和的月份，它们也可能起到“冰窖”的作用，以保持骨头燃料的新鲜和易燃性。[①]

在炉灶中消耗的大量骨头使对他们饮食的分析变得困难和复杂，他们似乎已经把大部分食物残渣烧掉。然而，各种各样的证据表明，他们有时会猎杀驯鹿、马以及猛犸象。对人体骨骼的稳定同位素分析表明他们捕食鱼类和水禽，这可能解释了他们工具中一些用途不清的东西，类似于因纽特人捕鱼和捉鸟时使用的网坠、流星锤和其他设备的组件，还有用来捕狼、狐狸和野兔的陷阱与罗网，这些在格拉维特遗址中很常见。[②]

尽管在末次冰盛期之前就有证据表明无人值守设备（陷阱和罗网）的出现，但在格拉维特遗址储存窖中首次被记录在案。这两种方法都是近代北方人用来应对寒冷环境中时空分布很广的资源的策略。无人值守设备不仅可以用来捕获难以捕杀的动物，而且在资源分散和不可预测的环境中节省了大量的时间和精力。储存食物或者保存新鲜的骨头作为燃料，有助于减少季节性变化给栖息地带来的影响。[③]

东欧平原中部有许多规模较大的格拉维特遗址，表明规模空前的社

---

① Richard G. Klein, *Ice-Age Hunters of the Ukraine* (Chicago: University of Chicago Press, 1973), pp. 100 – 101; Hoffecker, *Desolate Landscapes*, pp. 226 – 227.

② Richards et al., “Stable Isotope Evidence for Increasing Dietary Breadth”; Hoffecker, “The Eastern Gravettian ‘Kostenki Culture’”.

③ Lewis R. Binford, “Willow Smoke and Dogs’ Tails: Hunter-Gatherer Settlement Systems and Archaeological Site Formation,” *American Antiquity* 45, no. 1 (1980): 4 – 20; Lewis R. Binford, “Mobility, Housing, and Environment: A Comparative Study,” *Journal of Anthropological Research* 46 (1990): 119 – 152; Robin Torrence, “Time Budgeting and Hunter-Gatherer Technology,” in *Hunter-Gatherer Economy in Prehistory: A European Perspective*, ed. by G. Bailey (Cambridge: Cambridge University Press, 1983), pp. 11 – 22.

交聚会。科斯滕基以及阿夫代沃（Avdeevo）和扎莱斯克等俄罗斯其他地区的遗址中发现了设计复杂的炉膛和坑，它们占地面积很大。也许主要是在温暖的季节，由 50 人或更多人组成的群体（根据炉灶数量）占据这些遗址。这些可能与季节性关注特定资源相符，如鱼类或水禽，这也是因纽特人和其他后来进入北极地区的人类的一种普遍模式，反映了对资源的一种应对策略，这些资源通常很稀缺，但有时是局部和暂时丰富的。①

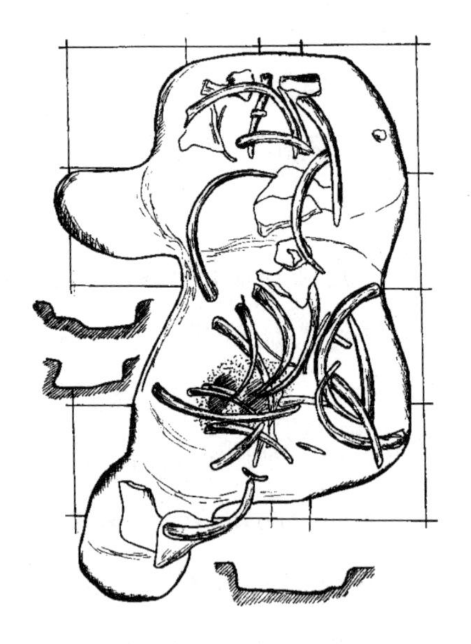

图 5－7　在俄罗斯科斯滕基 1 号的格拉维特遗址中发现的含有骨头的大储藏坑

资料来源：P. P. Efimenko，*Kostenki I*（Moscow：USSR Academy of Sciences，1958），fig. 11。

① Klein，*Ice-Age Hunters of the Ukraine*，pp. 100－104；Grigor'ev，"The Kostenki-Avdeevo Archaeological Culture"；Hoffecker，*Desolate Landscapes*，pp. 244－246. 类似特征的复合式建筑群（"长屋"）在北美北极地区被发现，参见 Robert McGhee，*Ancient People of the Arctic*（Vancouver：University of British Columbia，1996）。

在这样的环境中，分散在大片土地上的家庭的定期聚会为维持社会网络提供了一种手段。在像阿夫代沃这样的遗址，格拉维特人可能会聚集在一起，通过公共仪式和其他表达共同种族身份的方式来加强亲属关系和经济联系。一些材料的地理分布——最著名的是从多瑙河盆地到顿河的经典“维纳斯”雕像，表明格拉维特人的社交网络也达到了前所未有的规模。①

图 5-8　俄罗斯北部扎莱斯克的格拉维特遗址中发现的复杂炉灶和地窖

资料来源：约翰·F. 霍菲克尔摄。

在末次冰盛期初期，那些在西伯利亚南部居住的人类过着一种不太相同的生活。尽管大陆性气候特点明显，但冬季气温估计并不低于相应纬度的东欧平原中部。在一些地区，松树可以作为

① J. K. Kozlowski, "The Gravettian in Central and Eastern Europe," in *Advances in World Archaeology*, vol. 5, eds. by F. Wendorf and A. E. Close (Orlando, FL: Academic Press, 1986), pp. 131-200; Hoffecker, "The Eastern Gravettian 'Kostenki Culture'".

燃料和材料。[1] 这一时期人类占据的马耳他和巴里特遗址中有住所和储藏坑的遗迹，他们捕猎猛犸象、驯鹿、其他大型动物和各种鸟类。[2]

考古学家开始怀疑，欧亚大陆北部的一些地区在末次冰盛期的冷锋有一个定居中断期（settlement hiatus），但相应的支撑证据收集得很缓慢。[3] 有数百个放射性碳的日期适用于东欧和西伯利亚，在距今2万~2.4万年明显有一个大衰退。[4] 此时，东欧平原和西伯利亚的大部分地区似乎已被遗弃，人类也从欧洲西部和中部的北方地区撤离。人类继续居住在欧洲西南部，不出所料那里的气候确实比较温和，但他们的生活也受到了影响。在冷锋时期，遗址以梭鲁特文化为主，其特色是叶形尖状器，有孔针也首次出现在欧洲西部。[5]

2万~2.4万年前的极寒气候对于生活在欧洲和西伯利亚的现代人类来说是一场自然灾害，它结束了人类走出非洲的时代。2万年前重新占领了欧亚大陆最寒冷地区的人类在生理和文化上与早期人类不

---

① V. P. Grichuk, "Late Pleistocene Vegetation History," in *Late Quaternary Environments of the Soviet Union*, ed. by Velichko, pp. 155 – 178; Velichko, "Late Pleistocene Spatial Paleoclimatic Reconstructions," pp. 273 – 279. 和末次冰盛期东欧平原中心的遗址不同，在这一时期西伯利亚的大多数遗址中都含有木炭。参见 N. F. Lisitsyn and Yu. S. Svezhentsev, "Radiouglerodnaya Khronologiya Verkhnego Paleolita Severnoi Azii," in *Radiouglerodnaya Khronologiya Paleolita Vostochnoi Azii Problemy i Perspektivy*, eds. by A. A. Sinitsyn and N. D. Praslov (Saint Petersburg: Russian Academy of Sciences, 1997), pp. 67 – 108。

② Chester S. Chard, *Northeast Asia in Prehistory* (Madison: University of Wisconsin Press, 1974), pp. 20 – 27; Medvedev, "Upper Paleolithic Sites in South-Central Siberia"; Goebel, "The Pleistocene Colonization of Siberia," pp. 216 – 218.

③ Robin Dennell, *European Economic Prehistory: A New Approach* (London: Academic Press, 1983), pp. 100 – 102; Olga Soffer, *The Upper Paleolithic of the Central Russian Plain* (San Diego: Academic Press, 1985), pp. 173 – 176.

④ Goebel, "The Pleistocene Colonization of Siberia," pp. 210 – 218; Dolukhanov, Sokoloff, and Shukurov, "Radiocarbon Chronology of Upper Palaeolithic Sites," p. 709, fig. 6; Hoffecker, *Desolate Landscapes*, pp. 200 – 201, fig. 6. 3.

⑤ Straus, "The Upper Paleolithic of Europe," pp. 9 – 11.

同，他们开启了一个向更高纬度地区扩张的新的史前时期。

现代人类被迫离开欧亚大陆北部大部分地区的原因仍然是个谜，由气候同样寒冷和干旱的白令陆桥上的猛犸象、马、野牛和其他大型哺乳动物的放射性碳含量可以看出，在许多被遗弃的地区仍然可以获得像大型哺乳动物这样充足的食物资源。[①]

对此的解释可能来自现代人类的身体构造，最晚到 2.4 万年以前（先前讨论过），[②] 他们仍保留着热带非洲祖先的大部分身体特征。在西伯利亚还没有发现可测量的骨骼材料，但假设西伯利亚人的身体构造与欧洲人相似，7 那么所有这些人在非常寒冷和干燥的环境下都很容易受到寒冷侵害。[③] 医学数据表明，即使在穿着防寒服的情况下，类似身体尺寸的人在低温下冻伤的概率也很大。[④] 这就解释了为什么现代人类不能忍受 2 万年前 1 月华氏零下 22 度（零下 30 摄氏度）的平均温度，而后来拥有同样技术水平的北极人（如尤卡吉尔人）却能够在这样甚至更严酷的气候条件下生存。[⑤]

（崔艳嫣　王欣宇　译）

---

① Guthrie, *Frozen Fauna of the Mammoth Steppe*, pp. 239 – 245.

② Trinkaus, "Neanderthal Limb Proportions"; Holliday, "Brachial and Crural Indices."

③ Hoffecker and Elias, "Environment and Archaeology in Beringia," pp. 37 – 38.

④ K. D. Orr and D. C. Fainer, "Cold Injuries in Korea during Winter of 1950 – 51," *Military Medicine* 31 (1952): 177 – 220; D. Miller and D. R. Bjornson, "An Investigation of Cold Injured Soldiers in Alaska," *Military Medicine* 127 (1962): 247 – 252; D. S. Sumner, T. L. Criblez, and W. H. Doolittle, "Host Factors in Human Frostbite," *Military Medicine* 139 (1974): 454 – 461.

⑤ 西伯利亚的雅库特人（Yakuts）生活在东北亚的亚纳河地区，该地区 1 月平均气温接近零下 50 摄氏度。参见 Paul Lydolph, *Geography of the U. S. S. R.*, 3rd ed. (New York: John Wiley, 1977), p. 442。

第六章
进入北极

关于人类史前史的著作通常在距今约 1.2 万年的更新世末期或者冰河时代与之后的新世纪之间划分界限。新世纪的气候已经接近现代，而在冰盛期末期活跃在中纬度的喜寒生物正在逐渐向北撤离或者消失。覆盖了欧洲西北部和北美北部地区的冰川大量消融，尽管消融过程持续了 5000 年。考古学家将这些环境的变化与旧石器时期的结束以及地球文化的出现联系起来，认为这些变化导致了一些地区农业生产和人类文明的出现。[①]

事实上，在末次冰盛期冷锋的结束与冰川消退的末期（7000 ~ 20000 年前），这种气候的变化仍在持续，文化也不断变化。由于某些原因，公认的将 1.2 万年前作为分界点是武断的，其对人类史前的

① 几乎所有的史前史文献都承认对上新世、更新世（即旧石器时代）和全新世（中石器时代、新石器时代、青铜时代等）的基本划分，参见 V. Gordon Childe, *What Happened in History*, rev. ed. (Harmondsworth: Penguin Books, 1954); Chester S. Chard, *Northeast Asia in Prehistory* (Madison: University of Wisconsin Press, 1974); Grahame Clark, *World Prehistory in New Perspective*, 3rd ed. (Cambridge: University of Cambridge Press, 1977)。

重要性也言过其实。[①]就本书的目的而言，将这一时期作为一个单独的章节来仔细思考更有意义。

这一时期，人类在高纬度地区定居有了重大进展。2 万年前之后，人类重新占领了在冷锋时期离弃的欧洲和西伯利亚地区。[②]随着冰盛期末期的结束，人类第一次长久地出现在北极圈内。[③]这似乎只有现代人类科技进步和气候变暖的影响同时发生时才有可能实现。在一些地区，2 万年前之后的现代人类出现的人体结构上对寒冷的适应也可能是一个重要因素。[④]随着气候不断变暖，原始人类居住范围超过了欧亚大陆中纬度的界线。

2 万年前之后人类定居高纬度地区的过程中最引人注目的是人类来到了新大陆。随着现代人类在西伯利亚扩张到北纬 60 度，他们在海平面下降的间隔期移居白令陆桥西部，白令陆桥是连接亚洲东北部和阿拉斯加的次大陆。如果不是更早，1.5 万年前人类很可能已居住在白令陆桥东部。从那时起不久，人类出现在南、北美洲的其他区

① 正如在第五章中讨论的，从旧石器时代中期到晚期的过渡（即现代人类走出非洲，向外扩散）代表了考古记录中一个更基本的划分。

② Lawrence Guy Straus, "The Upper Paleolithic of Europe: An Overview," *Evolutionary Anthropology* 4, no. 1 (1995): 4 – 16; Ted Goebel, "The Pleistocene Colonization of Siberia and Peopling of the Americas: An Ecological Approach," *Evolutionary Anthropology* 8 (1999): 208 – 227; John F. Hoffecker, *Desolate Landscapes: Ice-Age Settlement of Eastern Europe* (New Brunswick, NJ: Rutgers University Press, 2002), pp. 200 – 201.

③ Clive Gamble, *Timewalkers: The Prehistory of Global Colonization* (Cambridge: Harvard University Press, 1994), pp. 211 – 214; Vladimir Pitul'ko, "Terminal Pleistocene—Early Holocene Occupation in Northeast Asia and the Zhokhov Assemblage," *Quaternary Science Reviews* 20, nos. 1 – 3 (2001): 267 – 275.

④ T. W. Holliday, "Brachial and Crural Indices of European Late Upper Paleolithic and Mesolithic Humans," *Journal of Human Evolution* 36 (1999): 549 – 566; John F. Hoffecker, "The Eastern Gravettian 'Kostenki Culture' as an Arctic Adaptation," *Anthropological Papers of the University of Alaska*, n. s., 2, no. 1 (2002): 115 – 136.

域。[1]然而，由于加拿大冰川消退速度减缓，人类对北极中部和东部的占领推迟了几千年。[2]

我们对史前这一关键时期的认识不一致。众所周知，1.5万~2万年前，人类定居欧洲西部并重新移居欧亚大陆更寒冷的中纬度地区。从西班牙到日本，就考古遗址的数量和规模而言，这个时期是旧石器时代晚期的鼎盛时期。相比之下，关于1.5万年后人类在欧亚大陆北极圈内以及白令陆桥定居的信息非常有限。大部分考古记录都局限于小规模的石器制品，而它们几乎没有告诉我们那些人类族群的生活方式。

欧洲西部

著名的劳格里-豪特（Laugerie-Haute）人类岩洞栖息地遗址俯瞰法国西南部的韦泽尔河（Vézère River）。在这里有一个厚度超过15英尺（>5米）的沉积层，1863年，爱德华·拉尔泰（Edouard Lartet）从中首先观测到了居住层序列。他利用该地点帮助阐明旧石器时代末期开始的年代。劳格里-豪特展示了一个在末次冰盛期最冷时期与之后回暖时期持续居住的记录。可追溯到冷锋时期（2.1万~2.4万年前）的地层含有独特的梭鲁特文化（Solutrean Culture）的手工制品（在上一章中简要提到过），而上覆层则包含了马格德林（Magdalenian）文化

---

① John F. Hoffecker and Scott A. Elias, "Environment and Archeology in Beringia," *Evolutionary Anthropology* 12, no. 1 (2003): 34-49.

② Moreau S. Maxwell, *Prehistory of the Eastern Arctic* (Orlando, F. L.: Academic Press, 1985), pp. 45-51.

遗迹。[1]

最长的寒冷时期给法国西南部带来了亚北极气候，而在旧石器时代晚期，这一地区仅略比欧洲东部大陆温暖。据估计，1 月气温在华氏零下 22 度（零下 30 摄氏度）至华氏 5 度（零下 15 摄氏度）之间，而年降水量则下降到 400 毫米。树木变得稀少（在最冷的时期只有苏格兰松），干草原植物（steppic plants）出现。在这个时期的劳格里 - 豪特和其他法国的岩穴栖息地中，主要的大型哺乳动物遗骸是驯鹿遗骸。[2]

伴随着冷锋及其余波，技术创新爆发。虽然机械设备可能是在末次冰盛期之前发明的（见第五章），但它们显然只在冷锋逐渐衰弱的世纪中出现。已知的最早的投射器是从位于康贝 - 索尼尔 1 号遗址（Combe-Saunière I）中大约 2.1 万年前的梭鲁特文化沉积层中发现的。投射器在马格德林时期更常见，通常装饰着动物形象的雕刻。[3]这个时期小石镞和琢背小石叶的广泛使用或许表明了弓箭也可能是在梭鲁特时期出现的，但只有在后来的马格德林时期（大约 1.4 万年前）才有明确的记录。[4]据推测，这两种工具都提高了捕猎的速度。

---

① Henri Laville, Jean-Philippe Rigaud, and James Sackett, *Rock Shelters of the Perigord* (New York: Academic Press, 1980), pp. 299 - 311.

② Anta Montet-White, *Le Malpas Rockshelter* (University of Kansas Publications in Anthropology no. 4, 1973), pp. 41 - 58.

③ Pierre Cattelain, "Un Crochet de Propulseur Solutréen de la Grotte de Combe-Saunière I (Dordogne)," *Bulletin de la Société Préhistorique Française* 86 (1989): 213 - 216; Pierre Cattelain, "Hunting during the Upper Paleolithic: Bow, Spearthrower, or Both?" in *Projectile Technology*, ed. by H. Knecht, pp. 213 - 240 (New York: Plenum Press, 1997), pp. 214 - 215; Michael Jochim, "The Upper Palaeolithic," in *European Prehistory: A Survey*, ed. by S. Milisauskas, pp. 55 - 113 (New York: Kluwer Academic/ Plenum Publishers, 2002), pp. 99 - 100.

④ Clive Gamble, *The Palaeolithic Settlement of Europe* (Cambridge: University of Cambridge Press, 1986), p. 122; Cattelain, "Hunting during the Upper Paleolithic," pp. 220 - 221; Richard G. Klein, *The Human Career*, 2nd ed. (Chicago: University of Chicago Press, 1999), pp. 540 - 542.

方框4　从末次冰盛期到大西洋期：7000～20000年前

在这一时期，人类重新占领了末次冰盛期冷锋时离弃的区域，随后扩展到北半球气候温暖的北极圈。在之后的1万年（大西洋期）里，年均气温比现在低华氏30度（16摄氏度）的极低气温的末次冰盛期逐渐接近最温暖的时期。在这一过程中，只在1.2万～1.3万年前发生了一次短暂但强烈的寒冷波动［新仙女木事件（Younger Dryas event）］。

与前一时期（见第五章方框3）的情况一样，对这一间隔期气候变化的详细记录是可获取的。而且，过去的两万年属于放射性碳定年的有效范围，它可以校准到日历年，以便得到准确清晰的年表。格陵兰冰芯的稳定同位素测量（GRIP和GISP 2）提供了北半球的高分辨率气候指标记录。通过对从海底沉积中恢复的硅藻和有孔虫的分析，氧同位素曲线与北大西洋海表温度（SST）的估计值相关。[①]包括孢粉组合、甲虫化石、软体动物以及其他陆地生物的许多气候指标记录表明，冰芯和海洋记录相关联。[②]

在末次冰盛期冷锋之后的4000～5000年前，海洋和陆地的温度一直较低（尽管大约在1.8万年前有一次短暂的温暖波动）。第一次明显的变暖直到1.6万年前之后才有记录。欧洲西北部的甲虫化石组合表明，1.3万～1.5万年前（后冰期间冰段）温度

① N. Koc Karpuz and E. Jansen, "A High-Resolution Diatom Record of the Last Deglaciation from the SE Norwegian Sea: Documentation of Rapid Climatic Changes," *Paleooceanography* 7 (1992): 499 – 520; Gerard Bond et al., "Correlations between Climate Records from North Atlantic Sediments and Greenland Ice," *Nature* 365 (1993): 143 – 147.

② J. J. Lowe and M. J. C. Walker, *Reconstructing Quaternary Environments*, 2nd ed. (Edinburgh Gate: Longman Group, 1997), pp. 342 – 355.

迅速上升，一个世纪内估计升高华氏 13 度（7 摄氏度）。随后又发生了新仙女木事件（1.16 万～1.3 万年前），当时年均气温足足下降了华氏 9 度（5 摄氏度）。① 在更新世末期结束后，气温大致稳步上升。北半球的气温在大西洋期（4000～7000 年前）达到自末次间冰段的气候适宜期（OIS 5e）以来的最高水平。

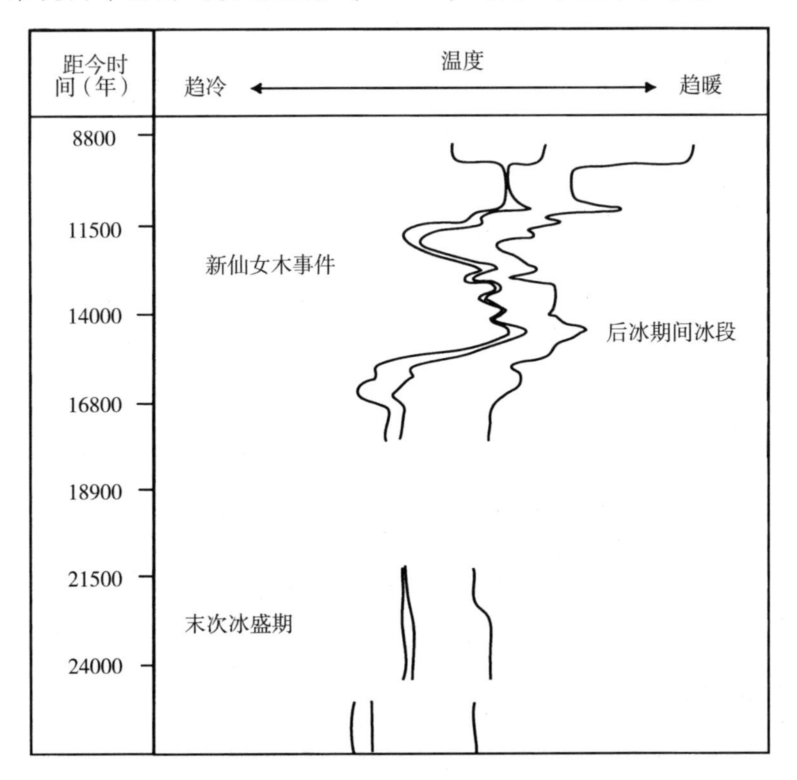

图 B4　基于不列颠群岛已确定年代的甲虫残骸的夏季最高气温估计

资料来源：T. C. Atkinson, K. R. Briffa, and G. R. Coope, "Seasonal Temperatures in Britain during the Last 22,000 Years, Reconstructed Using Beetle Remains," *Nature* 325（1987）: fig. 2c。

① Scott A. Elias, *Quaternary Insects and Their Environments*（Washington, D. C.: Smithsonian Institution Press, 1994）, pp. 79-87.

有些新工艺几乎可以确定与更冷的气候有关。尽管有孔针在东欧平原已经存在了一万多年，但是它在冷锋期（梭鲁特文化时期）首次出现在欧洲西部。[①]马格德林人越来越多地使用骨角器（尽管工具和武器的多样性与早期欧洲东部的格拉维特人相比，似乎仍然很低）。单排或双排倒钩鱼叉格外有特色，由石器中经常用的像錾子的雕刻器雕刻而成。[②]

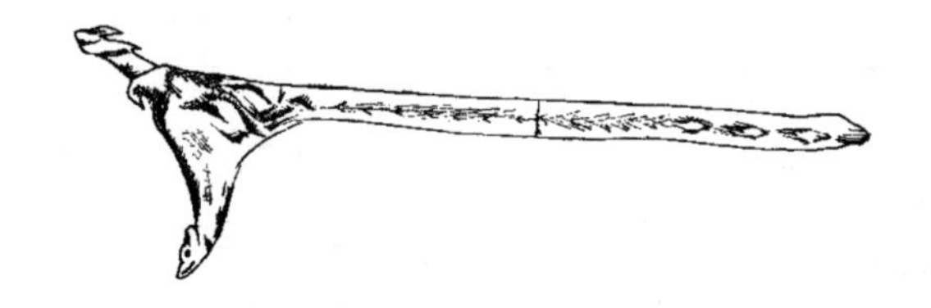

图 6－1　法国马格德林遗址中的投射器

资料来源：Paul G. Bahn and Jean Vertut, *Journey through the Ice Age* (Berkeley: University of California Press, 1997), figs. 7.16－7.17。

冷锋及其余波时期食物范围有所扩大。在梭鲁特文化时期，驯鹿是法国西南部狩猎的主要动物。在西班牙北部，人类猎杀包括一些山地物种在内的各种各样的大型哺乳动物以及一些鸟类和鱼类。在沿海遗址中，贝类可能在冬季被收集食用。马格德林人进一步扩大了动物性食物的多样性，他们大量食用鸟类和鱼类（包括淡水鱼和海洋鱼）并大量收集贝类。[③]

---

① Robin Dennell, *European Economic Prehistory: A New Approach* (London: Academic Press, 1983), p. 90; Straus, "The Upper Paleolithic of Europe," p. 10.

② François Bordes, *The Old Stone Age*, trans. by J. E. Anderson (New York: McGraw-Hill Book Co., 1968), pp. 161－166; Lawrence Guy Straus, *Iberia before the Iberians: The Stone Age Prehistory of Cantabrian Spain* (Albuquerque: University of New Mexico Press, 1992), pp. 140－145.

③ Straus, *Iberia before the Iberians*, pp. 90－166; Jochim, "The Upper Palaeolithic," pp. 84－98.

欧洲西部绝大多数的旧石器时代晚期艺术可以追溯到马格德林文化时期，这一时期被称为创造性的“爆炸期”（explosion）。除了在法国西南部和西班牙北部发现的许多洞穴壁画和雕刻之外，雕塑、雕刻作品和其他便携式艺术品的例子很常见。尽管有时会描绘人类以及各种几何和抽象图形，动物是主要的主题（它们不仅包括大型哺乳动物，而且包括鱼类、鸟类甚至无脊椎动物）。[①]

人们普遍认为，在末次冰盛期最冷的时期，欧洲西南部成为一个拥挤的地方，这主要是2.4 万年前以后离弃了北方地区的人类族群涌入的结果。除了数量的增加和规模的扩大外，还有证据表明存在营养压力（例如，人类牙齿上的牙釉质发育不全）。一些人认为，这一时期考古记录中的变化，如更有效的狩猎技术和更广泛的食物来源，在很大程度上是对聚集和人口压力的反应。[②]

2.4 万年前之后，在欧洲西部的技术、经济和组织方面可以观察到的许多变化反映了欧洲东部和西伯利亚早期的发展，它们很可能反映出类似的对寒冷气候的适应。由于海洋效应的暖化作用（见第三章），2.8 万年前开始的变冷趋势直到最冷阶段才对欧洲西部产生严重影响。在许多方面，梭鲁特人和马格德林人似乎与上一章所描述的2.4 万 ~2.8 万年前欧洲东部的格拉维特人有着相似的“北极适应”能力。

1.5 万 ~1.6 万年前以后，气候迅速改善，欧洲西部开始出现新的变化。1.4 万 ~1.55 万年前，遗址重新出现在法国北部、比利时、

① Straus, *Iberia before the Iberians*, pp. 159 – 193; Paul G. Bahn and Jean Vertut, *Journey through the Ice Age* (Berkeley: University of California Press, 1997); Jochim, "The Upper Palaeolithic," pp. 99 – 105.

② Straus, "The Upper Paleolithic of Europe," pp. 9 – 11; Holliday, "Brachial and Crural Indices," p. 562.

德国西北部和英国南部。虽然其中许多被认为属于马格德林晚期，但在北部地区出现的其他文化中有独特的弯背有铤石镞。在1.16万~1.3万年前冷热波动（新仙女木事件）期，人类一直主要捕猎驯鹿。冷热波动期过后，欧洲西北部冰川重新开始消融，驯鹿很快被马鹿、野猪和其他森林动物取代。[①]

当巨大的芬诺斯堪迪亚（Fennoscandian）冰盖继续缩小时，植物、动物和人类扩张到斯堪的纳维亚（Scandinavia）南部新的冰雪消融区。1万~1.2万年前，挪威西部沿海和瑞典南部沿海被人类占据的地区达到了北纬65度。这些遗址被确定为福斯纳-汉斯巴卡（Fosna-Hensbacka）建筑群，其中包含与德国西北部和邻近地区早期遗址中相似的有铤石镞和其他文物。这些遗址在岛屿上被发现，被认为反映了人类对海洋资源的关注，但对居住者的饮食和经济状况知之甚少。[②]

最早定居北极地区似乎是在1万年前以后的某个时候发生的。在位于北纬70度以北的科拉（Kola）岛北部和更远的东部的挪威芬马克郡（Finnmark）海岸发现了7000多年前神秘的科姆萨（Komsa）遗址。对科姆萨遗址的研究主要局限于表面散落的石器，其中包括有铤石镞、雕刻器、刮削器和石锛。石英、石英岩和白云石等石头产于当地，质量很差。瓦朗厄尔峡湾（Varanger Fjord）地区的几个遗址显示出一些建筑痕迹，其中包括直径9~15英尺（3~5米）的浅圆形地穴和占地45~60平方英尺（15~20平方米）的面积较大的长方

① Dennell, *European Economic Prehistory*, pp. 129 - 151.

② Signe E. Nygaard, "The Stone Age of Northern Scandinavia: A Review," *Journal of World Prehistory* 3, no. 1 (1989): 71 - 116.

形住宅的遗迹。[①]

欧洲西部北极地区在许多方面保留了类似于阿拉斯加南部的亚北极特征。大西洋墨西哥湾暖流给北极圈内的挪威沿海地区带来了相对温暖和潮湿的气候，经常出现风暴和浓雾。冬天海洋不会结冰，针叶林一直延伸到北冰洋海岸。只有冬季两个月的黑暗提醒人们是在高纬度地区。[②]

尽管处于亚北极气候中，后来在挪威北部发展起来的文化与西伯利亚和北美北极地区的文化有许多共同之处。事实上，是挪威考古学家古尔姆·吉辛（Gutorm Gjessing）第一次提出了“极地文化”的概念。这一概念的灵感来源于挪威萨米人（Saami）和因纽特人之间的人种学类比以及史前手工艺品类型的相似之处。萨米人还进化出了许多与在其他高纬度地区人类身上发现的适应寒冷的相同的身体构造。[③]

从欧洲亚北极和北极地区最早的遗址中发现的遗迹较少，这反映了考古记录的“偏见”。正是吉辛利用他对寒冷环境的了解及其对人

---

① Ericka Helskog, “The Komsa Culture: Past and Present,” *Arctic Anthropology* 11 suppl.（1974）: 261 - 265; Ericka Engelstad, “Mesolithic House Sites in Arctic Norway,” in *The Mesolithic in Europe*, ed. by C. Bonsall（Edinburgh: John Donald Publishers, 1989）, pp. 331 - 337; Nygaard, “The Stone Age of Northern Scandinavia,” pp. 81 - 82; N. N. Gurina, “Mezolit Kol'skogo Poluostrova,” in *Mezolit SSSR*, ed. by L. V. Kol'tsov（Moscow: Nauka, 1989）, pp. 20 - 26.

② Ørnulv Vorren, *Norway North of* 65（Oslo: Oslo University Press, 1960）; Ericka Engelstad, “The Late Stone Age of Arctic Norway: A Review,” *Arctic Anthropology* 22, no. 1（1985）: 79 - 96. 在气候方面，“亚北极”被定义为一年内至少 1 ~ 4 个月平均气温为华氏 50 度（10 摄氏度）或更高的区域。参见 Steven B. Young, *To the Arctic: An Introduction to the Far Northern World*（New York: John Wiley and Sons, 1994）, pp. 15 - 17。

③ Gutorm Gjessing, “Circumpolar Stone Age,” *Acta Arctica* 2（1944）: 1 - 70; Gutorm Gjessing, “The Circumpolar Stone Age,” *Antiquity* 27（1953）: 131 - 136; Erik Trinkaus, “Neanderthal Limb Proportions and Cold Adaptation,” in *Aspects of Human Evolution*, ed. by C. Stringer（London: Taylor and Francis, 1981）, pp. 187 - 224; G. Richard Scott et al., “Physical Anthropology of the Arctic,” in *The Arctic: Environment, People, Policy*, eds. by M. Nuttall and T. V. Callaghan（Amsterdam: Harwood Academic Publishers, 2000）, pp. 339 - 373.

类生存的挑战，意识到科姆萨遗址只保留了栖息此处的人类所创造的物质文化的一小部分。他们的遗迹可能包括皮艇、机械狩猎武器、提灯、保暖的冬季房屋、岩石艺术等。[①]这些遗址非常古老，有的被掩埋，有的裸露于地面，这使欧洲西部北极圈内最初定居点的大部分细节难以找寻。

猛犸骨屋

在末次冰盛期鼎盛时期的几千年里，欧洲东部的中央平原虽然没有被冰覆盖，但大部分或全部区域无人居住。遗址在大约2万年前随着短暂的冷热波动开始重新出现，尽管木炭的稀缺使得获得准确的放射性碳日期变得困难。不过，通过骨头和烧焦的骨头测定日期越来越普遍，结合遗骸的地层位置可知，1.4万~2万年前，人类重新定居北纬53度的平原。[②]

尽管气候有所改善，但东欧平原仍然极其干冷。冰缘黄土继续堆积，当地植物和动物仍与北极地区相似（包括北极狐和麝香牛）。气温和降水量与格拉维特时期（即在冷锋之前）相似，大部分中部平原都没有树木。[③]但与早期一样，植物和动物总量可能超过现在的北

---

① Gutorm Gjessing, "Maritime Adaptations in Northern Norway's Prehistory," in *Prehistoric Maritime Adaptations of the Circumpolar Zone*, ed. by W. Fitzhugh (The Hague: Mouton Publishers, 1975), pp. 87–100; Engelstad, "Mesolithic House Sites in Arctic Norway".

② 在许多地区，发生在2万年前的温暖波动体现在东欧平原中部冷锋后最大的遗址中的一个薄地层中。参见 Olga Soffer, *The Upper Paleolithic of the Central Russian Plain* (San Diego: Academic Press, 1985), pp. 232–233; Hoffecker, *Desolate Landscapes*, pp. 200–212。

③ A. A. Velichko et al., "Periglacial Landscapes of the East European Plain," in *Late Quaternary Environments of the Soviet Union*, ed. by A. A. Velichko (Minneapolis: University of Minnesota Press, 1984), pp. 110–117; A. A. Velichko, "Loess-Paleosol Formation on the Russian Plain," *Quaternary International* 7/8 (1990): 103–114.

极地区。

2 万年前重新占据东欧平原的人类族群与格拉维特人在物质和文化上都不一样。人们通常把这个时段内欧洲东部和中部的考古学遗迹归属后格拉维特文化（Epi-Gravettian）。后格拉维特时期是一个宽泛的术语，无疑包含了大量的语言和文化差异，涵盖了广阔的地区和较长的时期。[①]东欧平原中部的后格拉维特遗址展示了一些自己独特的模式，其中许多都反映了仍在欧洲这一带盛行的对北极环境的适应能力。

现代人类第一次展现出一些身体结构上对寒冷气候的适应能力，成为之后极地人类族群的特征。虽然大部分遗骸来自欧洲西部的遗址，但欧洲遗址中的人类肢体骨骼显示冷锋之后他们的肢体比前辈的更短，同样的模式在更远的欧洲东部也很明显。一具从俄罗斯科斯滕基岛晚期的一处遗址中发现的部分骨骼的肢体长度略低于欧洲西部的平均值。[②]

人体结构的变化对东欧平原中部或其他在冷锋时期离弃地区的重新定居并不是至关重要的。毕竟，2.4 万年前，具有热带体型的格拉维特人曾耐受相似的气候。肢体的缩短可能仅仅是冷锋这种突发灾难影响的结果。虽然这对生活在北极气候中的人来说显然是一种优势，但对在这种气候条件下保持人口数量来说并不一定至关重要。对现代人类来说，技术是关键因素。

后格拉维特遗址最显著的特征是在东欧平原中部建造的猛犸骨

① J. K. Kozlowski, "The Gravettian in Central and Eastern Europe," in *Advances in World Archaeology*, vol. 5, eds. by F. Wendorf and A. E. Close (Orlando, FL: Academic Press, 1986), pp. 131 – 200; Jiří Svoboda, Vojen Ložek, and Emanuel Vlček, *Hunters between East and West: The Paleolithic of Moravia* (New York: Plenum Press, 1996), p. 143.

② Holliday, "Brachial and Crural Indices"; Hoffecker, *Desolate Landscapes*, pp. 215 – 218.

屋。在乌克兰和俄罗斯，至少有20座以前的建筑被发现，有时3～4座为一组。猛犸骨屋遗迹是在缺乏木炭的地方发现的，它们很可能反映出缺乏木材建造住所。[①]因纽特人后来以类似的方式使用鲸骨（和漂流木）在北极海岸建造房屋。[②]

近年来调查的乌克兰梅济里希（Mezhirich）和俄罗斯尤丁诺沃（Yudinovo）两个遗址都有四个不同的猛犸骨屋遗迹。骨屋呈圆形或椭圆形，其中大多数的直径在12～18英尺（4～6米）。四肢的骨头通常被用作墙壁，虽然其他部位的骨骼，尤其是颅骨和上颌骨，也常被用作框架。肩胛骨和骨盆等较轻、较平的骨骼似乎被用来建造屋顶。据推测，哺乳动物的毛皮覆盖在骨骼骨架上，起到保温作用。每间骨屋通常都有一个或多个古壁炉，里面充满了烧焦的骨头和灰烬。[③]

在猛犸骨屋的四周发现了填满骨头的大坑，许多骨屋周围有多达四个坑。它们类似于早期格拉维特遗址的坑（见第五章），显然也用于冷藏食物和（或）骨燃料。和早期的遗址情况相同，后格拉维特时期大部分大型哺乳动物骨头可能是从平时自然堆积在这些遗址附近峡谷口的动物的遗骸中收集的。[④]

---

① 尽管孤立的猛犸骨屋的例子可以追溯到冷锋之前，但大多数是出现在2万年前。参见I. G. Pidoplichko, *Pozdnepaleoliticheskie Zhilishcha iz Kostei Mamonta na Ukraine* (Kiev: Naukova Dumka, 1969); Soffer, *The Upper Paleolithic of the Central Russian Plain*; Hoffecker, *Desolate Landscapes*, pp. 231－232。

② 例如，参见J. Louis Giddings, *Ancient Men of the Arctic* (New York: Alfred A. Knopf, 1967), pp. 73－97。

③ Pidoplichko, *Pozdnepaleoliticheskie Zhilishcha iz Kostei Mamonta na Ukraine*; Richard G. Klein, *Ice-Age Hunters of the Ukraine* (Chicago: University of Chicago Press, 1973), pp. 91－99; M. I. Gladkih, N. L. Kornietz, and O. Soffer, "Mammoth-Bone Dwellings on the Russian Plain," *Scientific American* 251, no. 5 (1984): 164－175; Z. A. Abramova, "Two Examples of Terminal Paleolithic Adaptations," in *From Kostenki to Clovis*, eds. by O. Soffer and N. D. Praslov (New York: Plenum Press, 1993), pp. 86－95.

④ Soffer, *The Upper Paleolithic of the Central Russian Plain.*

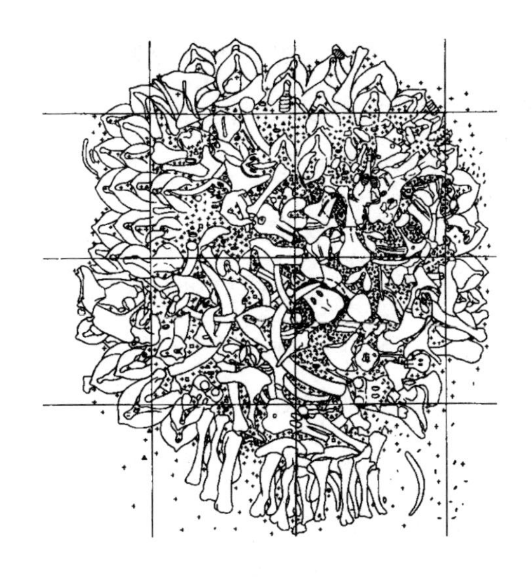

图 6－2　后格拉维特时期乌克兰梅济里希遗址中一座猛犸骨屋中的遗骸

资料来源：I. G. Pidoplichko, *Pozdnepaleoliticheskie Zhilishcha iz Kostei Mamonta na Ukraine* (Kiev: Naukova Dumka, 1969), fig. 43。

在梅济里希和尤丁诺沃等地发现的房屋群，让人联想到近代觅食族群住宅营地的布局。如果这些遗址中所有的房屋都同时有人居住——有证据表明至少其中一些是同时有人居住，则表明类似的房屋很可能是由相关联的家庭居住了几个星期或几个月。[①]这表明后格拉维特人已经能够建立长期居留的村庄。与此同时，这些遗址中来自遥远区域的一些原材料（如琥珀、贝壳化石）表明家庭关系网已扩展到更广大的区域。[②]

对于近代的猎人和渔民来说，村落定居点与短期内丰富的资源和长期储存的食物相关联。这种模式在北极和亚北极环境中很常见，特

① Hoffecker, *Desolate Landscapes*, pp. 246－247.

② Klein, *Ice-Age Hunters of the Ukraine*, pp. 88－89; Soffer, *The Upper Paleolithic of the Central Russian Plain*, pp. 371－372.

别是在河流或海洋沿岸发现丰富的水生资源的情况下。然而，目前尚不清楚后格拉维特人有什么样的短期食物（如驯鹿群、鱼群）是盈余的。就像他们在东欧平原的祖先一样，他们可能烧毁了捕获的大部分大型哺乳动物的骨头碎片，因此无法获得关于他们饮食的稳定同位素数据。坑中的骨头也不一定是这些坑里原来储存的物品。①

除了猛犸骨屋外，后格拉维特人开发的大部分技术与他们的前辈相似。当时在欧洲西部出现的创新浪潮在东欧平原上不那么明显。这种对比至少在一定程度上反映了末次冰盛期气候对欧洲西部影响的延迟，比如较晚发明或使用有孔针。

由骨、鹿角和猛犸象牙制成的各种骨角器在后格拉维特遗址中被发现，用来雕刻这些材料的雕刻器往往占到这些石器的一半以上。在欧洲西部，由后格拉维特时代的马格德林人同时代的人类制造的投射器是不存在的，但是底端分叉骨镞和大量的小石叶勉强可以证明存在投射器。大量带有毛皮的哺乳动物骨头［包括在俄罗斯伊利舍维奇（Eliseevhi）发现的数千块极地狐骨头］表明了诱捕设备的持续使用，一些可能的陷阱组成部件在梅济里希的考古发掘报告中被提到。②

在伊利舍维奇还发现了两个被认为是驯养的狗的头盖骨，这显然是地球上已知的最古老的标本（大约1.8万年前）。和所有驯养的生

---

① 伊利舍维奇的沉积物样品的水筛分结果表明鱼的残骸是以眼睛中水晶体的形式存在的，参见 N. K. Vereshchagin and I. E. Kuz'mina，“Ostaki Mlekopitayushchikh iz Paleoliticheskikh Stoyanok na Donu i Verkhnei Desne，” *Trudy Zoologicheskogo Instituta AN SSSR* 72（1977）：77－110，而梭鱼骨在科斯滕基岛和梅济里希被发现。P. I. Boriskovskii，*Ocherki po Paleolitu Basseina Dona*，Materialy i Issledovaniya po Arkheologii SSSR 121（1963），p. 78；N. L. Korniets et al.，“Mezhirich，” in *Arkheologiya i Paleogeografiya Pozdnego Paleolita Russkoi Ravniny*，ed. by I. P. Gerasimov，pp. 106－119（Moscow：Nauka，1981），p. 115. 鸟类（尤其是柳雷鸟）骸骨在很多遗迹中被发现。参见 Klein，*Ice-Age Hunters of the Ukraine*，p. 57。

② I. G. Pidoplichko，*Mezhirichskie Zhilishcha iz Kostei Mamonta*（Kiev：Naukova Dumka，1976），p. 165；Hoffecker，*Desolate Landscapes*，pp. 228－232.

物一样，狗也是现代人类以复杂方式操纵环境能力的又一个例子。它们可能代表了已知的最早的生物技术形式，它们在东欧平原的后格拉维特人村庄中的出现，可能与其作为第一批人类长期占据气候寒冷地区有关。半永久营地的存在可能是驯化进程的先决条件。从那时起，狗可能在生活于寒冷环境中的人类族群经济中扮演着重要角色，尽管它们在考古记录中并不常见。①

在东欧平原中部的居住者中，早期和后期最有趣的区别之一是他们的视觉艺术。由于可能永远不为人知的原因，后格拉维特人创作和创造了更抽象的雕塑和雕刻艺术。他们大量使用几何图案，如对角线、交叉影线。②这些抽象概念如何反映他们的世界观以及这种世界观如何与他们的经济和组织联系在一起当然是未知的。然而，尽管环境相似，但它们似乎都与早期格拉维特人的模式不同。

北方森林人

大约 1.2 万年前，当气候变暖和冰川消融改变了欧洲东部的景观时，后格拉维特人的经济和世界观肯定经历了剧烈的变化，气候的变化对世界观的影响可能要慢一些。在马格德林人重新占领欧洲西北部期间（1.4 万 ~1.55 万年前），欧洲东部的定居点几乎没有变化的迹

① Mikhail V. Sablin and Gennady A. Khlopachev, "The Earliest Ice Age Dogs: Evidence from Eliseevichi I," *Current Anthropology* 43, no. 5 (2002): 795 – 799; Christy G. Turner, "Teeth, Needles, Dogs, and Siberia: Bioarchaeological Evidence for the Colonization of the New World," in *The First Americans* (Memoirs of the California Academy of Sciences no. 27, 2002), pp. 145 – 146.

② Alexander Marshack, "Upper Paleolithic Symbol Systems of the Russian Plain: Cognitive and Comparative Analysis," *Current Anthropology* 20 (1979): 271 – 311; Kozlowski, "The Gravettian in Central and Eastern Europe," pp. 183 – 184.

象。只有在新仙女木事件结束后，第一批移民才出现在北纬 56 ~ 60 度的波罗的海东部的爱沙尼亚（Estonia）和拉脱维亚（Latvia）冰雪刚消融的地区。这些遗址属于昆达（Kunda）文化，可追溯到 7000 ~ 11500 年前。它们包含有铤石镞和其他类似于欧洲西北部后冰川期早期遗址中的石器。①

1.9 万年前，人类在俄罗斯腹地定居范围达到北纬 63 度，与昆达文化遗址一起提供了一幅扩展到北部森林的定居图景。在冰川消融末期，这些地区迅速长满了松树和桦树，布满了湖泊和沼泽。俄罗斯北部的气候比现今稍干冷，1 月的平均气温可能低于华氏零度(零下 17 摄氏度)。包括驼鹿（alces）、野牛、野猪和海狸的北方森林动物群取代了冰缘平原上的猛犸象、马、野牛和其他哺乳动物，不过驯鹿仍在比较靠北的地区生息。②

骨骼和木材埋在沼泽地得以保存完好，我们得以窥见像拉脱维亚的泽维尼基（Zveinieki）遗址以及俄罗斯北部的尼兹尼威利特（Nizhnee Veret'e）和维斯（Vis）这样的遗址在那个时代寒冷环境中物质文化的真正复杂性。它们与在前面描述的同一时期斯堪的纳维亚遗址中石器收集的稀少形成了鲜明对比。俄罗斯北部的遗址特别记录了很可能是人类第一次对亚北极北方森林或北方针叶林的适应。许多木材、树皮和其他植物产品的工艺的多样性和复杂性，让人想起定居

---

① L. V. Kol'tsov, *Final'nyi Paleolit i Mezolit Yuzhnoi i Vostochnoi Pribaltiki* (Moscow: Nauka, 1977), pp. 120 - 135; Janusz Kozlowski and H. -G. Bandi, "The Paleohistory of Circumpolar Arctic Colonization," *Arctic* 37, no. 4 (1984): 359 - 372.

② P. M. Dolukhanov and N. A. Khotinskiy, "Human Cultures and Natural Environment in the USSR during the Mesolithic and Neolithic," in *Late Quaternary Environments of the Soviet Union*, ed. by Velichko, pp. 319 - 327; N. A. Khotinskiy, "Holocene Climatic Change," in *Late Quaternary Environments of the Soviet Union*, ed. by Velichko, pp. 305 - 309.

于阿拉斯加内陆类似环境中的北方的阿萨帕斯卡人（Athapaskans）。①

在后格拉维特遗址中发现的大多数石器类型都可以在这些遗址中辨认出（如针和针盒），但也有许多新的技术形式存在，创新再次发生，各种各样的机械装置被发明。这些新发明几乎肯定是向北方森林经济彻底转变的一部分，这一过程似乎是在几个世纪内完成的。②

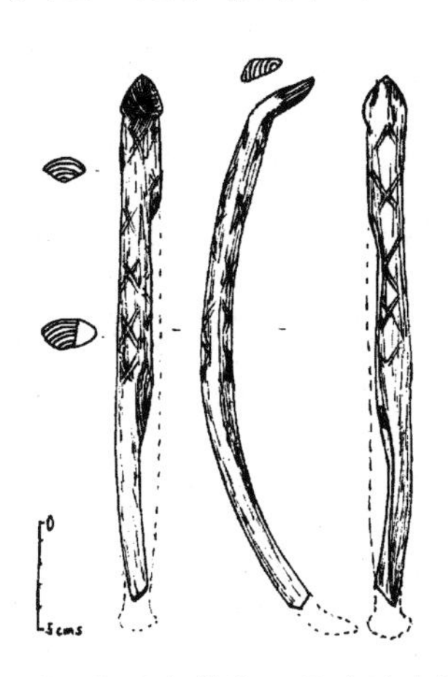

图 6－3　俄罗斯北部维斯 1 号遗址中的小木弓

资料来源：Grigoriy M. Burov，“Some Mesolithic Wooden Artifacts from the Site of Vis I in the European North East of the U. S. S. R.，” in *The Mesolithic in Europe*，ed. by C. Bonsall（Edinburgh：John Donald Publishers，1989），fig. 6。

---

① Grigoriy M. Burov，“Some Mesolithic Wooden Artifacts from the Site of Vis I in the European North East of the U. S. S. R.，” in *The Mesolithic in Europe*，ed. by C. Bonsall（Edinburgh：John Donald Publishers，1989），pp. 391－401；S. V. Oshibkina，“The Material Culture of the Veretye-type Sites in the Region to the East of Lake Onega，” in *The Mesolithic in Europe*，ed. by Bonsall，pp. 402－413；Ilga Zagorska and Francis Zagorskis，“The Bone and Antler Inventory from Zvejnieki Ⅱ，Latvian SSR，” in *The Mesolithic in Europe*，ed. by Bonsall，pp. 414－423. 奥斯古德（Cornelius Osgood）在其经典著作《因加利克人的物质文化》（*Ingalik Material Culture*）（Yale University Publications in Anthropology no. 22，1940）中详细描述了因加利克（Ingalik）人——生活在育空河下游地区的阿塔帕斯卡人的一支——的物质文化，他们饮食的 50% 来自捕鱼，其余的通过狩猎（40%）和收集植物（10%）获得。参见 Robert L. Kelly，*The Foraging Spectrum：Diversity in Hunter-Gatherer Lifeways*（Washington，D. C.：Smithsonian Institution Press，1995），p. 67，table 3－1。

② Grahame Clark and Stuart Piggot，*Prehistoric Societies*（Harmondsworth：Penguin Books，1970），p. 136.

木弓（松木和云杉）和箭都有很好的代表性，既有捕鸟的钝箭，也有捕猎大型哺乳动物的尖头箭，其中一些还装上了羽毛。从维斯1号遗址中发现了一系列显然是为演练和（或）生火而设计的短弓。用鱼叉和多齿长矛捕获梭鱼和其他鱼类，抄网或鱼栅用木环制成，浮标用松树皮制成。[①]

运输技术的革命也可能已经发生，在维斯1号遗址中发现了连同至少一支桨的木滑雪板和雪橇碎片。驯养的狗与这些遗址有关，但尚不清楚它们是否被用来在雪地和冰面拉雪橇。[②]将人和物资快速、方便地在陆地上运送的能力，以及似乎至少包括一些自动化设施的新狩猎和捕鱼技术，肯定提高了觅食的效率。

尽管这些工艺成就令人印象深刻，但对木制的长弓的分析显示出其原始的设计。在新石器时代和青铜器时代，弓的设计被改进以获得更好的性能。[③]逐步发展的技术改进在之后的史前和历史中是充分证实的样式，但在遥远的过去非常难以证实。它可能在高纬度地区的定居中发挥了重要作用，在那里技术对生存至关重要。现代人类逐步改进的一些技术（如保温的毛皮衣服）可能是在欧亚大陆北部最寒冷地区居住的一个重要因素，但由于考古记录中这些技术的保存有限，这一点无法得到证实。

目前尚不清楚这些遗址的居民是否在一个地点生活了很长时间，但它们正在用各种木雕构件如木桩、木块和横梁建造房屋。房屋平面

---

① Burov, “Some Mesolithic Wooden Artifacts,” pp. 393 - 400; Oshibkina, “The Material Culture of the Veretye-type Sites,” pp. 408 - 410.

② Burov, “Some Mesolithic Wooden Artifacts,” pp. 393 - 397.

③ J. G. D. Clark, “Neolithic Bows from Somerset, England, and the Prehistory of Archery in Northwest Europe,” *Proceedings of the Prehistoric Society* 29 (1963): 50 - 98; Oshibkina, “The Material Culture of the Veretye-type Sites,” p. 410.

呈直线，占地面积 120 ~ 150 平方英尺（40 ~ 50 平方米）。桦树皮容器和器皿、木制砧板、清洗鱼的工具、纤维垫等丰富的家庭用品，显示出较少流浪生活的迹象。①

人类第一次将死者埋葬在墓地，而不是旧石器时代早期的孤立坟墓中，这也意味着是一个相对稳定的社会。尤其著名的是奥涅加湖（Lake Onega）附近于 1936 ~ 1938 年被初步研究、发掘出 170 多个男人、女人和孩子遗骸的奥涅诺斯特罗夫斯基（Oleneostrovskii）墓地。墓葬用品和其他仪式的证据很多。在波波沃（Popovo）较小的墓地里发现了埋葬在成年男性旁边的完整的鱼骨。②其他世界观的表达在人类和动物的木雕中可以看到。它们在内容和风格上与后格拉维特时期的艺术有很大的不同，这表明世界观随着技术、社会组织和环境的变化而变化。

对欧洲北部的奥涅诺斯特罗夫斯基墓地和其他后冰河期墓地中的骨骼进行的分析，表明了人体在结构上对寒冷气候新的适应，即缩短末端肢体节段（也就是说减少手臂和小腿的长度），类似的变化在欧洲南部并不明显。这一趋势在极地附近地区后来的各人类族群中持续存在。③

在北方森林以北的冻土层中发现了一些遗址，可能这一时段内至少有人类季节性地在此居住，遗址位于伯朝拉河盆地（Pechora

① S. V. Oshibkina, "Mezolit Tsentral'nykh i Severo-Vostochnykh Raionov Severa Evropeiskoi Chasti SSSR," in *Mezolit SSSR*, ed. by L. V. Kol'tsov, pp. 32 – 45 (Moscow: Nauka, 1989), pp. 34 – 37.

② N. N. Gurina, "Mezolit Karelii," in *Mezolit SSSR*, ed. by L. V. Kol'tsov, pp. 27 – 31; Oshibkina, "The Material Culture of the Veretye-type Sites," pp. 411 – 412.

③ Kenneth H. Jacobs, "Climate and the Hominid Postcranial Skeleton in Wurm and Early Holocene Europe," *Current Anthropology* 26 (1985): 512 – 514; Holliday, "Brachial and Crural Indices," pp. 562 – 563.

Basin）以北，略高于北极圈且靠近巴伦支海（Barents Sea）岸。[①]虽然这些遗迹仅限于地表散落的石器，并且它们的年份还不确定，但西伯利亚北冰洋沿岸远东的古老遗址表明，人类很可能也在这里居住过。

西伯利亚

西伯利亚在末次冰盛期最寒冷的时期也基本无人居住，2.1万年前左右，与东欧平原几乎同时有人类定居。西伯利亚南部的几个遗址可以追溯到1.9万~2.1万年前［如南贝加尔湖（Lake Baikal）地区的斯图金诺耶（Studenoe）遗址］，但大多数后冷锋时期的遗址都不太古老。后者包括叶尼塞河（Yenisei River）河谷的科科雷沃（Kokorevo）遗址和鄂毕河（Ob'River）盆地的切诺诺泽（Chernoozer'e）遗址。它们局限于北纬57度以南，大部分遗址的放射性碳定年为1.4万~1.9万年前。[②]

西伯利亚的遗址与后格拉维特遗址有很大的不同，它们似乎反映了一种迁徙性更强的生活方式。大型骨屋群、储藏坑和其他长期定居的迹象是不存在的。其居住区域相对较小。住宅建筑的痕迹也很少，仅限于小型临时住所（如圆形帐篷），视觉艺术的例子也很罕见。[③]

---

① Oshibkina, "Mezolit Tsentral'nykh i Severo-Vostochnykh Raionov Severa Evropeiskoi Chasti SSSR," pp. 44 - 45.

② Goebel, "The Pleistocene Colonization of Siberia," pp. 218 - 220; Ted Goebel et al., "Studenoe-2 and the Origins of Microblade Technologies in the Transbaikal, Siberia," *Antiquity* 74 (2000): 567 - 575.

③ Ted Goebel, "The 'Microblade Adaptation' and Recolonization of Siberia during the Late Upper Pleistocene," in *Thinking Small: Global Perspectives on Microlithization*, eds. by R. G. Elston and S. L. Kuhn, pp. 117 - 131 (Archaeological Papers of the American Anthropological Association no. 12, 2002), pp. 123 - 124.

与东欧平原中部不同，西伯利亚南部在这一时期保留了一些以松树为主的树木。花粉孢子数据和考古遗址中古壁炉中木炭的存在都可以证明这一点。在这些遗址中，虽然驯鹿骨骼是最主要的哺乳动物骨骼，但其中一部分遗址中有一些林地动物骨骼，如马鹿骨（Cervus elaphus），有时甚至还有驼鹿骨。[①]使用木材作为燃料和材料可能是其与后格拉维特遗址不同的原因之一。

然而，造成这种差异的主要原因似乎是西伯利亚的生活环境根本没有提供定期将食物资源集中在特定地方的机会。大型哺乳动物数量可能低于欧洲东部冰缘草原，且明显缺乏鱼类或其他小型猎物的周期性集中。因此，人口在一年中被迫保持分散和流动，小群体不断移动。[②]而婚姻网络必须通过家庭间的定期接触来维持。

西伯利亚人的工艺似乎也反映了这种高度流动的生活。他们的许多石材工艺都集中在具有特色的楔形石核打下的小石叶的大量生产上，细石叶的宽度不超过 1/4 英寸（4 毫米），而且异常锋利。它们沿着一边或两边的沟槽被固定在尖锐的骨角尖状器上。从科科雷沃和切诺诺泽两个遗址中都找到了完整的细石叶嵌入物的标本。在科科雷沃发现了一枚嵌在野牛肩胛骨上的细石叶。[③]

细石叶工艺是高质量石材的一种非常有效的使用方法。它在产生最大数量的可用边缘的同时尽量减少了必须收集和携带的石头数量。

---

① V. P. Grichuk, "Late Pleistocene Vegetation History," in *Late Quaternary Environments of the Soviet Union*, ed. by Velichko, pp. 155-178; Goebel, "The 'Microblade Adaptation'," p. 125, fig. 9. 4. 在这一间隔期东欧平原中部的遗址中，马鹿遗骸几不可见，没有发现麋鹿与驼鹿遗骸。Hoffecker, *Desolate Landscapes*, pp. 239 – 242.

② Goebel, "The 'Microblade Adaptation'," pp. 123 – 126.

③ Chard, *Northeast Asia in Prehistory*, p. 32, fig. 1. 18; Z. A. Abramova, *Paleolit Eniseya: Kokorevskaya Kul'tura* (Novosibirsk: Nauka, 1979); V. F. Gening and V. T. Petrin, *Pozdnepaleolitcheskaya Epokha na Yuge Zapadnoi Sibiri* (Novosibirsk: Nauka, 1985), p. 48, fig. 17.

小楔形石核常被用作刮削或切割工具，这进一步说明了西伯利亚人的效率和节俭。[①]事实上，细石叶工艺以及更普遍的小型石制工具与寒冷的气候有着广泛的联系，尽管它们有时会出现在其他地方，比如墨西哥。

除了带槽尖状器，骨、鹿角和象牙制品的多样性和复杂性与后格拉维特人相比似乎很差。现存的有大大小小的针头，还有锥、细薄的尖状器、研磨器、楔子和（或）石柱。[②]有些器具可能是用木头制成的，但在这些遗址中没有保存下来。但这种差异很大程度上可能是因为经济形式比较单一，主要是基于对大型哺乳动物的猎杀，对鸟类、鱼类和其他需要复杂食物获取技术的动物的获得有限。然而，一些小型哺乳动物（特别是野兔）被用作食物，其毛皮被用来做衣服。[③]

这些遗址中的人类骨骼遗骸非常稀少，目前尚不清楚西伯利亚人是否进化出了与冷锋后欧洲人被观察到的相同的身体结构上对寒冷的适应。在许多年前，一些上肢骨骼在叶尼塞河谷的阿丰托瓦格拉（Afontova Gora）被发现，但它们太零碎，无法测量手臂及其组成部分的长度。[④]

1.5 万年前之后，随着气候变暖，经济发生了一些变化。鱼类

---

① Goebel, "The 'Microblade Adaptation'," p. 124.

② Abramova, *Paleolit Eniseya: Kokorevskaya Kul'tura*; Z. A. Abramova, *Paleolit Eniseya: Afontovskaya Kul'tura* (Novosibirsk: Nauka, 1979); Sergey A. Vasil'ev, "The Final Paleolithic in Northern Asia: Lithic Assemblage Diversity and Explanatory Models," *Arctic Anthropology* 38, no. 2 (2001): 3-30.

③ N. M. Ermolova, *Teriofauna Doliny Angary v Pozdnem Antropogene* (Novosibirsk: Nauka, 1978), pp. 26-33; Goebel, "The 'Microblade Adaptation'," pp. 124-126.

④ M. P. Gryaznov, "Ostatki Cheloveka iz Kul'turnogo Sloya Afontova Gory," *Trudy Komissii po Izucheniyu Chetvertichnogo Perioda* 1 (1932): 137-144; V. P. Alekseev, "The Physical Specificities of Paleolithic Hominids in Siberia," in *The Paleolithic of Siberia: New Discoveries and Interpretations*, ed. by A. P. Derevianko, pp. 329-335 (Urbana: University of Illinois Press, 1998), pp. 329-330; Hoffecker and Elias, "Environment and Archeology in Beringia," pp. 37-38.

和倒钩鱼叉的遗迹存在于西伯利亚南部的几个遗址中［最著名的是安吉拉河上游的上勒拿山遗址（Verkholenskaya Gora）］，而以森林为栖息地的哺乳动物更加常见。①1.1万年前，附近的乌斯季别拉亚遗址（Ust'-Belaya）的一个重大转变非常明显，这一面积较大的遗址表明居住面积有所增加，并有考古记录报告称其有填满残骸的坑。这些动物群（如狍和驼鹿）完全是现代的，也有鱼的遗骸和驯养狗的痕迹。在骨角器中，鱼钩和倒钩鱼叉表明了一些新技术的出现。②

人类向北扩展到勒拿河盆地中部（Middle Lena Basin）。1.5万年前，他们在位于北纬59度的阿尔丹河（Aldan River）上的久克台（Dyuktai）洞穴中逗留。这个小山洞成为30多年前由有趣的俄罗斯考古学家尤里·莫切诺夫（Yuri Mochanov）定义的久克台文化的典型遗址。这里的文物类似于西伯利亚南部遗址中的文物，有楔形石核和细石叶，以及一些双面器、雕刻器和刮削器。与手工制品一起被发现的哺乳动物骨骼包括灭绝的冰缘物种（如草原野牛），但其上层地层出现了森林分类。③久克台文化是美国考古学家特别感兴趣的一种文化，因为它可能是第一种跨越白令陆桥并传播到新大陆的文化。

---

① M. P. Aksenov, "Archaeological Investigations at the Stratified Site of Verkholenskaia Gora in 1963 - 1965," *Arctic Anthropology* 6, no. 1 (1969): 74 - 87; Ermolova, *Teriofauna Doliny Angary v Pozdnem Antropogene*, pp. 31 - 33; Goebel, "The 'Microblade Adaptation'," p. 126.

② G. I. Medvedev, "Results of the Investigations of the Mesolithic in the Stratified Settlement of Ust-Belaia 1957 - 1964," *Arctic Anthropology* 6, no. 1 (1969): 61 - 73; Ermolova, *Teriofauna Doliny Angary v Pozdnem Antropogene*, pp. 34 - 40.

③ Yu. A. Mochanov, *Drevneishie Etapy Zaseleniya Chelovekom Severo-Vostochoi Azii* (Novosibirsk: Nauka, 1977); pp. 6 - 31; Yuri A. Mochanov and Svetlana A. Fedoseeva, "Dyuktai Cave," in *American Beginnings: The Prehistory and Palaeoecology of Beringia*, ed. by F. H. West (Chicago: University of Chicago Press, 1996), pp. 164 - 174.

图 6－4　西伯利亚东北部阿尔丹河久克台洞穴中的楔形细石核

资料来源：Yu. A. Mochanov, *Arkheologicheskie Pamyatniki Yakutii*: *Basseiny Aldana i Olëkmy* (Novosibirsk: Nauka, 1983), fig. 169。

大约 1.2 万年前，一种新文化出现并迅速扩散到西伯利亚北部和东部的大部分地区。同样由莫切诺夫定义的苏姆纳金（Sumnagin）文化是一个谜。[①]苏姆纳金遗址虽然与欧洲亚北极地区的北部森林部落同时期，但规模较小，所产文物种类相对有限。这些石器完全是由柱形细石核［通常被俄罗斯考古学家称为“卡兰达什韦德尼”（karandashevid'nii），或“铅笔状”石核］上的薄片制成的物品。骨角器很少，也没有倒钩鱼叉和鱼钩。[②]

苏姆纳金遗址与其欧洲同时期遗址之间的差异，是由于缺乏木材的保留。在像维斯 1 号遗址这样壮观的沼泽中发现的器物在西伯利亚尚不为人所知。大多数苏姆纳金遗址位于森林地带，一些工艺（也许是所有的艺术）无疑都是用木材创造的。但是就像在冷锋之后的

① Mochanov, *Drevneishie Etapy Zaseleniya*, pp. 241－253; Vladimir Pitul'ko, "Terminal Pleistocene—Early Holocene Occupation in Northeast Asia and the Zhokhov Assemblage," *Quaternary Science Reviews* 20, nos. 1－3 (2001): 267－275.

② William Roger Powers, "Paleolithic Man in Northeast Asia," *Arctic Anthropology* 10, no. 2 (1973): 1－106; Mochanov, *Drevneishie Etapy Zaseleniya*, pp. 223－240.

时期一样，其与欧洲北部地区的大部分差异可能在于西伯利亚环境相对较低的生产力。现今勒拿河盆地中部北方森林的生物数量大约只有俄罗斯西北部同纬度亚北极森林的一半。①

俄罗斯考古学家的共识是苏姆纳金人主要以大型哺乳动物为食。驼鹿在动物群中属于顶端，其次是狍、驯鹿和棕熊。除了驯鹿之外，所有这些哺乳动物都很少在亚北极森林里发现。尽管它们在河岸上的位置不变，但鱼和水鸟的遗骸在苏姆纳金遗址中是罕见的。②

然而，苏姆纳金文化（或非常类似的文化）在 1 万年前之后向北扩散到冻原地带，并第一个占据西伯利亚的北极地区，这里的温度、湿度和生物生产力都比北方森林低。到达北极圈地球表面的太阳能，大约是赤道上接收到的太阳能的一半。同时，由于雪和冰的存在，高纬度地区反射光（反照率）造成的太阳能损失要大得多。大部分土地为永久冻土。除了一些海岸边的浮木外，几乎没有其他木材可供使用。③

位于北纬 76 度若霍夫岛（Zhokhov Island）北部拉普帖夫海（Laptev Sea）和东西伯利亚海之间的一个遗址可追溯到 9000 ~ 9500 年前，那时该岛可能与海岸或更大的陆地相连。发现的石器与森林地带的苏姆纳金遗址非常相似，但也有一些并非石器，包括底端分叉骨角尖状器、鹿角和象牙鹤嘴锄，以及有铤切削器。还发现了一些木器（显然是由浮木制成的），包括一个大的锹或铲、箭柄和一个雪橇滑

① 参见 O. W. Archibold, *Ecology of World Vegetation*（London：Chapman and Hall，1995），p. 8，fig. 1. 6。

② Mochanov，*Drevneishie Etapy Zaseleniya*，pp. 248 – 249；L. V. Kol'tsov，"Mezolit Severa Sibiri i Dal'nego Vostoka，" in *Mezolit SSSR*，ed. by L. V. Kol'tsov，pp. 187 – 194（Moscow：Nauka，1989），pp. 187 – 191.

③ 就气温（相对于纬度）而言，北极被定义为一年中所有月份的平均温度保持在华氏 50 度（10 摄氏度）以下的区域。参见 Young，*To the Arctic*，pp. 13 – 18。

板的碎片。[①]

在若霍夫岛发现的动物遗骸主要是驯鹿和北极熊（白熊）的，发现的海象、海豹和鸟类的骨骼都很分散。[②]北极海岸的第一批居民带来了内陆狩猎生存方式，以北部海洋更富饶的资源为基础的经济将需要一段时间才能发展起来。

苏姆纳金人向东扩展到楚科奇，向西扩展到西伯利亚北极海岸，到达拉普帖夫海对岸的泰米尔半岛（Taimyr Peninsula）。塔格纳6号遗址（Tagenar Ⅵ）可追溯到大约7000年前，显然代表着这里已知的、最早的人类遗址。根据花粉样品分析，当时森林带已扩展到该地区，气候比今天稍暖。[③]

白令陆桥和新大陆

在阿拉斯加中部，金矿工人（而不是古生物学家）发现了最大数量的更新世的动物遗骸。散落在阿拉斯加地区的数百万头猛犸象、野牛、马和其他哺乳动物的骨头，被掩埋在普伦尼冰期及之前时期沉

---

① Vladimir V. Pitul'ko, "An Early Holocenc Site in the Siberian High Arctic," *Arctic Anthropology* 30, no. 1 (1993): 13–21; Pitul'ko, "Terminal Pleistocene—Early Holocene Occupation," p. 270; Ted Goebel and Sergei B. Slobodin, "The Colonization of Western Beringia: Technology, Ecology, and Adaptation," in *Ice Age Peoples of North America: Environments, Origins, and Adaptations of the First Americans*, eds. by R. Bonnichsen and K. L. Turnmire (Corvallis: Oregon State University Press, 1999), pp. 104–155.

② Pitul'ko, "An Early Holocene Site," pp. 19–20; V. V. Pitul'ko and A. K. Kasparov, "Ancient Arctic Hunters: Material Culture and Survival Strategy," *Arctic Anthropology* 33 (1996): 1–36.

③ L. P. Khlobystin, "O Drevnem Zaselenii Arktiki," *Kratkie Soobshcheniya Instituta Arkheologii* 36 (1973): 11–16; L. P. Khlobystin and G. M. Levkovskaya, "Rol' Sotsial'nogo i Ekologicheskogo Faktorov v Razvitii Arkticheskikh Kul'tur Evrazii," in *Pervobytnyi Chelovek, Ego Material'naya Kul'tura i Prirodnaya Sreda v Pleistotsene i Golotsene*, ed. by I. P. Gerasimov, pp. 235–242 (Moscow: USSR Academy of Sciences, 1974), pp. 238–239; Kol'tsov, "Mezolit Severa Sibiri i Dal'nego Vostoka," p. 192.

积的淤泥中。矿工用高压软管冲刷淤泥，把这些骨头和黄金一起冲出来。其中一些仍然附着干燥的、冷冻的皮肤和毛发碎片，偶尔也会发现部分动物尸体。[①]

通过对大量遗骸的考察，以及注意到草原上大型哺乳动物如草原野牛和马的优势数量，古生物学家戴尔·格思里（Dale Guthrie）在20世纪60年代得出结论：阿拉斯加肯定在更新世结束之前拥有富饶的草原。这一观点与花粉专家重建的草本植物冻原分布地不一致，引发了一场激烈的争论。在过去的几十年里，对骨骼的放射性碳定年数据逐渐增加，现在结论很明确，尽管其纬度要高得多，但阿拉斯加中部的大部分生物群都与欧亚大陆北部冰期草原中发现的相同。[②]

这种似是而非的矛盾的关键在于那时勒拿河盆地和加拿大西北部之间土地的日益干旱。海平面下降了近400英尺（120米），在楚科奇和阿拉斯加西部之间露出干燥的平原（瑞典植物学家埃里克·霍特恩将其命名为“白令陆桥”）。晴朗的天空、减少的降水量和沉积的黄土促进了排水良好的肥沃土壤的形成，这些土壤供养着各种各样的草原植物群落（没有树木），以及大量食草哺乳动物群，没有现在很常见的湿冻原土和云杉沼泽。[③]

---

① Troy L. Péwé, *Quaternary Geology of Alaska* (Geological Survey Professional Paper 835, 1975), pp. 95 - 101; R. Dale Guthrie, *Frozen Fauna of the Mammoth Steppe: The Story of Blue Babe* (Chicago: University of Chicago, Press, 1990), pp. 45 - 80.

② R. Dale Guthrie, "Paleoecology of the Large-Mammal Community in Interior Alaska during the Late Pleistocene," *American Midland Naturalist* 79, no. 2 (1968): 346 - 363; Guthrie, *Frozen Fauna of the Mammoth Steppe*, pp. 239 - 245; J. V. Matthews, "East Beringia during Late Wisconsin Time: A Review of the Biotic Evidence," in *Paleoecology of Beringia*, eds. by D. M. Hopkins et al., pp. 127 - 150 (New York: Academic Press, 1982), pp. 139 - 143.

③ Eric Hultén, *Outline of the History of Arctic and Boreal Biota during the Quaternary Period* (Stockholm: Bokförlags Aktiebolaget Thule, 1937); Guthrie, *Frozen Fauna of the Mammoth Steppe*, pp. 205 - 225; R. Dale Guthrie, "Origin and Causes of the Mammoth Steppe: A Story of Cloud Cover, Woolly Mammoth Tooth Pits, Buckles, and Inside-Out Beringia," *Quaternary Science Reviews* 20, nos. 1 - 3 (2001): 549 - 574.

丰富的食物资源使人们提出为什么人类不早些时候定居白令陆桥的问题。已知最古老的遗址距今1.4万~1.55万年，追溯到一个随着降水量和树木的再生食物资源实际上正在减少的时期。现代人类的问题是他们直到1.6万年前无法定居北纬60度以北的西伯利亚地区，这实际上阻碍了早期人类进入白令陆桥的行动，不管其物产有多富饶。

白令陆桥定居地的建立以及向新大陆的延伸是2万年前开始重新占领西伯利亚的成果，之后随着1.6万年前之后气候的变暖，人类向北扩展到勒拿河盆地中部。如果定居西伯利亚的人类在对寒冷的气候产生了一些与最冷时期之后欧洲同期人类相同的结构上的适应，那么这可能对他们在北纬60度以北地区的定居起到了一定的作用。技术的改进，特别是在服装和住房方面的改进，也可能是个重要的变数。白令陆桥的人类定居与木本灌木和树木的再生同时发生。1.6万年前之后，木材燃料的采用可能是另一个因素。[①]

无论如何，1.4万年前人类在阿拉斯加中部的塔纳纳河（Tanana River）畔宿营，而且早在1.55万年前就可能在育空地区的蓝鱼洞穴（Bluefish Caves）暂住。塔纳纳河谷遗址（北纬64度）最低地层中含有与西伯利亚久克台文化相似的文物。在天鹅角（Swan Point）遗址中有细石叶、雕刻器和双面工具剥落的薄片。附近的博尔肯猛犸象遗址（site of Broken Mammoth）中的文物很少，但有几根猛犸象牙棒。与久克台遗址不同的是，定居阿拉斯加表明北部的饮食种类很多，包括大型哺乳动物、鸟类（主要是水禽）以及至少一些鱼类。

---

① Guthrie, *Frozen Fauna of the Mammoth Steppe*, pp. 273 - 277; Hoffecker and Elias, "Environment and Archeology in Beringia," pp. 36 - 41.

鸟类动物种类繁多，包括松鸡、野鸭、针尾鸭、水鸭、天鹅和各种各样的鹅。①

图 6-5　挖掘阿拉斯加塔纳纳河博尔肯猛犸象遗址

资料来源：查尔斯·E. 霍尔姆斯（Charles E. Holmes）摄。

---

① Richard E. Morlan and Jacques Cinq-Mars, "Ancient Beringians: Human Occupation in the Late Pleistocene of Alaska and the Yukon Territory," in *Paleoecology of Beringia*, eds. by Hopkins et al., pp. 353-381; Charles E. Holmes, "Broken Mammoth," in *American Beginnings*, ed. by West, pp. 312-318; Charles E. Holmes, Richard Vander Hoek and Thomas E. Dilley, "Swan Point," in *American Beginnings*, ed. by West, pp. 319-323; David R. Yesner, "Human Dispersal into Interior Alaska: Antecedent Conditions, Mode of Colonization, and Adaptations," *Quaternary Science Reviews* 20, nos. 1-3 (2001): 315-327. 贝雷尔赫（Berelëkh）遗址位于北纬 70 度，靠近因迪吉尔卡河（Indigirka River）口，经常被列为勒拿河盆地东部最早的人类占据区之一（也是这个纬度最古老的遗址之一），但日期不确定，据报道，是在 1.55 万～1.6 万年前，但可能要晚一些。参见 Mochanov, *Drevneishie Etapy Zaseleniya*, pp. 76-87; Pitul'ko, "Terminal Pleistocene—Early Holocene Occupation," p. 267; Hoffecker and Elias, "Environment and Archeology in Beringia," pp. 39-44. 最近报道的亚纳河口附近的一个遗址（在第五章中提到）可以追溯到大约 3 万年前，并暗示了在这个纬度以东的勒拿河盆地东部，至少在季节性基础上显示出更早的迹象：当时气候在普伦尼冰期中期末稍微变暖。V. V. Pitulko et al., "The Yana RHS Site: Humans in the Arctic before the Last Glacial Maximum," *Science* 303 (2004): 52-56. 进入新大陆的路显然被冰川冰盖阻断。参见 Carole A. S. Mandryk et al., "Late Quaternary Paleoenvironments of Northwestern North America: Implications for Inland versus Coastal Migration Routes," *Quaternary Science Reviews* 20, nos. 1-3 (2001): 301-314。

在此期间，人类可能没有进入新大陆的其他地区。大量冰盖覆盖加拿大大部分地区和西北海岸，穿越加拿大西部通往北方平原的“无冰走廊”（ice-free corridor）在1.35万年之后才通行。然而，太平洋西北地区的冰川消融速度似乎更快，1.7万年前就可以找到一条沿海路线。1.35万年前，北美中纬度地区的遗址被确认，南美洲至少有一个遗址可能早在1.5万年前就已有人类居住。[①]

1.4万年前之后，气温的上升和降水量的增加加速了环境的变化，因为灌木苔原取代了白令陆桥很大部分的草原环境，大部分末次冰盛期的大型食草哺乳动物已经灭绝。[②]考古记录中一些变化很明显，尽管并不完全清楚它们的含义。在堪察加（Kamchatka）半岛中部的乌什基（Ushki）遗址（最近可追溯到大约1.3万年前），人类建造了小型的椭圆形房屋，加工生产了成套的石器工具，其中包括有铤双面尖状器。现存的有石坠、石珠和一个埋葬坑，但非石器工具或动物遗骸留存得很少。[③]这些遗址与久克台文化和其他白令陆桥遗址的关系尚不清楚。

在阿拉斯加中部，人类至少季节性地（可能是在秋季）前往阿拉斯加山脉北麓捕猎麋鹿和绵羊。在干溪谷（Dry Creek）遗址和尼纳纳河谷（Nenana Valley）的其他遗址的最早的地层可以追溯到1.3万～1.35万年前。这些遗址中有小的双面尖状器，但没有骨制品或

---

① E. James Dixon, "Human Colonization of the Americas: Timing, Technology, and Process," *Quaternary Science Reviews* 20, nos. 1–3 (2001): 277–299; Mandryk et al., "Late Quaternary Paleoenvironments of Northwestern North America," 301–314; T. D. Dillehay and M. B. Collins, "Early Cultural Evidence from Monte Verde in Chile," *Nature* 332 (1988): 150–152.

② Nancy H. Bigelow and Wm. Roger Powers, "Climate, Vegetation, and Archaeology 14,000–9000 cal yr B. P. in Central Alaska," *Arctic Anthropology* 38, no. 2 (2001): 171–195; Hoffecker and Elias, "Environment and Archeology in Beringia," pp. 40–44.

③ Nikolai N. Dikov, "The Ushki Sites, Kamchatka Peninsula," in *American Beginnings*, ed. by West, pp. 244–250; Ted Goebel, Michael R. Waters, and Margarita Dikova, "The Archaeology of Ushki Lake, Kamchatka, and the Pleistocene Peopling of the Americas," *Science* 301 (2003): 501–505.

鹿角制品。[1]与乌什基遗址的情况一样，它们与其他白令陆桥遗址的关系尚不清楚。由于当时“无冰走廊”是开放的，一些考古学家推测了其与北部平原早期遗址的联系，但这具有争议。[2]

在1.3万年前开始的新仙女木事件的大部分时间，白令陆桥保持完好。在堪察加中部的乌什基遗址和阿拉斯加的许多遗址，可能还有楚科奇遗址中，都发现了楔形细石核和细石叶，以及雕刻器和双面工具。他们的石器，就像大多数早期白令陆桥遗址中的石器一样，与久克台文化类似。不幸的是，只有零散的非石器工具保存下来。[3]

新仙女木事件时期的遗址反映出一个像早期的白令陆桥地区一样广泛的经济和食物来源。鱼骨在乌什基遗址中的古炉膛里很常见，这段时间内阿拉斯加中部的博尔肯猛犸象遗址的定居地层包含与最低地层相同的鸟类、鱼类和哺乳动物。这些遗址也有对寒冷气候的技术适应证据，这可能反映了此时突然的低温。乌什基遗址中的旧房子显然是地球上已知最古老的房子，其遗迹表明这些房子设计有浅的入口隧道，以便将冷空气挡在房屋之外。[4]

---

① William R. Powers and John F. Hoffecker, “Late Pleistocene Settlement in the Nenana Valley, Central Alaska,” *American Antiquity* 54, no. 2 (1989): 263 – 287; John F. Hoffecker, “Late Pleistocene and Early Holocene Sites in the Nenana River Valley, Central Alaska,” *Arctic Anthropology* 38, no. 2 (2001): 139 – 153.

② 例如，参见 John F. Hoffecker, W. Roger Powers and Ted Goebel, “The Colonization of Beringia and the Peopling of the New World,” *Science* 259 (1993): 46 – 53; Dixon, “Human Colonization of the Americas”。

③ Frederick Hadleigh West, ed., *American Beginnings: The Prehistory and Palaeoecology of Beringia* (Chicago: University of Chicago Press, 1996); Owen K. Mason, Peter M. Bowers and David M. Hopkins, “The Early Holocene Milankovitch Thermal Maximum and Humans: Adverse Conditions for the Denali Complex of Eastern Beringia,” *Quaternary Science Reviews* 20, nos. 1 – 3 (2001): 525 – 548.

④ N. N. Dikov, *Arkheologicheskie Pamyatniki Kamchatki*, *Chukotki i Verkhnei Kolymy* (Moscow: Nauka, 1977), pp. 52 – 58; Dikov, “The Ushki Sites, Kamchatka Peninsula,” pp. 245 – 246; Holmes, “Broken Mammoth,” p. 317; Yesner, “Human Dispersal into Interior Alaska,” pp. 321 – 322.

大约1.2万年前的某些时候，海平面上升到比现在低150英尺（50米）的位置，淹没了楚科奇和阿拉斯加西部之间的低地。这增加了剩余的未淹没地区可获得的水分，加速了其向湿冻原和针叶林的过渡，白令陆桥不复存在。[①]

在接下来的几千年里，阿拉斯加考古记录显示出的变化可能比世界上任何其他地区都少。人类继续生产楔形细石核、雕刻器和双面石器。骨器的个别例子，如底端分叉尖状器，已经在几个遗址中被发现。但对它们的非石器工艺，人们通常知之甚少。许多阿拉斯加遗址被认为是当地德纳里峰（Denali）建筑群或文化的一部分（7500～1.25万年前）。[②]

德纳里峰遗址面积很小，就像西伯利亚的苏姆纳金遗址一样，显示出人类分散和流动的生活方式。然而，由于缺乏动物残骸遗迹，有关他们饮食和经济的信息模糊不清。在一些遗址中发现了驯鹿、羊和驼鹿的骨骼，而有关捕鱼和猎鸟的信息很少。遗址的数量在新仙女木事件之后温暖的时期下降，但在大约8000年前的一次寒冷波动中增加。这种模式可能反映了驯鹿狩猎情况的改善。[③]

---

① Scott A. Elias, Susan K. Short, and R. Lawrence Phillips, "Paleoecology of Late-Glacial Peats from the Bering Land Bridge, Chukchi Sea Shelf Region, Northwestern Alaska," *Quaternary Research* 38 (1992): 371 – 378; Bigelow and Powers, "Climate, Vegetation, and Archaeology 14,000 – 9000 cal yr B. P"; Scott A. Elias, "Beringian Paleoecology: Results from the 1997 Workshop," *Quaternary Science Reviews* 20, nos. 1 – 3 (2001): 7 – 13.

② Frederick Hadleigh West, *The Archaeology of Beringia* (New York: Columbia University Press, 1981), pp. 91 – 154; Mason, Bowers, and Hopkins, "The Early Holocene Milankovitch Thermal Maximum and Humans," pp. 526 – 535.

③ Mason, Bowers, and Hopkins, "The Early Holocene Milankovitch Thermal Maximum and Humans," pp. 539 – 542. 草原野牛在更新世末期没有在阿拉斯加内陆部分地区灭绝，而是被占领塔纳纳河谷和阿拉斯加山脉北麓地区的德纳里峰人猎杀。Powers and Hoffecker, "Late Pleistocene Settlement in the Nenana Valley, Central Alaska," pp. 272 – 273; Yesner, "Human Dispersal into Interior Alaska," p. 321.

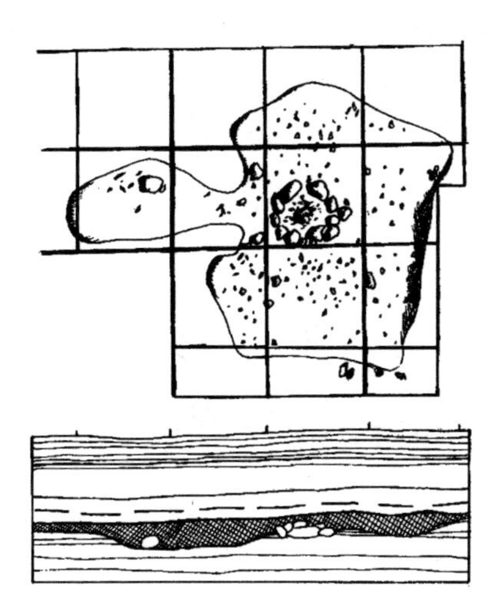

图 6－6　堪察加半岛乌什基遗址半地下房屋的隧道入口

资料来源：N. N. Dikov, *Arkheologicheskie Pamyatniki Kamchatki, Chukotki i Verkhnei Kolymy* (Moscow: Nauka, 1977), fig. 12。

就像在西伯利亚一样，没有迹象表明，在北极对海洋的适应能力有一天会在远北地区占据主导地位。虽然在阿拉斯加北部发现了一些德纳里峰遗址，但北冰洋西北和北方沿岸或附近地区尚不为人所知。①相比之下，在北太平洋边缘［特别是阿留申岛链（Aleutian Island chain）］和阿拉斯加东南海岸，对大量沿海定居地和对海洋资源的开发有着充分的记录。②

（崔艳嫣　郑李璐　译）

① 严重的海岸侵蚀会破坏波弗特海沿岸的一些德纳里峰遗址，但西北海岸的部分地区可能不会被破坏。

② Allen P. McCartney and Douglas W. Veltre, "Anangula Core and Blade Site," in *American Beginnings*, ed. by West, pp. 443－450; Dixon, "Human Colonization of the Americas".

第七章
北极地区的族群

气候变暖结束了冰川时期，其最重要的结果之一是欧亚大陆北端植被带的形成。末次冰川期（1.2 万 ~7.5 万年前），环境越来越相近，这一时期在北纬 40 ~60 度（甚至更偏北，至白令海）的沉积层中发现的很多同类的大型哺乳动物遗骸证明了这一事实。尽管一些经度和纬度的变化是明显的，但是与 1.2 万年前形成的明显的界线相比，这一界线变得模糊。[①]

最北端地带是苔原，与北极圈重合，但是在某些地区，针叶林延伸到该纬度以北。苔原寒冷干燥，树木稀少，但高纬度地区也可以满足具有一定特征的植物和动物的生存需求。尽管苔原是陆地栖息地中生产力最低的地区之一，但是亚北极和北极水域物产丰富，尤其是“上升流”（upwelling）区域。这些区域中不断上升的洋流将海洋深处的营养物带到海面，满足了大量的鱼类和海洋哺乳动物

---

① R. Dale Guthrie, “Mammals of the Mammoth Steppe as Paleoenvironmental Indicators,” in *Paleoecology of Beringia*, eds. by D. M. Hopkins et al., pp. 307 - 326 (New York: Academic Press, 1982), pp. 315 - 320.

的生存需求。[1]

如果冰川期广阔的干草原和森林干草原栖息地允许广大区域内不同程度的文化同质性，那么冰川后期差异明显的环境区会促进文化多样性的发展。在欧亚草原、落叶林地、北方森林和其他地区的族群中，出现了明显的语言和文化差异。由于偏远的地理位置和恶劣的气候环境，远北族群与其他文化隔绝。在大部分北方森林和苔原环境中发展农业经济是不可能的（尽管驯鹿放牧业在欧亚大陆北部的许多地方最终得到发展）。

文化隔离现在成为人类居住的“冷锋”，这是北极史前史上最引人注目的模式之一。这种模式在北美北极地区（North American Arctic）最为明显，但即使在欧洲西部——靠近帝国和工业发展中心，生活在高纬度地区的人类也发展和维持了一种非常独立的生活方式。北极的考古记录将这一变化程度归因于南方的影响，这成为一些研究者争论的话题，尤其在欧洲。[2]

在过去的7000年里，北极史前史最重要的趋势是北极海洋经济的发展。只有克服在开阔水面和极地冰下捕猎海洋哺乳动物所面临的强大的技术挑战，人类才能开发远北丰富的海洋资源。在这种情况下，无论外界文化的影响如何，关键技术创新都是北极人类独立完成的。但是，北极海洋经济并没有得到全面发展，不同族群在应对这些挑战时有很大的不同。本书说明了任何地方的语言和文化都有其独一

---

① Robert H. Whittaker, *Communities and Ecosystems*, 2nd ed.（New York：Macmillan Publishing Co.，1975），pp. 212 – 213；Eugene P. Odum, *Ecology and Our Endangered Life-Support Systems*（Sunderland，M. A.：Sinauer Associates，1993）.

② 例如，参见 Ericka Engelstad，“The Late Stone Age of Arctic Norway：A Review，” *Arctic Anthropology* 22，no. 1（1985）：79 – 96。

无二的历史命运。[①]

本章介绍了伴随着全球变暖这一重大事件（通常被称为“大西洋期”），6000～7000 年前，人类开始居住在高纬度地区。北半球的温度达到 10 万多年来从未有过的水平，这对北极地区人类的影响是显著的，考古记录中记录了显著的变化。受影响最大的是北美洲，那里冰川消融加速，开启了人类在加拿大北极地区（Canadian Arctic）和格陵兰岛迅速定居的时代。

欧洲北极

如我们所知，7000～12000 年前，许多欧亚大陆冰消区（白令海和楚科奇海域）的现代人类扩张到北极圈以北。然而，即使在他们占据的沿海地区（如若霍夫岛），也没有大量利用海洋资源的证据。7000 年前，只有在较温和的亚北极环境中，尤其是海洋产品丰富的地方，如阿留申群岛（Aleutians）和阿拉斯加东南沿海，才发展出适应海洋经济的能力。[②]

欧洲北极西北部可能是这种模式的例外情况，在那里科姆萨文化早已形成（见第六章）。虽然考古记录只提供了少量有关科姆萨经济

① William Fitzhugh, “A Comparative Approach to Northern Maritime Adaptations,” in *Prehistoric Maritime Adaptations of the Circumpolar Zone*, ed. by W. Fitzhugh (The Hague: Mouton Publishers, 1975), pp. 339 – 386; Don E. Dumond, *The Eskimos and Aleuts*, rev. ed. (London: Thames and Hudson, 1987).

② William S. Laughlin, “Aleuts: Ecosystem, Holocene History, and Siberian Origin,” *Science* 189 (1975): 507 – 515; Robert E. Ackerman, “Settlements and Sea Mammal Hunting in the Bering-Chukchi Sea Region,” *Arctic Anthropology* 25, no. 1 (1988): 52 – 79; E. James Dixon, *Bones, Boats, and Bison* (Albuquerque: University of New Mexico Press, 1999), pp. 117 – 119.

的信息，但有些人认为它可能代表了对海洋资源的早期适应。[1] 重要的是，由于墨西哥湾暖流（Gulf Stream）的影响，挪威北极海岸在气候和海洋资源方面与上述提到的亚北极海岸十分相似。如果科姆萨人发展了海洋经济，那么在大西洋期之后，考古记录中所观察到的变化可能不像之前设想的那样意义重大。

欧洲考古学家将2000～7000年前的时期称为挪威北极地区的石器时代晚期。虽然根据工艺品和特征的变化区分了几个阶段，但这个时期是一个连续的整体。石器时代晚期，出现了陶器和各种各样的磨制石板工具，也出现了打制石器和武器，但是没有出现科姆萨文化晚期的细石叶技术。石头雕刻艺术很普遍，在很大程度上反映了欧洲北极地区石器时代晚期的生活。[2]

姑且不论之前的原因，石器时代晚期的经济主要是大量利用海洋资源，一些陆地食物作为补充。对瓦朗厄尔峡湾遗址中骨碎片的分析表明，渔业主要包括鳕鱼、鲑鱼和比目鱼，海洋哺乳动物包括海豹、海象、海豚和小鲸鱼，它们与北极熊一起被猎杀，人类在内陆则猎杀驯鹿，鸟类也是食物的一部分。这一经济与其他海洋经济一样，也有相对稳定的食物供应。[3]

在峡湾和岛屿上发现了两种类型的半地下式房屋遗址。较小的地

---

① Gutorm Gjessing, "Maritime Adaptations in Northern Norway's Prehistory," in *Prehistoric Maritime Adaptations of the Circumpolar Zone*, ed. by Fitzhugh, pp. 87－100; Ericka Engelstad, "Mesolithic House Sites in Arctic Norway," in *The Mesolithic in Europe*, ed. by C. Bonsall, pp. 331－337 (Edinburgh: John Donald Publishers, 1989), pp. 335－336.

② Ericka Engelstad, "The Late Stone Age of Arctic Norway: A Review," *Arctic Anthropology* 22, no. 1 (1985): 79－96; Signe E. Nygaard, "The Stone Age of Northern Scandinavia: A Review," *Journal of World Prehistory* 3, no. 1 (1989): 71－116.

③ Anders Hagen, *Norway* (London: Thames and Hudson, 1967), pp. 68－77; Haakon Olsen, "Osteologisk Materiale, Innledning: Fisk-Fugl. Varangerfunnene VI," *Tromsø Museums Skrifter* 7, no. 6 (1967); Fitzhugh, "Comparative Approach," pp. 356－357.

屋是卡尔布尔式（Karlebotn type），占地面积20~50平方英尺（7~15平方米），有一个石砌壁炉。较大的是出现在3500~5000年前的格雷斯巴肯式（Gressbakken），占地面积100~160平方英尺（30~50平方米），内部有两个大壁炉，通常和堆满贝壳和骨头的垃圾箱或垃圾堆连在一起。有些遗址中有大量的房屋，但很明显这些房屋是在不同时期建造的。然而，这种模式表明了定居模式的拓展，至少是一种不经常迁徙的定居方式，一些考古学家认为已经具备了很高的社会化程度。[①]

狩猎和捕鱼工具包括鱼叉、钓竿、鱼钩、打制和磨制石镞、刀和其他器具。石板的打磨和抛光是北极海洋人类特有的一种石器工艺，这一技术在北极地区得到了传播。许多家居用品，如骨针和梳子，也是北极文化的典型特征。石器时代晚期的人类以雪橇和船（或者也许是从他们的前辈科姆萨人那里继承）作为运输工具，这些可以从岩石艺术中找到证据。[②]

事实上，这些人就是他们自己的民族志学家，他们通过岩石雕刻，详细记录了狩猎和捕鱼活动、物质文化和仪式，在阿尔塔峡湾（Alta Fjord）发现了数以千计的雕刻品。除了船和雪橇，他们也描绘了麋鹿、驯鹿和各种鸟类，还设计了几何图案。[③]

---

① Povl Simonsen, "When and Why Did Occupational Specialization Begin at the Scandinavian North Coast?" in *Prehistoric Maritime Adaptations of the Circumpolar Zone*, ed. by Fitzhugh, pp. 75 – 85; M. A. P. Renouf, "Northern Coastal Hunter-Fishers: An Archaeological Model," *World Archaeology* 16, no. 1 (1984): 18 – 27.

② Povl Simonsen, "Varanger-Funnene II. Fund og Udgravninger på Fjordens Sydkyst," *Tromsø Museums Skrifter* 7, no. 2 (1961); Hagen, *Norway*, pp. 73 – 75; Knut Helskog, "Boats and Meaning: A Study of Change and Continuity in the Alta Fjord, Arctic Norway, from 4200 to 500 Years B. C.," *Journal of Anthropological Archaeology* 4 (1985): 177 – 205; Gjessing, "Maritime Adaptations in Northern Norway's Prehistory," p. 90.

③ Helskog, "Boats and Meaning"; Nygaard, "The Stone Age of Northern Scandinavia," pp. 97 – 98.

图 7-1　挪威北部石器时代晚期描绘雪橇上人物的石雕

资料来源：Roberto Bosi, *The Lapps* (London: Thames and Hudson, 1960), fig. 10。

图 7-2　萨米人的鱼堰

资料来源：Roberto Bosi, *The Lapps* (London: Thames and Hudson, 1960), fig. 34。

与北极其他族群相比，居住在欧洲北极的人类与南方文化接触较多，受南方文化的影响更大。这是因为他们更加接近挪威南部、瑞典和其他地区的权力扩张中心，相对温和的气候可能是另一个原因。在石器时代晚期，陶器显然是从外地引进的，最早的形式是梳点纹陶器风格（Comb ceramic style），出现在6000多年前，似乎是来自芬兰南部。4500年前，有一段时间陶器变得稀少，之后出现了含有石棉的陶器，也来自南方。[①]

大约6000年前，芬兰的陶器流通到俄罗斯欧洲部分的最北部。这里海洋经济的发展似乎比挪威北极海岸晚一些。4500年前，人类在白海（White Sea）沿岸捕猎海豹和鲸鱼。在内陆森林地区，猎捕的鹿和捕捞的淡水鱼在一定程度上补充了食物来源。当地的岩石艺术表明，捕鱼工具显然包括大型船只。[②]

大约2000年前发生的重大改变，标志着欧洲北极地区进入铁器时代。在有些地方，如凯尔莫伊（Kjelmoy）（瓦朗厄尔峡湾地区），第一批铁制品与人们熟知的石器时代晚期的技术一起出现，俄罗斯北部青铜器和当地的青铜器铸造可能出现得还要早。2000年前之后，出现了驯鹿放牧和一些植物的种植，但是也有证据表明，它们在更早之前就出现了。[③]

从铁器时代开始，居住在挪威北极海岸和俄罗斯西北部人类的族群身份是清晰的。他们是萨米人（以前称为拉普兰人），今天仍然居住在这一地区，他们可能是石器时代晚期人类的后裔。向东沿着白海和巴伦支海海岸居住的是涅涅茨人（Nenets people），在历史时期他们仍然继续发展海洋经济（包括捕鲸）。[④]

---

① Hagen, *Norway*, pp. 69 – 74.

② N. N. Gurina, "Neolit Lesnoi i Lesostepnoi Zon Evropeiskoi Chasti SSSR," in *Kamennyi Vek na Territorii SSSR*, ed. by A. A. Formozov (Moscow: Nauka, 1970), pp. 134 – 156; Tadeusz Sulimirski, *Prehistoric Russia: An Outline* (London: John Baker, 1970); N. N. Gurina, "O Nekotopykh Obshchikh Elementakh Kul'tury Drevnikh Plemen Kol'skogo Poluostrova i ikh Sosedei," in *Paleolit i Neolit*, ed. by V. P. Liubin (Leningrad: Nauka, 1986), pp. 83 – 92.

③ Hagen, *Norway*, pp. 133 – 134; Engelstad, "The Late Stone Age of Arctic Norway," pp. 88 – 90; Sulimirski, *Prehistoric Russia*, pp. 328 – 329.

④ E. D. Prokof'yeva, "The Nentsy," in *The Peoples of Siberia*, eds. by M. G. Levin and L. P. Potapov (Chicago: University of Chicago Press, 1964), pp. 547 – 570; Roberto Bosi, *The Lapps* (London: Thames and Hudson, 1960); Aage Solbakk, ed., *The Sami People* (Karasjok, Norway: Sámi Instituhtta/Davvi Girji O. S., 1990); Knut Odner, *The Varanger Saami: Habitation and Economy AD 1200 – 1900* (Oslo: Scandinavian University Press, 1992).

与北极地区其他地方一样，后期得以保存的孤立的土著文化为了解史前历史提供了一个窗口。历史记载、人种学研究、萨米人和涅涅茨人的传统知识不仅填补了考古学记录中经济和社会方面的空白，而且也让我们了解了他们用文字和其他符号来诠释世界的方式。

西伯利亚的新石器时代

在西伯利亚，俄罗斯考古学家采用了与欧洲考古学家使用的相同的分类框架。人类过去的遗迹按照阶段序列分类，如石器时代晚期［或新石器时代（Neolithic）］、青铜时代等。19 世纪，这个框架在欧洲西部形成，反映了当时的主流观点，即所有文化发展都有一系列演变阶段。[①]

北极的考古记录，可能也包括亚北极，并不是特别适用这个框架。即使那里持续不断的变化显而易见，但并不遵循欧洲中纬度地区的阶段，其考古学相关性意义不同。在传统的框架中，陶器的出现标志着新石器时代的开始，与乡村定居生活和农业生产联系在一起。但在北极地区，陶瓷技术是与其他发展相联系的。事实上，北极人对陶器的态度似乎有些矛盾，一些北极人有时会停止制作陶器。[②]

然而，在大约 7000 年前的大西洋温暖期，即西伯利亚新石器时代开端，陶器出现在勒拿河盆地中部。陶罐的表面有网印，边沿经常

---

① Bruce G. Trigger, *A History of Archaeological Thought* (Cambridge: Cambridge University Press, 1989), pp. 73 – 147.

② 如前所述，北极挪威石器时代晚期的人类似乎在 5000 年前就放弃了制作陶器，尽管后来他们重新制陶（参见 Engelstad, "The Late Stone Age of Arctic Norway," pp. 82 – 83）。另一个例子是阿拉斯加西北部的伊皮尤塔克人，毫无疑问，伊皮尤塔克人是陶器制造者的后裔，却没有使用陶器（参见 Dumond, *The Eskimos and Aleuts*, pp. 114 – 118）。

有凹口，类似于环绕的线绳。这种陶器与在阿尔丹河别尔卡奇 1 号遗址（Bel'kachi I）中发现的瑟阿拉赫（Syalakh）文化有关。瑟阿拉赫人制作了一套类似于他们的祖先——苏姆纳金人的石器，如圆柱形石核和小石叶，不过增加了精致的剥片双面尖状器和磨制石锛，非石器工具有倒钩骨镞。①

瑟阿拉赫文化迅速传播到西伯利亚北极海岸地区，不久又扩展到先前受苏姆纳金文化影响的地区。从西部的泰米尔半岛到东部的楚科奇，都能找到以网印为特征的陶器碎片。② 人口或文化围绕北极部分地区迅速扩散或传播是一种在以后 1000 年中会重复出现的模式。

尽管瑟阿拉赫人出现在北极沿海地区和楚科奇地区，但他们的遗址并没有显示任何向利用海洋资源转变的趋势。经济发展仍然集中在亚北极森林居住区，值得注意的是，那时森林已经向北扩展到以前的苔原地区。遗址面积不大，随处可见驼鹿和驯鹿的遗骸，驯鹿在苔原环境中尤为常见。但很明显 ，他们对湖泊和河流捕鱼业的依赖性日渐增加，③ 这也许与推广陶器有关。

大约 6000 年前，瑟阿拉赫文化被别尔卡奇文化（Bel'kachinsk culture）取代，出现了一种新型压印绳纹陶器，同时继续制作使用小石叶、精细的剥片双面尖状器和磨制石锛。在河流交汇处发现了这些遗址，经济以捕猎驼鹿和其他陆地哺乳动物，以及捕鱼和猎获鸟类为主。④

---

① Yu. A. Mochanov, *Arkheologicheskie Pamyatniki Yakutii: Basseiny Aldana i Olekmy* (Novosibirsk: Nauka, 1983), pp. 16 – 17; Ackerman, "Settlements and Sea Mammal Hunting," p. 23.

② Mochanov, *Arkheologicheskie Pamyatniki Yakutii*, p. 17; Yu. A. Mochanov et al., *Arkheologicheskie Pamyatniki Yakutii: Basseiny Vilyuya, Anabara i Oleneka* (Moscow: Nauka, 1991), p. 16.

③ Mochanov, *Arkheologicheskie Pamyatniki Yakutii*, p. 17.

④ Yu. A. Mochanov, "The Bel'kachinsk Neolithic Culture on the Aldan," *Arctic Anthropology* 6, no. 1 (1969): 104 – 114; Ackerman, "Settlements and Sea Mammal Hunting," p. 23.

与先前的文化一样，别尔卡奇文化向北传播到西伯利亚北极地区，影响了泰米尔和楚科奇东部之间的地区。不过，它似乎进一步扩展到了楚科奇东北部和鄂霍次克海（Sea of Okhotsk）沿岸。[①] 虽然别尔卡奇人关注的是内陆，但显然他们越过了白令海峡，并在阿拉斯加西部定居下来。[②]

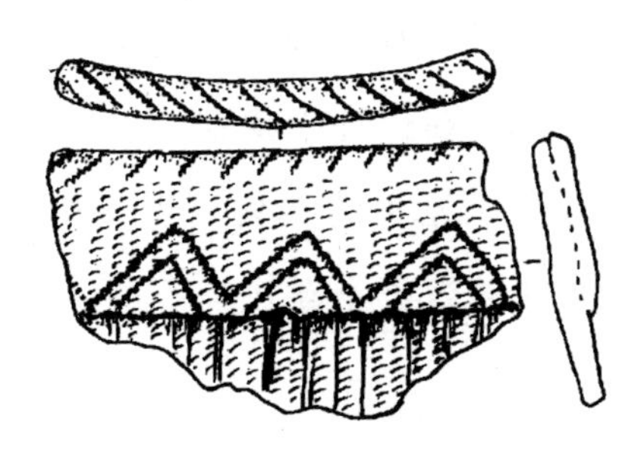

图 7－3　苏姆纳金 2 号遗址中发现的绳纹陶器碎片（别尔卡奇文化）

资料来源：Yu. A. Mochanov, *Arkheologicheskie Pamyatniki Yakutii: Basseiny Aldena i Olëkmy*（Novosibirsk: Nauka, 1983）, fig. 87。

1948 年，美国考古学家路易斯·吉丁斯（Louis Giddings）在阿拉斯加诺顿湾（Norton Sound）的一处遗址中发现了西伯利亚新石器时期典型的精细剥片双面尖状器、小石刀、磨制石锛和其他器物。这个遗址和其他类似的遗址属于登比－弗林特（Denbigh Flint）遗址群，最早可追溯到4500 年前的别尔卡奇文化末期。虽然在这些遗址中没有发现陶器，但吉丁斯和其他人意识到这些遗址与西伯利亚新石

① Mochanov, "The Bel'kachinsk Neolithic Culture," pp. 111－113.

② Chester S. Chard, *Northeast Asia in Prehistory*（Madison: University of Wisconsin Press, 1974）, p. 74; W. R. Powers and R. H. Jordan, "Human Biogeography and Climate Change in Siberia and Arctic North America in the Fourth and Fifth Millennia BP," *Philosophical Transactions of the Royal Society London A* 330（1990）: 665－670.

器时期有联系，最近的发现也证明了这种联系。[1] 登比 - 弗林特遗址群成为最终延伸到北美北极地区的文化源泉，它在阿拉斯加出现是考古学上的一件大事。

大约 4500 年前，陶器风格在西伯利亚新石器时期［伊米亚克塔赫文化（Ymyyakhtakh culture）］末期再次改变，新型陶器印有格子纹饰。与此同时，石器技术也有一些细微变化，西伯利亚南部引进并开始制造青铜器，这些都能在遗址中找到。然而，在整个过程中，技术、经济或社会都没有发生显著的变化。当 2500 年前西伯利亚进入铁器时代时，欧洲最北部的人类是欧亚唯一适应北极海洋环境的代表族群。[2]

古爱斯基摩人的世界

7000 年前大西洋温暖期开始时，大部分北美北极地区无人居住。尽管冰川日渐缩小，但部分加拿大北极地区仍然被冰川覆盖。虽然在冰川纪后期的早期阶段，印第安人已经进入加拿大东部中部的亚北极地区，但在白令海峡以东，北极人类居住区仅限于阿拉斯加和加拿大

---

① J. Louis Giddings, *The Archeology of Cape Denbigh* (Providence, R. I.: Brown University Press, 1964), pp. 191 - 266; J. Louis Giddings, *Ancient Men of the Arctic* (New York: Alfred A. Knopf, 1967), pp. 246 - 276. 5000 年前登比 - 弗林特遗址群被人类占据，参见 Roger K. Harritt, "Paleo-Eskimo Beginnings in North America: A New Discovery at Kuzitrin Lake, Alaska," *Etudes/Inuit/Studies* 22, no. 1 (1998): 61 - 81。

② Yu. A. Mochanov, "The Ymyiakhtakh Late Neolithic Culture," *Arctic Anthropology* 6. no. 1 (1969): 115 - 118. 一些有关原始海洋经济的证据可以追溯到大约 3500 年前，这些证据来自弗兰格尔岛，后面会讨论。参见 N. N. Dikov, *Drevnie Kul'tury Severo-Vostochnoi Azii* (Moscow: Nauka, 1979), pp. 165 - 168。大部分西伯利亚西部和中部的北极海岸地区在历史时期仍没有海洋经济。这个地区的恩加纳桑人、尤卡吉尔人和其他土著以陆地哺乳动物、鸟类和鱼类以及驯鹿为生。参见 M. G. Levin and L. P. Potapov, eds., *The Peoples of Siberia*, trans. by Stephen Dunn (Chicago: University of Chicago Press, 1964)。

西北部。[1]

大西洋期开始阶段，一种全新的文化出现在阿拉斯加。北部古代传统文物遍布该州内陆，有时在海岸上也会发现。边刃刻槽石镞代表了这类文物的特点，但后来其他类型的双面尖状器也比较普遍。大多数北极遗址是在内陆森林中发现的，很难发现保存完好的非石制器物。所以，对木制和骨制器物的制作技术和人类经济模式所知甚少，但可以肯定其经济模式的重心是北方森林资源。[2]

定居加拿大中部和阿拉斯加北部的印第安人的古代传统在许多方面与先前描述的西伯利亚新石器时代的文化相似。这些印第安人似乎代表了1.2万年前适应北方内陆森林居住地的人类，在后冰川期早期和大西洋温暖时期，由于气候持续变暖，他们随后向北移动。

登比－弗林特遗址群在大西洋温暖时期末期出现，标志着阿拉斯加历史上的又一次突然转变。大多数考古学家认为登比－弗林特遗址群代表着欧洲以外地区的经济向北极海洋经济的第一次转变。然而，虽然在位于诺顿湾的原始登比－弗林特遗址中发现了一些烧焦的海豹骨头，但保存下来的骨头并不多见，而且大多数有关饮食和经济的推断都是以加拿大北极相关遗址中的石器和其他信息为依据的。[3]

除了一组典型的别尔卡奇石器（Bel' kachinsk assemblage of stone artifacts）外，登比－弗林特遗址群中还发现了端刃石刀和边刃石刀，

---

① Robert McGhee, *Canadian Arctic Prehistory* (Hull, Quebec: Canadian Museum of Civilization, 1990), pp. 4 – 12.

② Douglas D. Anderson, "A Stone Age Campsite at the Gateway to America," *Scientific American* 218, no. 6 (1968): 24 – 33; E. James Dixon, "Cultural Chronology of Central Interior Alaska," *Arctic Anthropology* 22, no. 1 (1985): 47 – 66; Dumond, *The Eskimos and Aleuts*, pp. 47 – 54.

③ Giddings, *The Archeology of Cape Denbigh*, p. 233; Dumond, *The Eskimos and Aleuts*, pp. 79 – 93.

这两种工具都与后来捕猎海洋哺乳动物的镖枪有关。在加拿大北极地区（后文描述）类似的遗址中有保存下来的骨制品，发现了镖枪头、长矛、鱼叉和其他海洋捕猎工具，在加拿大遗址中也发现了海豹和海象的遗骸。[①]

登比－弗林特遗址群位于阿拉斯加西部和西北海岸，晚期定居点出现在北部海岸的瓦拉科帕［Walakpa，靠近巴罗（Barrow）］。这些遗址中的住所很小，似乎是季节性的暂住之地。在西北部的内陆，如科伯克河（Kobuk River）上的“洋之路”（Onion Portage）等地，发现了其他遗址，这些遗址有人类在寒冷月份使用房屋的遗迹。毫无疑问，内陆遗址用来狩猎驯鹿。这些遗址凸显了登比经济的混合模式，在此居住的族群人数不多，经常迁徙，高度依赖陆地资源。[②]

方框 5　北半球的气候变化

7000 年前

自 1.2 万年前更新世末期以来，北半球经历了间冰期，温度波动与更新世中期和晚期的极端变化相比相对较小。然而，在温

---

① Giddings, *The Archeology of Cape Denbigh*, pp. 229－233; Moreau S. Maxwell, *Prehistory of the Eastern Arctic* (Orlando, F. L.: Academic Press, 1985), pp. 77－98; Dumond, *The Eskimos and Aleuts*, pp. 80－84. 吉丁斯认为端刃的尺寸范围表明它们被用作捕猎鱼叉头来捕食小海豹、大海象或须海豹。

② Dennis J. Stanford, *The Walakpa Site, Alaska: Its Place in the Birnirk and Thule Cultures* (Smithsonian Contributions to Anthropology, no. 20, 1976), pp. 10－17; Dumond, *The Eskimos and Aleuts*, pp. 82－85; Douglas D. Anderson, "Prehistory of North Alaska," in *Handbook of the North American Indian*, vol. 5, *Arctic*, ed. by D. Damas (Washington, D. C.: Smithsonian Institution, 1984), pp. 80－93; Douglas D. Anderson, *Onion Portage: The Archaeology of a Stratified Site from the Kobuk River, Northwest Alaska* (Anthropological Papers of the University of Alaska, vol. 22, nos. 1－2, 1988), pp. 73－102.

带的农业社会，这些变化对食物生产和人口增长有显著的影响。即使年平均气温的微小变化（华氏2～3度或1～2摄氏度）也对亚北极和北极地区的定居和经济有重要影响。①

过去7000年间，气候变化的信息来源很丰富。虽然从冰芯中可以得到氧同位素记录，但是从湖泊和泥炭沼泽中提取的年代久远的花粉芯为确定时间范围提供了主要框架。其他的数据来源包括植物大化石、甲虫群组、软体动物、树木年轮数据等。在过去的几千年里，书面的历史资料为了解过去的气候提供了特别有价值的信息。②

5700～7800年前，大西洋温暖时期是后冰川期［全新世（Holocene epoch）］气候最佳的时期。在北半球，7月的平均温度有所上升，比现在高华氏3.5度（2摄氏度），接下来的2000年里，温暖的气候一直持续。但大约2500年前，开始下降到比现在温度低华氏2度（1摄氏度）的水平。最近2500年有时被称为亚大西洋（Sub-Atlantic）温暖时期。但是，1000～1450年前（即中世纪温暖期），有一段时间温度稍微上升，形成了一个温暖期。紧随其后的是小冰河时期，当时的年平均气温比现在低1～2摄氏度。③

---

① 例如，参见 Hubert H. Lamb, *Climate, History, and the Modern World*, 2nd ed. (London, Routledge, 1995); Brian M. Fagan, *The Little Ice Age: How Climate Made History, 1300－1850* (New York: Basic Books, 2000)。

② 例如，参见 Astrid E. J. Ogilvie, "Documentary Evidence for Changes in the Climate of Iceland, A. D. 1500 to 1800," in *Climate since A. D. 1500*, eds. by R. S. Bradley and P. D. Jones (London: Routledge, 1992), pp. 92－117。

③ H. E. Wright et al., eds., *Global Climates since the Last Glacial Maximum* (Minneapolis: University of Minnesota Press, 1993); Neil Roberts, *The Holocene: An Environmental History*, 2nd ed. (Oxford: Blackwell Publishers, 1998).

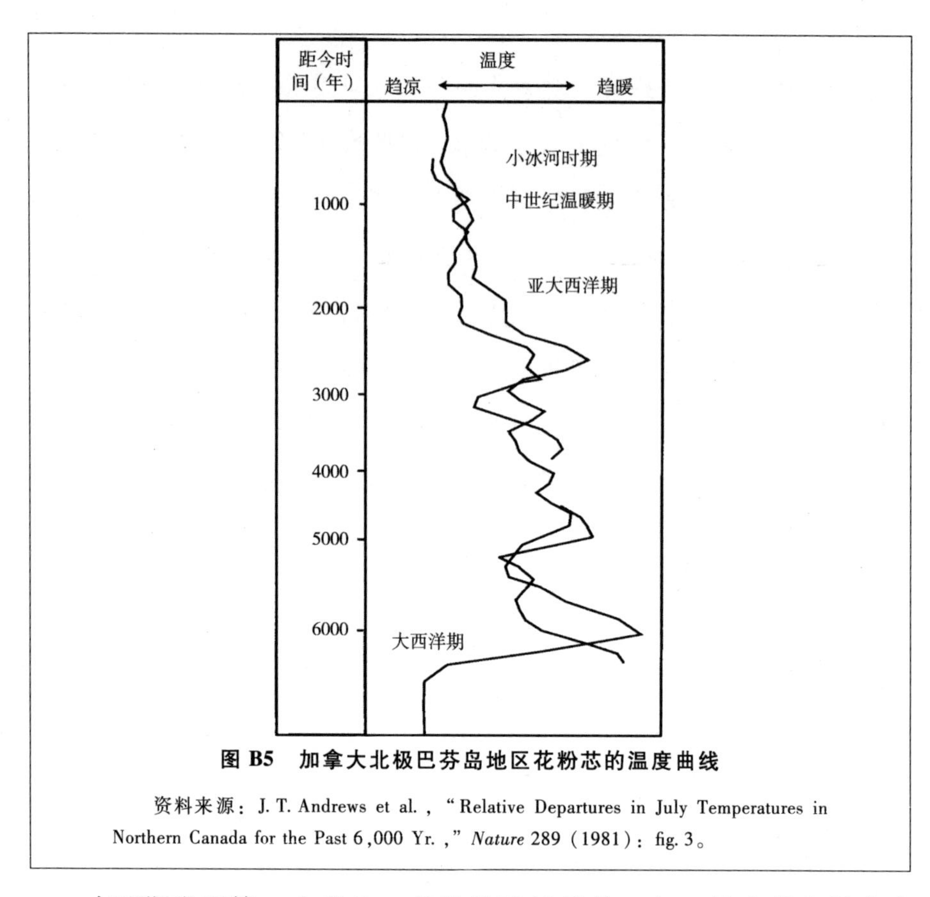

图 B5　加拿大北极巴芬岛地区花粉芯的温度曲线

资料来源：J. T. Andrews et al.，“Relative Departures in July Temperatures in Northern Canada for the Past 6,000 Yr.，” *Nature* 289（1981）：fig. 3。

吉丁斯发现第一个登比－弗林特遗址的前一年，丹麦考古学家康特·埃吉尔·克努斯（Count Eigil Knuth）在格陵兰岛北部（北纬 83 度）的皮里兰（Pearyland）发现一组与登比遗址非常类似的遗迹。随后，它们被认为属于同一类文化系统［即北极小型工具（Arctic Small Tool）］，这被认为是人类在北美中东部北极地区定居的最早证据。克努斯把这一新文化称为“独立峡湾文化”（Independence Culture）（以独立峡湾命名），而且重构人类史前史上最陌生的一段故事。①

① Hans-Georg Bandi, *Eskimo Prehistory*, trans. by A. E. Keep（College：University of Alaska Press, 1969），pp. 157－161；Robert McGhee, *Ancient People of the Arctic*（Vancouver：University of British Columbia, 1996），pp. 30－72.

大约4500年前，居住在独立峡湾的人类向东迁移到格陵兰北部，大约在同一时间登比人出现在阿拉斯加［在“洋之路”的考古发掘报告中提到了稍早的“古登比”（Proto-Denbigh）文化］。虽然气候比现在温暖，但是皮里兰是岩石、砾石和冰雪遍布的极地沙漠。漫长的冬天，黑暗笼罩着大地。然而，各种各样的陆地和海洋哺乳动物以及鱼类和候鸟都在该地区繁衍栖息。[①]

在独立峡湾遗址中发现的动物遗骸表明这里的经济发展与登比人基本相似，但也反映了高北极地区的环境，大量捕猎麝，也捕获包括北极狐、野兔和各种鸟类在内的大量小型猎物，捕捞鳟鱼和红点鲑，猎杀一些海豹和海象。[②]

与高北极地区的晚期文化相比，独立峡湾人类的技术相当有限，克努斯由此得出结论，独立峡湾人类的生活格外艰苦。因为没有猎杀驯鹿，没有合适的兽皮，所以他们的衣服可能是由其他材料制作而成。令人难以置信的是，由于他们缺乏使用海洋哺乳动物油来照明和取暖的知识或能力，所以没有灯。炉膛里有浮木、柳树桩和吃剩的骨头的遗迹，说明火燃烧的次数和时间都很有限。事实上，克努斯推测，冬天的大部分时间，该遗址中居住的人类处于冬眠状态（a kind of torpor）。[③]

大约4000年前，独立峡湾文化从格陵兰北部消失（尽管后来改头换面重新出现）。与此同时，加拿大北极地区中部出现了另一种北极小型工具文化。在哈得孙湾（Hudson Bay）和福克斯湾（Foxe

---

① Anderson, “Prehistory of North Alaska,” p. 84; McGhee, *Canadian Arctic Prehistory*, pp. 29 – 37.

② Maxwell, *Prehistory of the Eastern Arctic*, pp. 61 – 62.

③ Eigil Knuth, “Archaeology of the Musk-Ox Way,” *Contributions du Centre d' Etudes Arctiques et Finno-Scandinaves* 5 (1967); McGhee, *Ancient People of the Arctic*, p. 64.

Basin）北部发现了前多赛特（Pre-Dorset）遗址，那里的陆地和海洋动物资源特别丰富。[①]

尽管很多遗址都位于北极圈以南，一直到北纬 57 度，但是多赛特人的经济是最早的真正的西半球北极海洋经济。显然，海豹和海象是他们的主要食物，驯鹿、鱼类和鸟类作为补充。由于陆地人口的正常波动（也许正是这一原因使独立峡湾人类难逃最终灭绝的厄运），海洋哺乳动物的捕猎可能对维持前多赛特人的定居是至关重要的。[②]

虽然前多赛特人和登比人的石器（如细石叶、雕刻器）相似，但非石器技术可能要复杂得多。前多赛特人制作带有穿过骨线孔的绳线的鱼叉尖头，这一设计可以捕捉受伤逃脱的带着鱼叉尖头的海洋哺乳动物，可以利用绳线在水中找到猎物。他们常用内弯复合弓箭进行陆地狩猎，捕鱼的设备有骨吞饵和倒钩箭镞（可能是鱼叉的一部分），可能还包括在遗址附近发现的一些鱼堰。没有发现船的残骸，但跨越海湾和岛屿的遗址分布表明可能已经出现船只。然而，并没有证据显示狗拉雪橇的出现。[③]

图 7－4　加拿大北极前多赛特人的鱼叉尖头

资料来源：Robert McGhee, *Canadian Arctic Prehistory* (Hull, Quebec: Canadian Museum of Civilization, 1990), plate 3。

与独立峡湾人类相比，前多赛特人使用海洋哺乳动物油作为燃料，放在由皂石做成的小圆灯中燃烧，为在圆顶雪屋中居住提供照

---

① McGhee, *Canadian Arctic Prehistory*, pp. 37 – 51.

② McGhee, *Canadian Arctic Prehistory*, pp. 45 – 48.

③ Bandi, *Eskimo Prehistory*, pp. 136 – 139; Maxwell, *Prehistory of the Eastern Arctic*, pp. 84 – 95.

明。虽然没有发现扁平雪刀的残骸（后期人类用扁平雪刀建造雪屋），但德文岛（Devon Island）和其他地方的圆形建筑被认为是雪屋的遗迹。雪屋提供了一种冬季冰上住宿方式，目的是捕猎作为重要食物来源的环斑海豹。在前多赛特人遗址没有发现建造的房屋，石头圈遗迹表明他们只居住在内有壁炉的帐篷里。[①]

4000年前气候开始变冷，前多赛特人定居大多发生在大西洋温暖时期之后。3500年前，持续降温引发了一些文化变化，3000年前之后的遗址被认为是多赛特文化的一部分。人类建造了大型半地下式冬季房屋，并利用灯（不是内部的壁炉）进行有效取暖。在多赛特遗址群中发现了和冬季冰上捕猎相关的雪刀、雪橇鞋和其他装备。令人奇怪的是很少使用弓箭，这可能反映了捕猎海洋哺乳动物成为重中之重。就多样性和复杂性而言，技术得到了广泛推广。[②]

与此同时，几乎未曾在前多赛特遗址和独立峡湾遗址中出现的艺术也开始普及。事实上，多赛特艺术是如此丰富和复杂，以至于学者们尝试推导出它反映的世界观。熊、海象、海豹、鸟等动物的雕塑有真实和抽象两种风格。人和类人的形象以及相当怪异的面具都是常见的主题。许多艺术可能与魔法信仰和萨满教习俗有关。例如，人和熊的雕像上有时胸部或喉部有洞，洞中插入了一些木条。[③]

大约2000年前，气候开始稍微变暖，就其遗址的数量和大小而言，这时的多赛特人达到了一定高度。住所向北扩展到高北极地区，

---

① McGhee, *Canadian Arctic Prehistory*, p. 40.

② Bandi, *Eskimo Prehistory*, pp. 139 – 142; J. T. Andrews et al., "Relative Departures in July Temperatures in Northern Canada for the Past 6000 Yr," *Nature* 289 (1981): 164 – 167; Maxwell, *Prehistory of the Eastern Arctic*, pp. 129 – 159.

③ William E. Taylor and George Swinton, "Prehistoric Dorset Art," *The Beaver* (winter 1967): 32 – 47; McGhee, *Ancient People of the Arctic*, pp. 149 – 173.

包括格陵兰岛西北部。[①] 在多赛特晚期的一些遗址［如伊格卢利克（Igloolik）遗址］中发现了大型综合建筑，以由长达145英尺（45米）的巨石包围着的炉膛作为中心线构成。这些大型综合建筑通常被称为“长屋”（longhouses），与东欧平原中部的格拉维特遗址中的建筑非常相似（在第五章已有描述）。它们可能用途相似，即短暂家庭聚会时用来招待分散各地的家人。这些聚会可能与暂时的资源（如海象）聚集同时发生，但可以肯定的是聚会是用来加强人与人之间的社会和经济联系的，物资的长途运输也凸显了在广阔区域内发展社会网络的重要性。[②]

多赛特文化和北极小工具传统中的其他文化被归类为古爱斯基摩人（Paleo-Eskimo）文化，以便对它们和随后的因纽特人［或新爱斯基摩人（Neo-Eskimo）］进行基本的区分。[③] 虽然乍一看古爱斯基摩人这一概念类似于考古学家在古世界（Old World）中使用的演化阶段概念，如新石器时代（Late Stone Age）或旧石器时代晚期（Upper Paleolicthic），但实际上并不是这样。古爱斯基摩人是考古遗迹中的一个高阶分类，其文化和分段没有参照连续发展阶段，这种分类法反映了大多数新世界（New World）考古学家的“文化－历史”方法。这是避免强行把北极的各种文化纳入从未发生的进化阶段的一种方法。

---

① Maxwell, *Prehistory of the Eastern Arctic*, pp. 228 – 232.

② Peter Schledermann, “Preliminary Results of Archaeological Investigations in the Bache Peninsula Region, Ellesmere Island, N. W. T.,” *Arctic* 31, no. 4 (1978): 459 – 474; Maxwell, *Prehistory of the Eastern Arctic*, pp. 232 – 233; Maribeth S. Murray, “Local Heroes: The Long-Term Effects of Short-Term Prosperity—an Example from the Canadian Arctic,” *World Archaeology* 30, no. 3 (1999): 466 – 483; John F. Hoffecker, *Desolate Landscapes: Ice-Age Settlement of Eastern Europe* (New Brunswick, N. J.: Rutgers University Press, 2002), pp. 244 – 246.

③ Kaj Birket-Smith, *The Eskimos* (London: Methuen, 1959); Giddings, *Ancient Men of the Arctic*, pp. 69 – 71; McGhee, *Ancient People of the Arctic*, pp. 5 – 11.

大约 1000 年前，古爱斯基摩人突然消失。虽然多赛特文化的独立元素（如圆顶雪屋）可能以某种形式保存下来，也许被后来的北极人采用，但大部分古爱斯基摩人的物质文化消失了，制作这些器物的人可能也消失了。它们被一种 1000 年前出现在白令海的新文化取代，这种文化随后传播到大部分北极地区。

捕鲸人与勇士：图勒人的革命

从 15 世纪末开始，欧洲探险家开始探索北部水域，最初环绕格陵兰岛和加拿大东部，后来在西伯利亚和阿拉斯加之间探索。他们最终发现格陵兰岛的土著人和白令海峡地区的人说相同的语言。因纽特语在全球 1/4 ~ 1/2 的地区内使用，这是其他任何语言无法比拟的。①

现代因纽特人是考古学家称之为图勒人（以格陵兰岛西北部的一个定居点命名）的直系后代。2000 多年前，许多相关技术和社会组织的发展始于白令海地区，图勒文化是它们的产物。公元 1000 年后，技术和社会发展使因纽特人的阿拉斯加祖先迅速扩展到北极中部和东部，创造了到此探险的欧洲人所看到的高度统一的文化。

虽然图勒文化起源的时间和地点众所周知，但其产生的历史过程仍然不清楚，这实际上是北极史前史研究的中心问题。图勒文化始于楚科奇和圣劳伦斯岛（St. Lawrence Island）的旧白令海（Old Bering Sea）和奥克维克文化（Okvik cultures）（或阶段），始于基督教时代

---

① Dumond, *The Eskimos and Aleuts*, pp. 11 – 31. 英语从大不列颠传播到新西兰，从纵向上看，涵盖了相当广泛的范围，但在这个范围内说英语的人的分布并不连续。

开始前，一直持续到公元700年。但从族群和思想方面来看，不能对现有的资料进行充分的解释。一些考古学家认为，在阿拉斯加西部居住的人类是导致图勒文化最终产生的主要催化剂，其他人则认为东北亚人类对图勒文化的影响更显著。在这一点上，大多数人认为图勒文化来源各不相同，过程错综复杂。[①]

在楚科奇海的白令海峡有一种古老的北极海洋经济存在的痕迹。大约3500年前，一些族群在阿拉斯加科策布湾（Kotzebue Sound）的克鲁塞恩斯坦角（Cape Krusentsern）宿营，他们建造了两套大房子、五套冬天住的房子、五套夏天住的房子，还留下了一大堆鲸骨和石刀，这些石刀与后来捕鲸用的镖枪头相似。吉丁斯为这些族群的文化创造了一个术语——古捕鲸文化（Old Whaling Culture），但他们的起源和生活仍然是一个谜。[②] 然而，若干年后，俄罗斯考古学家在弗兰格尔岛（楚科奇半岛北部海岸）发现了一个十分类似的定居点，并且可以追溯到同一时期。[③] 但这些遗址与后来文化发展的关系是未知的。

3500年前，阿拉斯加西部发生了变化，捕猎海洋哺乳动物明显增加。在登比-弗林特文化系统之后人类开始使用陶器，建造大房子[科利斯阶段（Choris phase）]。石器与登比人的相似，而且包括磨制石刀和灯。各种各样的非石器具被保存下来，如倒钩飞镖、有链箭

① 例如，参见 Ackerman, "Settlements and Sea Mammal Hunting," pp. 67–68; McGhee, *Canadian Arctic Prehistory*, pp. 74–82; Don E. Dumond, "The Norton Tradition," *Arctic Anthropology* 37, no. 2 (2000): 1–22。

② Giddings, *Ancient Men of the Arctic*, pp. 223–245; Anderson, "Prehistory of North Alaska," p. 85.

③ Dikov, *Drevnie Kul'tury Scvero-Vostochnoi Azii*, pp. 165–168; Robert E. Ackerman, "Prehistory of the Asian Eskimo Zone," in *Handbook of the North American Indian*, vol. 5, *Arctic*, ed. by Damas, pp. 106–118.

镞、矛支架、转环等。在内陆地区（如洋之路）猎杀驯鹿，在沿海捕猎海豹和海象。[①]

约 2500 年前，继科利斯时期之后进入诺顿时期（Norton phase），吉丁斯在利亚泰耶特（Lyatayet）首次接触诺顿文化并为之命名。诺顿时期与西伯利亚晚期新石器时代装饰着压印格子纹的陶器类似。这些遗址较大，尤其是在诺顿湾，包括带有长入口隧道的半地下式冬季房屋。用简单的触发式镖枪捕猎海洋哺乳动物，大量的刻槽石网坠说明新的捕鱼技术被广泛使用，这可能解释了白令海峡北部地区人类较少定居的原因（因为那里较低的水温限制了鱼群数量）。[②]

诺顿时期，旧白令海/奥克维克文化出现在白令海峡对岸。这些遗址在楚科奇［如巴拉诺夫角（Cape Baranov）］和圣劳伦斯岛沿海被发现，它们的出现标志着复杂技术的重大发展，其中包括与捕猎海洋哺乳动物相关的重大创新。触发式镖枪与可拖曳的漂浮器配合使用堪称完美，建造大型木架蒙皮船（umiak），适合在开阔的深海中追捕鲸鱼。复杂的技术包括投掷板、弓箭、多叉鸟矛、手拖雪橇，以及许多其他不知道有何功能的小工具。还有大量的机械设备，磨制石锛代替了大部分打制石器，陶器外观变得更简单、更粗糙。[③]

尽管定居在鲸鱼的春季洄游路线上，但在旧白令海/奥克维克文化时期捕猎活动仍比较有限。狩猎的重点还是海豹和海象，也捕猎驯

---

① Giddings, *Ancient Men of the Arctic*, pp. 200 – 222; Anderson, *Onion Portage*, pp. 103 – 112; Dumond, "The Norton Tradition," pp. 9 – 13.

② Giddings, *Ancient Men of the Arctic*, pp. 175 – 199; John Bockstoce, *The Archaeology of Cape Nome, Alaska* (University Museum Monograph, no. 38), pp. 31 – 58; Dumond, "The Norton Tradition," pp. 2 – 6.

③ A. P. Okladnikov and N. A. Beregovaya, *Drevnie Poseleniya Baranova Mysa* (Novosibirsk: Nauka, 1971); Ackerman, "Prehistory of the Asian Eskimo Zone," pp. 108 – 109.

鹿和其他陆生动物。这些遗址的面积不大，但包括半地下式的冬季房屋。楚科奇半岛至少有乌厄连和埃文（Uelen and Ehven）两个地方修建了大型墓地，这有利于形成复杂的社会关系网络。埋葬死者的墓穴中有鲸鱼骨和许多随葬品。①

与诺顿文化相比而言，旧白令海/奥克维克文化创造了一个精致的艺术体系。他们雕刻人物和动物，用抽象的几何图案装饰镖枪头、防雪镜、针盒以及其他器具。后者包括奇怪的“有翼物体”（winged objects），它们可能用来充当镖枪的平衡器。和多赛特文化的情况一样，大部分艺术可能与巫术活动和处理超自然事务有关。②

公元500年后，物质文化和定居点分布都发生了变化。在楚科奇和圣劳伦斯岛（普努克时期）的沿海海岬上出现了许多较大的遗址，包括垃圾堆和鲸骨，这些都与日益重视捕鲸息息相关。普努克遗址中还出现了板条铠甲、改进的弓箭武器和象牙匕首，这些都是袭击与战争的证据。③

大约同时，白令海峡两岸也出现较小的遗址，沿着阿拉斯加北海岸向东延伸［比尔尼克时期（Birnirk phase）］。虽然只有几座房屋，

---

① Henry B. Collins, *Archaeology of St. Lawrence Island, Alaska* (Smithsonian Miscellaneous Collections, vol. 96, no. 1, 1937); Froelich G. Rainey, "Eskimo Prehistory: The Okvik Site on the Punuk Islands," *Anthropological Papers of the American Museum of Natural History* 37, no. 4 (1941): 443 - 569; S. I. Rudenko, "The Ancient Culture of the Bering Sea and the Eskimo Problem," *Arctic Institute of North America*, *Anthropology of the North*, *Translations from Russian Sources*, no. 1 (1961).

② Bandi, *Eskimo Prehistory*, pp. 67 - 81; Dumond, *The Eskimos and Aleuts*, pp. 118 - 125.

③ Collins, *Archaeology of St. Lawrence Island, Alaska*; Henry B. Collins, "The Arctic and Subarctic," in *Prehistoric Man in the New World*, eds. by J. D. Jennings and E. Norbeck, pp. 85 - 114 (Chicago: University of Chicago Press, 1964), pp. 90 - 101; Ackerman. "Prehistory of the Asian Eskimo Zone," pp. 109 - 113: Owen K. Mason, "Archaeological Rorshach in Delineating Ipiutak, Punuk and Birnirk in NW Alaska: Masters, Slaves, or Partners in Trade?" in *Identities and Cultural Contacts in the Arctic*, eds. by M. Appelt, J. Berglund and H. C. Culløv (Copenhagen: Danish National Museum and Danish Polar Center, 2000), pp. 229 - 251.

但这些遗址包含了由旧白令海人/奥克维克人开发的大部分复杂技术的元素。与后期相比，这时的捕鲸技术显然有限，但仍有可能是比尔尼克经济的重要组成部分。[①]

公元500年，白令海峡地区逐渐出现了复杂的疆界划分。一些族群可能为了控制最富裕的海洋哺乳动物狩猎地区而进行争夺。[②] 其中最引人注目的是伊皮尤塔克文化，它在诺顿文化基础上发展起来，形成于阿拉斯加的楚科奇海岸。最大的伊皮尤塔克定居点位于波因特霍普（Point Hope，亦译作“希望角”），那里有数百栋房屋和100多座坟墓。尽管数量较多，很多房子可能居住时间不同，因为在波因特霍普的定居是季节性的。和他们的祖先登比人和诺顿人一样，伊皮尤塔克人往返于海岸和内陆之间，他们的经济是海陆捕猎的混合经济。[③]

令人费解的是，伊皮尤塔克人放弃了诺顿人技术中的关键元素，如磨制石板、灯和陶器。他们的海洋哺乳动物捕猎设备比普努克人/比尔尼克人的简单，显然主要用于猎杀海豹。尽管伊皮尤塔克人未能开发他们的捕鲸潜力，但波因特霍普有足够的产出，能维持大规模聚居。事实上，埋葬的差异表明了社会地位的不同。有些尸体在埋葬前被肢解；另一些尸体在埋葬前则戴着奇特的死亡面具。这种艺术风格常被称为“斯基泰-西伯利亚”（Scytho-Siberian），描绘的是神奇的海豹、熊和像人类一样的生物。许多考古学家认为有权有势的萨满巫

① James A. Ford, *Eskimo Prehistory in the Vicinity of Point Barrow, Alaska* (Anthropological Papers of the American Museum of Natural History, vol. 47, 1959), p. 1; Stanford, *The Walakpa Site, Alaska*; Dumond, *The Eskimos and Aleuts*, pp. 131-133.

② Owen K. Mason, “The Contest between the Ipiutak, Old Bering Sea, and Birnirk Polities and the Origin of Whaling during the First Millennium A. D. along Bering Strait,” *Journal of Anthropological Archaeology* 17 (1998): 240-325.

③ Helge Larsen and Froelich Rainey, *Ipiutak and the Arctic Whale Hunting Culture* (Anthropological Papers of the American Museum of Natural History, vol. 42, 1948); Giddings, *Ancient Men of the Arctic*, pp. 102-150; Anderson, “Prehistory of North Alaska,” pp. 88-90.

图 7－5　波因特霍普伊皮尤塔克人的死亡面具

资料来源：Helge Larsen and Froelich Rainey, *Ipiutak and the Arctic Whale Hunting Culture*, Anthropological Papers of the American Museum of Natural History, vol. 42（1948）, fig. 39。

师主宰着伊皮尤塔克社会。①

第一个千年期间，气候总体上是温暖的，但在公元 900 年，气候发生了短暂的寒冷波动。伊皮尤塔克人在此时消失，原因尚不清楚，波因特霍普随后被图勒人或因纽特人占据，他们今天仍然居住在那里。随着中世纪温暖期的来临（见第一章），气候在一个百年内再次变暖。海冰覆盖范围的缩小改善了广阔海域的捕鲸条件，旧白令海人/奥克维克人的后代，现在划属图勒人，他们对复杂技术捕猎鲸鱼达到了前所未有的规模。②

弓头鲸（Balaena mysticetus）的平均体重为 100 吨，为人类提供

① Larsen and Rainey, *Ipiutak and the Arctic Whale Hunting Culture*, pp. 119－146; Mason, "Contest," pp. 271－281.

② Robert McGhee, "Speculations on Climate Change and Thule Culture Development," *Folk* 11/12 (1970): 173－184; J. T. Andrews and G. H. Miller, "Climatic Change over the Last 1000 Years, Baffin Island, N. W. T.," in *Thule Eskimo Culture: An Anthropological Retrospective*, ed. by A. P. McCartney (Ottawa: National Museums of Canada, 1979), pp. 541－554; Ackerman, "Settlements and Sea Mammal Hunting," p. 68.

了大量食物、燃料和材料。春天向北洄游时，人类通过大规模捕猎鲸鱼来满足日益扩大的村庄的需求。驾驶木架蒙皮船在开阔水域猎杀鲸鱼需要船长带领捕鲸队队员，差不多形成了一个军事组织。①

公元1000年后，图勒人的定居点迅速扩展到阿拉斯加州南部，并且向东扩展到北极中部，那里是鲸鱼的夏季觅食区。在小路沿途的村落遗址（每个遗址由几所房屋组成）中发现了图勒人的镖枪头和大量的鲸鱼骨，这使考古学家能够追踪到图勒人向加拿大北部迅速扩张的路径。到公元1300年，图勒人已到达格陵兰岛北部。②

如果说有时古爱斯基摩人放弃了已被证实的技术（如灯），那么图勒人就用更多的创新丰富了他们已经广泛使用的器具和设施。除了大型船只和捕鲸设备外，为了猎捕环斑海豹，他们还开发了一套用于在冬季冰面上捕猎的工具，包括行程警报器，提示海豹已到达通气孔。他们用有滑动门的陷笼捕获极地狐，用筋背弓来猎捕野鹿。在某种程度上，图勒人设计了复杂的狗牵引技术，包括带有滑行装置的大型雪橇、挽具、挽绳扣和其他附件。③

在漫长的冬季，图勒人居住在宽敞的半地下式房屋里，房屋的直径通常有15英尺（5米），为长方形或椭圆形。下陷的入口隧道可以防止冷空气进入生活区，房屋外面覆盖兽皮和草皮防寒，室内用海洋哺乳动物油灯加热和照明。家庭成员舒适地睡在地台的长须鲸床垫上，游戏和玩具有助于他们消磨时间。④

---

① Giddings, *Ancient Men of the Arctic*, pp. 231 – 232.

② Maxwell, *Prehistory of the Eastern Arctic*, pp. 250 – 261.

③ McGhee, *Canadian Arctic Prehistory*, pp. 89 – 99. 弗朗茨·博厄斯描述了利用冰上呼吸孔捕猎海豹的跳闸警报，与其他技术元素一起在图勒文化时期使用，*The Central Eskimo*（Sixth Annual Report Bureau of Ethnology, Smithsonian Institution, 1888）。

④ McGhee, *Canadian Arctic Prehistory*, pp. 92 – 97.

图 7－6 阿拉斯加州利斯布姆角附近的尤维瓦克图勒（因纽特）小村庄（1922 年 3 月拍摄）

资料来源：A. M. 贝利（A. M. Bailey）1922 年 3 月拍摄。Image Archives，Denver Museum of Nature and Science。

入侵的图勒人似乎彻底打垮了多赛特人，使他们在短时期内灭绝。这个过程可能与现代人类向欧亚大陆北部尼安德特地区扩散类似（见第五章）。图勒人利用他们先进的食物获取技术，获得了更大份额的当地资源，这种能力可能是一个关键因素。但是，他们的武器、捕鲸组织和战争传统可能加速了这一进程。有证据表明图勒人和多赛特人之间有暴力冲突，大部分证据来自因纽特人的口述史。[①]

公元 1450 年，随着小冰期（第一章有过描述）开始，气候再次变冷。与往常一样，这种相对较小的气候变化对极地环境及那里的居民产生了强大的影响。海冰的增加阻止了弓头鲸到达它们夏季的觅食

① 因纽特人传说中的“突尼特人”（Tunnit）显然指的是多赛特人，并提到了一些冲突。参见 Maxwell，*Prehistory of the Eastern Arctic*，pp. 127－128；McGhee，*Ancient People of the Arctic*。

区，到 17 世纪末，图勒人已经放弃了高北极中部的岛屿。在此期间，图勒人向南扩展到拉布拉多（Labrador），最终在那里遇到了欧洲捕鲸者。[1]

在北极的许多地区，图勒人对小冰期的反应给他们的经济带来显著的变化。在巴芬岛，他们从捕鲸转向捕猎海象并且停止建造冬季房屋和木架蒙皮船。在哈德孙湾西部地区，他们形成主要依靠内陆资源的经济模式，如鱼类和驯鹿，也放弃了许多早期技术的要素。当地人对寒冷气候各种各样的反应导致了图勒人生活方式的崩溃，公元 1500 年后，欧洲人体验到了因纽特方言和族群的多样性。[2]

北极地区的冷战

寒冷的气候和偏远的地理位置以及解决这两个问题所需的费用似乎阻碍了温带工业文明在北极地区的大规模发展。公元 2000 年之后，在北纬 66 度或北纬 66 度以北找不到一个大的中心城市（尽管在亚北极北纬 60 度以北可能有几个大城市）。北极有限的农业生产对大城市的出现是一个影响较小的因素，毕竟在生产力更低的沙漠地区也出现了大城市。从皮毛哺乳动物到鲸鱼再到石油等，资源都不缺乏，因此不是阻碍北极地区发展工业的关键因素。

由于此地温带文明传播的影响有限，北极土著民族的文化与其他文化在一定程度上相隔离。然而，因为工业运输和通信技术（包括

---

① Andrews and Miller, "Climatic Change over the Last 1000 Years"; W. W. Fitzhugh, *Environmental Archaeology and Cultural Systems in Hamilton Inlet, Labrador: A Survey of the Central Labrador Coast from 3000 B. C. to the Present* (Smithsonian Contributions to Anthropology, no. 16, 1972); Dumond, *The Eskimos and Aleuts*, pp. 145 – 149.

② McGhee, *Canadian Arctic Prehistory*, pp. 103 – 117.

有线电视和互联网）的最新发展，这种隔离正在被打破，外部文化的影响进一步增强，尽管影响范围还比较有限。

20 世纪中叶的全球冲突没有引起人口扩张或对自然资源的掠夺，但导致北极的许多地区第一次遭到大规模入侵。这种局面是由地缘政治造成的，在北极东西两端两个竞争激烈的大国并存，工业军事技术不断创新。

第二次世界大战结束后，国际局势更加紧张，苏联在西伯利亚东北部的机场部署了远程战略轰炸机，这些轰炸机可以跨越北极地区轰炸北美的目标。作为回应，美国在阿拉斯加建立了雷达站网络，其中一个雷达站建在楚科奇海沿岸（北纬 68 度）里斯本角（Cape Lisburne）的尤维瓦克，这个地方自比尔尼克/图勒时代以来一直用来捕猎海豹、海象和驯鹿。美国军方要不断应对在北极环境中建造和运行设施时出现的新问题，雷达和通信设备在高纬度地区运转不良。[1]

为了加强战略轰炸机的威慑力，1951 ~ 1952 年美国还在格陵兰岛西北部的图勒遗址上建造了一个巨大的空军基地，距莫斯科不到 2500 英里（4000 公里）。美国空军迅速适应了北极的条件，并在设施建设中采用了新的工程技术。营房建在地桩之上，有冷空气循环管道（以防止冻土融化）和隔热墙，还有带有塑料把手的双层北极门，当地因纽特人被重新安置。[2]

---

① J. M. Nielsen, *Armed Forces on a Northern Frontier: The Military in Alaska's History* (New York: Greenwood Press, 1988), p. 196; S. J. Zaloga, *Target America: The Soviet Union and the Strategic Arms Race, 1945 - 1964* (Novato, Calif.: Presidio Press, 1993); D. Colt Denfeld, *The Cold War in Alaska: A Management Plan for Cultural Resources* (Anchorage: U. S., Army Corps of Engineers, 1994).

② S. Duke, *U. S. Military Forces and Installations in Europe* (New York: Oxford University Press, 1989).

图 7－7　格陵兰岛西北部的图勒空军基地

资料来源：曼迪·沃顿（Mandy Whorton）摄。

1955 年，美国开始建造远程预警系统（Distant Early Warning, DEW），57 个雷达站跨越从里斯本角到格陵兰岛的北美北极地区。这些雷达是为高纬度作战而新设计的，而居住区则是由为在寒冷气候中居住而制作的预制件组装。远程预警系统对加拿大因纽特人产生了深远而持久的影响，结束了他们自给自足的自然经济模式。①

但是，到 1957 年远程预警系统投入使用时，苏联已经研制出一种洲际弹道导弹，现有的雷达无法探测到这种导弹。苏联在北欧俄罗斯亚北极森林区普莱特克斯克（Plesetsk）附近的前方地点建立了导弹发射基地。于是，美国开始建造导弹预警系统，也是以极地地区为重点。② 这一系统在整个冷战期间一直运行，直到 1991 年苏联解体时才停止运行。

① Kenneth Schaffel, *The Emerging Shield: The Air Force and the Evolution of Continental Air Defense, 1945－1960* (Washington, D. C.: Office of Air Force History, 1991), pp. 209－217; Maxwell, *Prehistory of the Eastern Arctic*, p. 310.

② Robert Buderi, *The Invention That Changed the World: How a Small Group of Radar Pioneers Won the Second World War and Launched a Technological Revolution* (New York: Simon and Schuster, 1996), pp. 412－416.

在里斯本角，一些原来的雷达设施在2002年夏天被拆除，我在那里开始了这本书的写作，尤维瓦克的比尔尼克人/图勒人的房屋遗址仍然存在。

（崔艳嫣　谢梦梦　译）

参考文献

Abramova, Z. A. "Must'erskii Grot Dvuglazka v Khakasii (Predvaritel'noe Soobshschenie)." *Kratkie Soobshcheniya Instituta Arkheologii* 165 (1981): 74–78.

———. *Paleolit Eniseya: Kokorevskaya Kul'tura.* Novosibirsk: Nauka, 1979.

———. *Paleolit Eniseya: Afontovskaya Kul'tura.* Novosibirsk: Nauka, 1979.

———. "Two Examples of Terminal Paleolithic Adaptations." In *From Kostenki to Clovis,* edited by O. Soffer and N. D. Praslov, 85–100. New York: Plenum Press, 1993.

Ackerman, Robert E. "The Neolithic-Bronze Age Cultures of Asia and the Norton Phase of Alaskan Prehistory." *Arctic Anthropology* 19, no. 2 (1982): 11–38.

———. "Prehistory of the Asian Eskimo Zone." In *Handbook of the North American Indian,* vol. 5, *Arctic,* edited by D. Damas, 106–118. Washington, DC: Smithsonian Institution, 1984.

———. "Settlements and Sea Mammal Hunting in the Bering-Chukchi Sea Region." *Arctic Anthropology* 25, no. 1 (1988): 52–79.

Aitkin, Martin J. "Chronometric Techniques for the Middle Pleistocene." In *The Earliest Occupation of Europe,* edited by W. Roebroeks and T. van Kolfschoten, 269–277. Leiden: University of Leiden, 1995.

Aksenov, M. P. "Archaeological Investigations at the Stratified Site of Verkholenskaia Gora in 1963–1965." *Arctic Anthropology* 6, no. 1 (1969): 74–87.

Alekseev, V. P. "The Physical Specificities of Paleolithic Hominids in Siberia." In *The Paleolithic of Siberia: New Discoveries and Interpretations,* edited by A. P. Derevianko, 329–335. Urbana: University of Illinois Press, 1998.

Anconetani, P. "Lo Studio Arcezoologico del Sito di Isernia La Pineta." In *I Reperti Paleontologici del Giacimento Paleolitico di Isernia La Pineta: L'uomo e L'ambiente,* edited by C. Peretto, 87–186. Isernia, 1996.

Anderson, Douglas D. *Onion Portage: The Archaeology of a Stratified Site from the Kobuk*

River, Northwest Alaska. Anthropological Papers of the University of Alaska, vol. 22, nos. 1–2 (1988).

———. "Prehistory of North Alaska." In *Handbook of the North American Indian,* vol. 5, *Arctic,* edited by D. Damas, 80–93. Washington, DC: Smithsonian Institution, 1984.

———. "A Stone Age Campsite at the Gateway to America." *Scientific American* 218, no. 6 (1968): 24–33.

Anderson-Gerfaud, Patricia. "Aspects of Behaviour in the Middle Palaeolithic: Functional Analysis of Stone Tools from Southwest France." In *The Emergence of Modern Humans,* edited by P. Mellars, 389–418. Edinburgh: Edinburgh University Press, 1990.

Andrews, J. T., P. T. Davis, W. N. Mode, H. Nichols, and S. K. Short. "Relative Departures in July Temperatures in Northern Canada for the Past 6,000 Yr." *Nature* 289 (1981): 164–167.

Andrews, J. T., and G. H. Miller. "Climatic Change over the Last 1000 Years, Baffin Island, N.W.T." In *Thule Eskimo Culture: An Anthropological Retrospective,* edited by A. P. McCartney, 541–554. Ottawa: National Museums of Canada, 1979.

Andrews, Peter. "Hominoid Evolution." *Nature* 295 (1982): 185–186.

Anikovich, M. V. "The Early Upper Paleolithic in Eastern Europe." *Archaeology, Ethnology & Anthropology of Eurasia* 2, no. 14 (2003): 15–29.

Archibold, O. W. *Ecology of World Vegetation.* London: Chapman and Hall, 1995.

Arneborg, Jette, Jan Heinemeier, Niels Lynnerup, Henrik L. Nielsen, Niels Rud, and Arnd E. Svieinbjornsdottir. "Change of Diet of the Greenland Vikings Determined from Stable Carbon Isotope Analysis and 14c Dating of Their Bones." *Radiocarbon* 41, no. 2 (1999): 157–168.

Ascenzi, A., I. Biddittu, P. F. Cassoli, A. G. Segre, and E. Segre-Naldini. "A Calvarium of Late *Homo erectus* from Ceprano, Italy." *Journal of Human Evolution* 31 (1996): 409–423.

Atkinson, T. C., K. R. Briffa, and G. R. Coope, "Seasonal Temperatures in Britain during the Last 22,000 Years, Reconstructed Using Beetle Remains." *Nature* 325 (1987): 587–592.

Bader, O. N. "Pogrebeniya v Verkhnem Paleolite i Mogila na Stoyanke Sungir'." *Sovetskaya Arkheologiya* 3 (1967): 142–159.

———. *Sungir' Verkhnepaleoliticheskaya Stoyanka.* Moscow: Nauka, 1978.

———. "Vtoraya Paleoliticheskaya Mogila na Sungire." In *Arkheologicheskie Otkrytiya 1969 Goda,* 41–43. Moscow: Nauka, 1970.

Bahn, Paul G., ed. *The Cambridge Illustrated History of Archaeology.* Cambridge: Cambridge University Press, 1996.

Bahn, Paul G., and Jean Vertut. *Journey through the Ice Age.* Berkeley: University of California Press, 1997.

Bandi, Hans-Georg. *Eskimo Prehistory.* Translated by A. E. Keep. College: University of Alaska Press, 1969.

Bar-Yosef, Ofer. "The Middle and Upper Paleolithic in Southwest Asia and Neighboring Regions." In *The Geography of Neandertals and Modern Humans in Europe and the Greater Mediterranean,* edited by O. Bar-Yosef and D. Pilbeam, 107–156. Cambridge, MA: Peabody Museum of Archaeology and Ethnology, 2000.

———. "Pleistocene Connexions between Africa and Southwest Asia: An Archaeological Perspective." *African Archaeological Review* 5 (1987): 29–38.

———. "Upper Pleistocene Cultural Stratigraphy in Southwest Asia." In *The Emergence of Modern Humans,* edited by E. Trinkaus, 154–180. Cambridge: Cambridge University Press, 1989.

Bar-Yosef, Ofer, and Anna Belfer-Cohen. "From Africa to Eurasia—Early Dispersals." *Quaternary International* 75 (2001): 19–28.

Baryshnikov, Gennady, and John F. Hoffecker. "Mousterian Hunters of the NW Caucasus: Preliminary Results of Recent Investigations." *Journal of Field Archaeology* 21 (1994): 1–14.

Bermudez de Castro, J. M., J. L. Arsuaga, E. Carbonell, A. Rosas, I. Martinez, and M. Mosquera. "A Hominid from the Lower Pleistocene of Atapuerca, Spain: Possible Ancestor to Neandertals and Modern Humans." *Science* 276 (1997): 1392–95.

Beyries, Sylvie. "Functional Variability of Lithic Sets in the Middle Paleolithic." In *Upper Pleistocene Prehistory of Western Eurasia,* edited by H. L. Dibble and A. Montet-White, 213–224. Philadelphia: University of Pennsylvania Museum, 1988.

Bibikov, S. N. *Drevneishii muzykal'nyi kompleks iz kostei mamonta.* Kiev: Naukova dumka, 1981.

Bickerton, Derek. *Language and Human Behavior.* Seattle: University of Washington Press, 1995.

———. *Language and Species.* Chicago: University of Chicago Press, 1990.

Bigelow, Nancy H., and Wm. Roger Powers. "Climate, Vegetation, and Archaeology 14,000–9000 cal yr B.P. in Central Alaska." *Arctic Anthropology* 38, no. 2 (2001): 171–195.

Binford, Lewis R. *Bones: Ancient Men and Modern Myths.* New York: Academic Press, 1981.

———. "Hard Evidence." *Discover* (February 1992): 44–51.

———. "Mobility, Housing, and Environment: A Comparative Study." *Journal of Anthropological Research* 46 (1990): 119–152.

———. "Willow Smoke and Dogs' Tails: Hunter-Gatherer Settlement Systems and Archaeological Site Formation." *American Antiquity* 45, no. 1 (1980): 4–20.

Birdsell, J. B. "The Recalibration of a Paradigm for the First Peopling of Greater Australia." In *Sunda and Sahul: Prehistoric Studies in Southeast Asia, Melanesia, and Australia,* edited by J. Allen, J. Golson, and R. Jones, 113–167. London: Academic Press, 1977.

Birket-Smith, Kaj. *The Eskimos.* London: Methuen, 1959.

Blumenschine, Robert J. "Early Hominid Scavenging Opportunities." *British Archaeological Reports International Series* 283 (1986).

Boas, Franz. *The Central Eskimo.* Sixth Annual Report of the Bureau of Ethnology, Smithsonian Institution, 1888.

Bocherens, H., D. Billiou, A. Mariotti, M. Patou-Mathis, M. Otte, D. Bonjean, and M. Toussaint. "Palaeoenvironmental and Palaeodietary Implications of Isotopic Biogeochemistry of Last Interglacial Neanderthal and Mammal Bones at Scladina Cave (Belgium)." *Journal of Archaeological Science* 26 (1999): 599–607.

Bockstoce, John. *The Archaeology of Cape Nome, Alaska.* University Museum Monograph, no. 38. University of Pennsylvania 1979.

Bocquet-Appel, Jean-Pierre, and Pierre Yves Demars. "Neanderthal Contraction and Modern Human Colonization of Europe." *Antiquity* 74 (2000): 544–552.

Boëda, E., J. Connan, D. Dessort, S. Muhesen, N. Mercier, H. Valladas, and N. Tisnerat. "Bitumen as a Hafting Material on Middle Paleolithic Artefacts." *Nature* 380 (1996): 336–338.

Bond, Gerard, Wallace Broecker, Sigfus Johnsen, Jerry McManus, Laurent Labeyrie, Jean Jouzel, and Georges Bonani. "Correlations between Climate Records from North Atlantic Sediments and Greenland Ice." *Nature* 365 (1993): 143–147.

Bond, Gerard, et al. "Evidence for Massive Discharges of Icebergs into the North Atlantic Ocean during the Last Glacial Period." *Nature* 360 (1992): 245–249.

Boorstin, Daniel J. *The Discoverers: A History of Man's Search to Know His World and Himself.* New York: Random House, 1983.

Bordes, François. *The Old Stone Age.* Translated by J. E. Anderson. New York: McGraw-Hill Book Co., 1968.

Boriskovskii, P. I. *Ocherki po Paleolitu Basseina Dona.* Materialy i Issledovaniya po Arkheologii SSSR 121, 1963.

Bosi, Roberto. *The Lapps.* London: Thames and Hudson, 1960.

Bosinski, Gerhard. "The Earliest Occupation of Europe: Western Central Europe." In *The Earliest Occupation of Europe,* edited by W. Roebroeks and T. van Kolfschoten, 103–128. Leiden: University of Leiden, 1995.

Bowler, J. M., H. Johnston, J. M. Olley, J. R. Prescott, R. G. Roberts, W. Shawcross, and N. A. Spooner. "New Ages for Human Occupation and Climatic Change at Lake Mungo, Australia." *Nature* 421 (2003): 837–840.

Brace, C. Loring. "The Fate of the 'Classic' Neanderthals: A Consideration of Hominid Catastrophism." *Current Anthropology* 5 (1964): 3–43.

Brain, C. K., and A. Sillent, "Evidence from the Swartkrans Care for the Earliest Use of Fire." *Nature* 336 (1988): 464–466.

Bronk-Ramsey, C. "Radiocarbon Calibration and Analysis of Stratigraphy: The OxCal Program." *Radiocarbon* 37 (1995): 425–430.

Buderi, Robert. *The Invention That Changed the World: How a Small Group of Radar Pioneers Won the Second World War and Launched a Technological Revolution.* New York: Simon and Schuster, 1996.

Buisson, D. "Les Flûtes Paléolithiques d'Isturitz (Pyrénées Atlantiques)." *Société Préhistorique Française* 87 (1991): 420–433.

Burov, Grigoriy M. "Some Mesolithic Wooden Artifacts from the Site of Vis I in the European North East of the U.S.S.R." In *The Mesolithic in Europe,* edited by C. Bonsall, 391–401. Edinburgh: John Donald Publishers, 1989.

Butzer, Karl W., G. J. Flock, L. Scott, and R. Stuckenrath. "Dating and Context of Rock Engravings in Southern Africa." *Science* 203 (1979): 1201–1214.

Cachel, Susan and J.W.K. Harris. "The Lifeways of *Homo erectus* Inferred from Archaeology and Evolutionary Ecology: A Perspective from East Africa." In *Early Human Behaviour in Global Context: The Rise and Diversity of the Lower Palaeolithic Record,* edited by M. D. Petraglia and R. Korisetter, 108–132. London: Routledge, 1998.

Calvin, William H., and Derek Bickerton. *Lingua ex Machina: Reconciling Darwin and Chomsky with the Human Brain.* Cambridge: MIT Press, 2000.

Carbonell, E., J. M. Bermudez de Castro, J. L. Arsuaga, J. C. Diez, A. Rosas, G. Cuenca-Bescos, R. Sala, M. Mosquera, and X. P. Rodriguez. "Lower Pleistocene Hominids and Artifacts from Atapuera-TD6 (Spain)." *Science* 269 (1995): 826–830.

Carbonell, E., and Z. Castro-Curel. "Palaeolithic Wooden Artifacts from the Abric Romani (Capellades, Barcelona, Spain)." *Journal of Archaeological Science* 19 (1992): 707–719.

Carbonell, E., M. D. García-Anton, C. Mallol, M. Mosquera, A. Olle, X. P. Rodriguez, M. Sahnouni, R. Sala, and J. M. Verges. "The TD6 Level Lithic Industry from Gran Dolina, Atapuerca (Burgos, Spain): Production and Use." *Journal of Human Evolution* 37, nos. 3–4 (1999): 653–694.

Carbonell, Eudald, and Xose Pedro Rodriguez. "Early Middle Pleistocene Deposits and Artefacts in the Gran Dolina Site (TD4) of the 'Sierra de Atapuerca' (Burgos, Spain)." *Journal of Human Evolution* 26 (1994): 291–311.

Castro-Curel, Z., and E. Carbonell. "Wood Pseudomorphs from Level I at Abric Romani, Barcelona, Spain." *Journal of Field Archaeology* 22 (1995): 376–384.

Cattelain, Pierre. "Un Crochet de Propulseur Solutréen de la Grotte de Combe-Saunière I (Dordogne)." *Bulletin de la Société Préhistorique Française* 86 (1989): 213–216.

———. "Hunting during the Upper Paleolithic: Bow, Spearthrower, or Both?" In *Projectile Technology,* edited by H. Knecht, 213–240. New York: Plenum Press, 1997.

Chard, Chester S. *Northeast Asia in Prehistory.* Madison: University of Wisconsin Press, 1974.

Chase, Philip G. "The Hunters of Combe Grenal: Approaches to Middle Paleolithic Subsistence in Europe." *British Archaeological Reports International Series* S-286, 1986.

Chase, Philip G., and Harold L. Dibble. "Middle Paleolithic Symbolism: A Review of Current Evidence and Interpretations." *Journal of Anthropological Archaeology* 6 (1987): 263–296.

Chauvet, Jean-Marie, Eliette Brunel Deschamps, and Christian Hillaire. *Dawn of Art: The Chauvet Cave.* New York: Harry N. Abrams, 1996.

Chemillier, Marc. "Ethnomusicology, Ethnomathematics: The Logic Underlying Orally Transmitted Artistic Practices." In *Mathematics and Music,* edited by G. Assayag, H. G. Feichtinger, and J. F. Rodrigues, 161–183. Berlin: Springer-Verlag, 2002.

Childe, V. Gordon. *Man Makes Himself.* London: Watts and Co., 1936.

———. *What Happened in History.* Rev ed. Harmondsworth: Penguin Books, 1954.

Churchill, Steven Emilio. "Cold Adaptation, Heterochrony, and Neandertals." *Evolutionary Anthropology* 7, no. 2 (1998): 46–61.

Clark, Grahame. *World Prehistory in New Perspective.* Illus. 3rd ed. Cambridge: University of Cambridge Press, 1977.

Clark, Grahame, and Stuart Piggot. *Prehistoric Societies.* Harmondsworth: Penguin Books, 1970.

Clark, J.G.D. "Neolithic Bows from Somerset, England, and the Prehistory of Archery in North-west Europe." *Proceedings of the Prehistoric Society* 29 (1963): 50–98.

———. *Prehistoric Europe: The Economic Basis.* Stanford: Stanford University Press, 1952.

Collins, Henry B. *Archaeology of St. Lawrence Island, Alaska.* Smithsonian Miscellaneous Collections, vol. 96, no. 1.

———. "The Arctic and Subarctic." In *Prehistoric Man in the New World,* edited by J. D. Jennings and E. Norbeck, 85–114. Chicago: University of Chicago Press, 1964.

Conard, Nicholas J. "Palaeolithic Ivory Sculptures from Southwestern Germany and the Origins of Figurative Art." *Nature* 426 (2003): 830–832.

Conklin, Harold C. "Lexicographical Treatment of Folk Taxonomies." *International Journal of American Linguistics* 28 (1962).

Conroy, Glenn C. *Primate Evolution.* New York: W. W. Norton and Co., 1990.

Coolidge, F. L., and T. Wynn. "Executive Functions of the Frontal Lobes and the Evolutionary Ascendancy of *Homo sapiens.*" *Journal of Human Evolution* 42, no. 3 (2002): A12–A13.

Coon, Carleton S. *The Hunting Peoples.* New York: Little, Brown and Co., 1971.

———. *The Origin of Races.* New York: Alfred A. Knopf, 1962.

Coope, G. Russell. "Late-Glacial (Anglian) and Late-Temperate (Hoxnian) Coleoptera." In *The Lower Paleolithic Site at Hoxne, England,* edited by R. Singer, B. G. Gladfelter, and J. J. Wymer, 156–162. Chicago: University of Chicago Press, 1993.

Coope, G. Russell, and Scott A. Elias. "The Environment of Upper Palaeolithic (Magdalenian and Azilian) Hunters at Hauterive-Champréveyres, Neuchâtel, Switzerland, Interpreted from Coleopteran Remains." *Journal of Quaternary Science* 15 (2000): 157–175.

Daniel, Glyn. *The Idea of Prehistory*. Harmondsworth: Penguin Books, 1962.

Dansgaard, W., S. J. Johnson, H. B. Clausen, D. Dahl-Jensen, N. S. Gundestrup, C. U. Hammer, C. S. Hvidberg, J. P. Steffensen, A. E. Sveinbjörnsdottir, J. Jouzel, and G. Bond. "Evidence for General Instability of Past Climate from a 250-kyr Ice-Core Record." *Nature* 364 (1993): 218–220.

Darwin, Charles. *The Descent of Man and Selection in Relation to Sex*. London: John Murray, 1871.

———. *On the Origin of Species*. London: John Murray, 1859.

Davidson, Iain, and William Noble. "The Archaeology of Perception: Traces of Depiction and Language." *Current Anthropology* 30, no. 2 (1989): 125–155.

Deetz, James. *Invitation to Archaeology*. Garden City, NY: Natural History Press, 1967.

Denfeld, D. Colt. *The Cold War in Alaska: A Management Plan for Cultural Resources*. Anchorage: U.S. Army Corps of Engineers, 1994.

Dennell, Robin. *European Economic Prehistory: A New Approach*. London: Academic Press, 1983.

Dennell, Robin, and Wil Roebroeks. "The Earliest Colonization of Europe: The Short Chronology Revisited." *Antiquity* 70 (1996): 535–542.

d'Errico, Francesco. "Palaeolithic Lunar Calendars: A Case of Wishful Thinking?" *Current Anthropology* 30, no. 1 (1989): 117–118.

d'Errico, Francesco, Paola Villa, Ana C. Pinto Llona, and Rosa Ruiz Idarraga. "A Middle Palaeolithic Origin of Music? Using Cave-Bear Bone Accumulations to Assess the Divje Babe I Bone 'Flute.'" *Antiquity* 72 (1998): 65–79.

de Vos, J., P. Sondaar, and C. C. Swisher. "Dating Hominid Sites in Indonesia." *Science* 266 (1994): 1726–27.

Diamond, Jared M. "Zoological Classification System of a Primitive People." *Science* 151 (1966): 1102–1104.

Díez, J. Carlos, Yolanda Fernández-Jalvo, Jordi Rosell, and Isabel Cáceres. "Zooarchaeology and Taphonomy of Aurora Stratum (Gran Dolina, Sierra de Atapuerca, Spain). *Journal of Human Evolution* 37, nos. 3–4 (1999): 623–652.

Dikov, N. N. *Arkheologicheskie Pamyatniki Kamchatki, Chukotki i Verkhnei Kolymy*. Moscow: Nauka, 1977.

———. *Drevnie Kul'tury Severo-Vostochnoi Azii.* Moscow: Nauka, 1979.

———. "The Ushki Sites, Kamchatka Peninsula." In *American Beginnings: The Prehistory and Palaeoecology of Beringia,* edited by F. H. West, 244–250. Chicago: University of Chicago Press, 1996.

Dillehay, T. D., and M. B. Collins. "Early Cultural Evidence from Monte Verde in Chile." *Nature* 332 (1988): 150–152.

Dixon, E. James. *Bones, Boats, and Bison.* Albuquerque: University of New Mexico Press, 1999.

———. "Cultural Chronology of Central Interior Alaska." *Arctic Anthropology* 22, no. 1 (1985): 47–66.

———. "Human Colonization of the Americas: Timing, Technology, and Process." *Quaternary Science Reviews* 20, nos. 1–3 (2001): 277–299.

Dolukhanov, P. M., and N. A. Khotinskiy. "Human Cultures and Natural Environment in the USSR during the Mesolithic and Neolithic." In *Late Quaternary Environments of the Soviet Union,* edited by A. A. Velichko, 319–327. Minneapolis: University of Minnesota Press, 1984.

Dolukhanov, P., D. Sokoloff, and A. Shukurov. "Radiocarbon Chronology of Upper Palaeolithic Sites in Eastern Europe at Improved Resolution." *Journal of Archaeological Science* 28 (2001): 699–712.

Douglas, Mary. "Symbolic Orders in the Use of Domestic Space." In *Man, Settlement, and Urbanism,* edited by P. J. Ucko, R. Tringham, and G. W. Dimbleby, 513–521. Cambridge, MA: Schenkman Publishing Co., 1970.

Duarte, C., J. Mauricio, P. B. Pettitt, P. Souto, E. Trinkaus, H. van der Plicht, and J. Zilhao. "The Early Upper Paleolithic Human Skeleton from the Abrigo do Lagar Velho (Portugal) and Modern Human Emergence in Iberia." *Proceedings of the National Academy of Sciences* 96 (1999): 7604–7609.

Duke, S. *U.S. Military Forces and Installations in Europe.* New York: Oxford University Press, 1989.

Dumond, Don E. *The Eskimos and Aleuts.* Rev. ed. London: Thames and Hudson, 1987.

———. "The Norton Tradition." *Arctic Anthropology* 37, no. 2 (2000): 1–22.

Efimenko, P. P. *Kostenki I.* Moscow: USSR Academy of Sciences, 1958.

Eldredge, Niles. *Time Frames: The Evolution of Punctuated Equilibria.* Princeton: Princeton University Press, 1985.

Elias, Scott A. "Beringian Paleoecology: Results from the 1997 Workshop." *Quaternary Science Reviews* 20, no. 1 (2001): 7–13.

———. *Quaternary Insects and Their Environments.* Washington, DC: Smithsonian Institution Press, 1994.

Elias, Scott A., Susan K. Short, and R. Lawrence Phillips. "Paleoecology of Late-Glacial Peats from the Bering Land Bridge, Chukchi Sea Shelf Region, Northwestern Alaska." *Quaternary Research* 38 (1992): 371–378.

Enard, W., et al. "Intra- and Interspecific Variation in Primate Gene Expression Patterns." *Science* 296 (2002): 340–343.

Enard, Wolfgang, Molly Przeworski, Simon E. Fisher, Cecelia S. L. Lai, Victor Wiebe, Takashi Kitano, Anthony P. Monaco, and Svante Pääbo. "Molecular Evolution of FOXP2, a Gene Involved in Speech and Language." *Nature* 418 (2002): 869–872.

Engelstad, Ericka. "The Late Stone Age of Arctic Norway: A Review." *Arctic Anthropology* 22, no. 1 (1985): 79–96.

———. "Mesolithic House Sites in Arctic Norway." In *The Mesolithic in Europe,* edited by C. Bonsall, 331–337. Edinburgh: John Donald Publishers, 1989.

Ermolova, N. M. *Teriofauna Doliny Angary v Pozdnem Antropogene.* Novosibirsk: Nauka, 1978.

Fagan, Brian M. *The Journey from Eden: The Peopling of Our World.* London: Thames and Hudson, 1990.

———. *The Little Ice Age: How Climate Made History, 1300–1850.* New York: Basic Books, 2000.

Falk, Dean. "Hominid Brain Evolution and the Origins of Music." In *The Origins of Music,* edited by N. L. Wallin, B. Merker, and S. Brown, 197–216. Cambridge: MIT Press, 2000.

Feathers, James K. "Luminescence Dating and Modern Human Origins." *Evolutionary Anthropology* 5, no. 1 (1996): 25–36.

Féblot-Augustins, J. "Raw Material Transport Patterns and Settlement Systems in the European Lower and Middle Palaeolithic: Continuity, Change, and Variability." In *The Middle Palaeolithic Occupation of Europe,* edited by W. Roebroeks and C. Gamble, 193–214. Leiden: University of Leiden, 1999.

Fernández-Jalvo, Yolanda, J. Carlos Díez, Isabel Cáceres, and Jordi Rosell. "Human Cannibalism in the Early Pleistocene of Europe (Gran Dolina, Sierra de Atapuerca, Burgos, Spain)." *Journal of Human Evolution* 37, nos. 3–4 (1999): 591–622.

Fitzhugh, William W. "A Comparative Approach to Northern Maritime Adaptations." In *Prehistoric Maritime Adaptations of the Circumpolar Zone,* edited by W. Fitzhugh, 339–386. The Hague: Mouton Publishers, 1975.

———. *Environmental Archaeology and Cultural Systems in Hamilton Inlet, Labrador: A Survey of the Central Labrador Coast from 3000 B.C. to the Present.* Smithsonian Contributions to Anthropology, no. 16. 1972.

Fitzhugh, William W., and Elisabeth I. Ward, eds. *Vikings: The North Atlantic Saga.* Washington, DC: Smithsonian Institution Press, 2000.

Foley, Robert A. "The Evolution of Hominid Social Behaviour." In *Comparative Socioecology: The Behavioural Ecology of Humans and Other Mammals,* edited by

V. Standen and R. A. Foley, 473–494. Oxford: Blackwell Scientific Publications, 1989.

Ford, James A. *Eskimo Prehistory in the Vicinity of Point Barrow, Alaska.* Anthropological Papers of the American Museum of Natural History, vol. 47, pt. 1. 1959.

Franciscus, Robert G., and Steven E. Churchill. "The Costal Skeleton of Shanidar 3 and a Reappraisal of Neandertal Thoracic Morphology." *Journal of Human Evolution* 42 (2002): 303–356.

Franciscus, Robert G., and Erik Trinkaus. "Nasal Morphology and the Emergence of *Homo erectus.*" *American Journal of Physical Anthropology* 75, no. 4 (1988): 517–527.

Freeman, Leslie G. "Acheulean Sites and Stratigraphy in Iberia and the Maghreb." In *After the Australopithecines,* edited by K. W. Butzer and G. Ll. Isaac, 661–743. The Hague: Mouton Publishers, 1975.

Gabunia, Leo, et al. "Dmanisi and Dispersal." *Evolutionary Anthropology* 10 (2001): 158–170.

———. "Earliest Pleistocene Cranial Remains from Dmanisi, Republic of Georgia: Taxonomy, Geological Setting, and Age." *Science* 288 (2000): 1019–1025.

Gamble, Clive. "The Earliest Occupation of Europe: The Environmental Background." In *The Earliest Occupation of Europe,* edited by W. Roebroeks and T. van Kolfschoten, 279–295. Leiden: University of Leiden, 1995.

———. *The Palaeolithic Settlement of Europe.* Cambridge: University of Cambridge Press, 1986.

———. *The Palaeolithic Societies of Europe.* Cambridge: Cambridge University Press, 1999.

———. *Timewalkers: The Prehistory of Global Colonization.* Cambridge: Harvard University Press, 1994.

Gaudzinski, Sabine. "On Bovid Assemblages and Their Consequences for the Knowledge of Subsistence Patterns in the Middle Palaeolithic." *Proceedings of the Prehistoric Society* 62 (1996): 19–39.

Gaudzinski, Sabine, and Elaine Turner. "The Role of Early Humans in the Accumulation of European Lower and Middle Palaeolithic Bone Assemblages." *Current Anthropology* 37 (1996): 153–156.

Gening, V. F., and V. T. Petrin. *Pozdnepaleolitcheskaya Epokha na Yuge Zapadnoi Sibiri.* Novosibirsk: Nauka, 1985.

Giddings, J. Louis. *Ancient Men of the Arctic.* New York: Alfred A. Knopf, 1967.

———. *The Archeology of Cape Denbigh.* Providence, RI: Brown University Press, 1964.

Gjessing, Gutorm. "Circumpolar Stone Age." *Acta Arctica* 2 (1944): 1–70.

———. "The Circumpolar Stone Age." *Antiquity* 27 (1953): 131–136.

———. "Maritime Adaptations in Northern Norway's Prehistory." In *Prehistoric Maritime Adaptations of the Circumpolar Zone,* edited by W. Fitzhugh, 87–100. The Hague: Mouton Publishers, 1975.

Gladkih, M. I., N. L. Kornietz, and O. Soffer. "Mammoth-Bone Dwellings on the Russian Plain." *Scientific American* 251, no. 5 (1984): 164–175.

Goebel, Ted. "The 'Microblade Adaptation' and Recolonization of Siberia during the Late Upper Pleistocene." In *Thinking Small: Global Perspectives on Microlithization,* edited by R. G. Elston and S. L. Kuhn, 117–131. Archaeological Papers of the American Anthropological Association no. 12. 2002.

———. "The Pleistocene Colonization of Siberia and Peopling of the Americas: An Ecological Approach." *Evolutionary Anthropology* 8 (1999): 208–227.

Goebel, Ted, A. P. Derevianko, and V. T. Petrin. "Dating the Middle-to-Upper-Paleolithic Transition at Kara-Bom." *Current Anthropology* 34 (1993): 452–458.

Goebel, Ted, and Sergei B. Slobodin. "The Colonization of Western Beringia: Technology, Ecology, and Adaptation." In *Ice Age Peoples of North America: Environments, Origins, and Adaptations of the First Americans,* edited by R. Bonnichsen and K. L. Turnmire, 104–155. Corvallis: Oregon State University Press, 1999.

Goebel, Ted, Michael R. Waters, I. Buvit, M. V. Konstantinov, and A. V. Konstantinov. "Studenoe-2 and the Origins of Microblade Technologies in the Transbaikal, Siberia." *Antiquity* 74 (2000): 567–575.

Goebel, Ted, Michael R. Waters, and Margarita Dikova. 2003. "The Archaeology of Ushki Lake, Kamchatka, and the Pleistocene Peopling of the Americas." *Science* 301 (2003): 501–505.

Goldberg, Elkhonnon. *The Executive Brain: Frontal Lobes and the Civilized Mind.* Oxford: Oxford University Press, 2001.

Goldberg, P., S. Weiner, O. Bar-Yosef, Q. Xu, and J. Liu. 2001. "Site Formation Processes at Zhoukoudian, China." *Journal of Human Evolution* 41 (2001): 483–530.

Golovanova, L. V., John F. Hoffecker, V. M. Kharitonov, and G. P. Romanova. 1999. "Mezmaiskaya Cave: A Neanderthal Occupation in the Northern Caucasus." *Current Anthropology* 41 (1999): 77–86.

Goodall, Jane. "My Life among the Wild Chimpanzees." *National Geographic Magazine* 124 (1963): 272–308.

Grichuk, V. P. "Late Pleistocene Vegetation History." In *Late Quaternary Environments of the Soviet Union,* edited by A. A. Velichko, 155–178. Minneapolis: University of Minnesota Press, 1984.

Grigor'ev, G. P. "The Kostenki-Avdeevo Archaeological Culture and the Willendorf-Pavlov-Kostenki-Avdeevo Cultural Unity." In *From Kostenki to Clovis,* edited by O. Soffer and N. D. Praslov, 51–65. New York: Plenum Press, 1993.

Grootes, P. M., M. Stuiver, J.W.C. White, S. Johnsen, and J. Jouzel. "Comparison of Oxygen Isotope Records from the GISP2 and GRIP Greenland Ice Cores." *Nature* 366 (1993): 552–554.

Gryaznov, M. P. "Ostatki Cheloveka iz Kul'turnogo Sloya Afontova Gory." *Trudy Komissii po Izucheniyu Chetvertichnogo Perioda* 1 (1932): 137–144.

Gulløv, Hans Christian. "Natives and Norse in Greenland." In *Vikings: The North Atlantic Saga,* edited by W. W. Fitzhugh and E. I. Ward, pp. 318–326. Washington, DC: Smithsonian Institution Press, 2000.

Gurina, N. N. "Mezolit Karelii." In *Mezolit SSSR*, edited by L. V. Kol'tsov, 27–31. Moscow: Nauka, 1989.

———. "Mezolit Kol'skogo Poluostrova." In *Mezolit SSSR*, edited by L. V. Kol'tsov, 20–26. Moscow: Nauka, 1989.

———. "O Nekotorykh Obshchikh Elementakh Kul'tury Drevnikh Plemen Kol'skogo Poluostrova i ikh Sosedei." In *Paleolit i Neolit*, edited by V. P. Liubin, 83–92. Leningrad: Nauka, 1986.

———. "Neolit Lesnoi i Lesostepnoi Zon Evropeiskoi Chasti SSSR." In *Kamennyi Vek na Territorii SSSR*, edited by A. A. Formozov, 134–156. Moscow: Nauka, 1970.

Guthrie, R. Dale. *Frozen Fauna of the Mammoth Steppe: The Story of Blue Babe*. Chicago: University of Chicago Press, 1990.

———. "Mammals of the Mammoth Steppe as Paleoenvironmental Indicators." In *Paleoecology of Beringia*, edited by D. M. Hopkins, J. V. Matthews, C. E. Schweger, and S. B. Young, 307–326. New York: Academic Press, 1982.

———. "Origin and Causes of the Mammoth Steppe: A Story of Cloud Cover, Woolly Mammoth Tooth Pits, Buckles, and Inside-Out Beringia." *Quaternary Science Reviews* 20, nos. 1–3 (2001): 549–574.

———. "Paleoecology of the Large-Mammal Community in Interior Alaska during the Late Pleistocene." *American Midland Naturalist* 79, no. 2 (1968): 346–363.

Hagen, Anders. *Norway*. London: Thames and Hudson, 1967.

Hahn, Joachim. "Le Paléolithique Supérieur en Allemagne Méridonale (1991–1995)." *ERAUL* 76 (1996): 181–186.

Hall, Edward T. *The Dance of Life: The Other Dimension of Time*. New York: Doubleday and Co., 1983.

———. *The Hidden Dimension*. Garden City, NY: Doubleday and Co., 1966.

Harris, Marvin. *The Rise of Anthropological Theory: A History of Theories of Culture*. New York: Thomas Y. Crowell Co., 1968.

Harritt, Roger K. "Paleo-Eskimo Beginnings in North America: A New Discovery at Kuzitrin Lake, Alaska." *Etudes/Inuit/Studies* 22, no. 1 (1998): 61–81.

Harrold, Francis B. "A Comparative Analysis of Eurasian Palaeolithic Burials." *World Archaeology* 12, no. 2 (1980): 195–211.

Hart, J. S., H. B. Sabean, J. A. Hildes, F. Depocas, H. T. Hammel, K. L. Andersen, L. Irving, and G. Foy. "Thermal and Metabolic Responses of Coastal Eskimo during a Cold Night." *Journal of Applied Physiology* 17 (1962): 953–960.

Hatt, Gudmund. "Arctic Skin Clothing in Eurasia and America: An Ethnographic Study." *Arctic Anthropology* 5, no. 2 (1969): 3–132.

Helskog, Ericka. "The Komsa Culture: Past and Present." *Arctic Anthropology* 11, suppl. (1974): 261–265.

Helskog, Knut. "Boats and Meaning: A Study of Change and Continuity in the Alta Fjord, Arctic Norway, from 4200 to 500 Years B.C." *Journal of Anthropological Archaeology* 4 (1985): 177–205.

Henderson-Sellers, Ann, and Peter J. Robinson. *Contemporary Climatology*. Edinburgh Gate: Addison Wesley Longman, 1986.

Henshilwood, Christopher S., Francesco D'Errico, Curtis W. Marean, Richard G. Milo, and Royden Yates. "An Early Bone Tool Industry from the Middle Stone Age at Blombos Cave, South Africa: Implications for the Origins of Modern Human Behaviour, Symbolism, and Language." *Journal of Human Evolution* 41, no. 6 (2001): 631–678.

Hewes, Gordon W. "A History of Speculation on the Relation between Tools and Language." In *Tools, Language, and Cognition in Human Evolution,* edited by K. R. Gibson and T. Ingold, 20–31. Cambridge: Cambridge University Press, 1993.

Hoffecker, John F. *Desolate Landscapes: Ice-Age Settlement of Eastern Europe.* New Brunswick, NJ: Rutgers University Press, 2002.

———. "The Eastern Gravettian 'Kostenki Culture' as an Arctic Adaptation." *Anthropological Papers of the University of Alaska,* n.s. 2, no. 1 (2002): 115–136.

———. "Late Pleistocene and Early Holocene Sites in the Nenana River Valley, Central Alaska." *Arctic Anthropology* 38, no. 2 (2001): 139–153.

Hoffecker, J. F., M. V. Anikovich, A. A. Sinitsyn, V. T. Holliday, and S. L. Forman. "Initial Upper Paleolithic in Eastern Europe: New Research at Kostenki." *Journal of Human Evolution* 42, no. 3 (2002): A16–A17.

Hoffecker, John F., G. F. Baryshnikov, and V. B. Doronichev. "Large Mammal Taphonomy of the Middle Pleistocene Hominid Occupation at Treugol'naya Cave (Northern Caucasus)." *Quaternary Science Reviews* 22, nos. 5–7 (2003): 595–607.

Hoffecker, John F., and Naomi Cleghorn. "Mousterian Hunting Patterns in the Northwestern Caucasus and the Ecology of the Neanderthals." *International Journal of Osteoarchaeology* 10 (2000): 368–378.

Hoffecker, John F., and Scott A. Elias. "Environment and Archeology in Beringia." *Evolutionary Anthropology* 12, no. 1 (2003): 34–49.

Hoffecker, John F., W. Roger Powers, and Ted Goebel. "The Colonization of Beringia and the Peopling of the New World." *Science* 259 (1993): 46–53.

Holliday, T. W. "Brachial and Crural Indices of European Late Upper Paleolithic and Mesolithic Humans." *Journal of Human Evolution* 36 (1999): 549–566.

———. "Postcranial Evidence of Cold Adaptation in European Neandertals." *American Journal of Physical Anthropology* 104 (1997): 245–258.

Holloway, Ralph L. "The Poor Brain of *Homo sapiens neanderthalensis:* See What You Please . . ." In *Ancestors: The Hard Evidence,* edited by E. Delson, 319–324. New York: Alan R. Liss, 1985.

Holmes, Charles E. "Broken Mammoth." In *American Beginnings: The Prehistory and Palaeoecology of Beringia,* edited by F. H. West, 312–318. Chicago: University of Chicago Press, 1996.

Holmes, Charles E., Richard VanderHoek, and Thomas E. Dilley. "Swan Point." In *American Beginnings: The Prehistory and Palaeoecology of Beringia,* edited by F. H. West, 319–323. Chicago: University of Chicago Press, 1996.

Hou, Yamei, Richard Potts, Yuan Baoyin, Guo Zhengtang, Alan Deino, Wang Wei, Jennifer Clark, Xie Guangmao, and Huang Weiwen. "Mid-Pleistocene Acheulean-like Stone Technology of the Bose Basin, South China." *Science* 287 (2000): 1622–26.

Hublin, J.-J. "Climatic Changes, Paleogeography, and the Evolution of the Neandertals." In *Neandertals and Modern Humans in Western Asia,* edited by T. Akazawa, K. Aoki, and O. Bar-Yosef, 295–310. New York: Plenum Press, 1998.

Hughen, K., S. Lehman, J. Southon, J. Overpeck, O. Marchal, C. Herring, and J. Turnbull. "^{14}C Activity and Global Carbon Cycle Changes over the Past 50,000 Years." *Science* 303 (2004): 202–207.

Hultén, Eric. *Outline of the History of Arctic and Boreal Biota during the Quaternary Period.* Stockholm: Bokförlags Aktiebolaget Thule, 1937.

Hylander, W. L. "The Adaptive Significance of Eskimo Cranio-Facial Morphology." In *Oro-Facial Growth and Development,* edited by A. A. Dahlberg and T. Graber. The Hague: Mouton, 1977.

Ingman, M., H. Kaessmann, S. Pääbo, and U. Gyllensten. "Mitochondrial Genome Variation and the Origin of Modern Humans." *Nature* 408 (2000): 708–713.

Issac, Glynn Ll. "The Archaeology of Human Origins." *Advances in World Archaeology* 3 (1984): 1–87.

———. "The Food-Sharing Behavior of Protohuman Hominids." *Scientific American* 238, no. 4 (1978): 90–108.

———. "Stages of Cultural Elaboration in the Pleistocene: Possible Archaeological Indicators of the Development of Language Capabilities." *Annals of the New York Academy of Sciences* 280 (1976): 275–288.

Jacobs, Kenneth H. "Climate and the Hominid Postcranial Skeleton in Wurm and Early Holocene Europe." *Current Anthropology* 26 (1985): 512–514.

James, Steven R. "Hominid Use of Fire in the Lower and Middle Pleistocene." *Current Anthropology* 30, no. 1 (1989): 1–26.

Jochim, Michael. "The Upper Palaeolithic." In *European Prehistory: A Survey,* edited by S. Milisauskas, 55–113. New York: Kluwer Academic/Plenum Publishers, 2002.

Jouzel, J., et al. "Extending the Vostok Ice-Core Record of Palaeoclimate to the Penultimate Glacial Period." *Nature* 364 (1993): 407–412.

Juel Jensen, H. "Functional Analysis of Prehistoric Flint Tools by High-Powered Microscopy: A Review of West European Research." *Journal of World Prehistory* 2, no. 1 (1988): 53–88.

Kaemmer, John E. *Music in Human Life: Anthropological Perspectives on Music.* Austin: University of Texas Press, 1993.

Keeley, Lawrence H. *Experimental Determination of Stone Tool Uses: A Microwear Analysis.* Chicago: University of Chicago Press, 1980.

———. "Microwear Analysis of Lithics." In *The Lower Paleolithic Site at Hoxne, England,* edited by R. Singer, B. G. Gladfelter, and J. J. Wymer, 129–138. Chicago: University of Chicago Press, 1993.

Keeley, Lawrence H., and Nicolas Toth. "Microwear Polishes on Early Stone Tools from Koobi Fora, Kenya." *Nature* 293 (1981): 464–465.

Kelly, Robert L. *The Foraging Spectrum: Diversity in Hunter-Gatherer Lifeways.* Washington, DC: Smithsonian Institution Press, 1995.

Kennedy, G. E. "The Emergence of *Homo sapiens:* The Post-cranial Evidence." *Man* 19 (1984): 94–110.

Khlobystin, L. P. "O Drevnem Zaselenii Arktiki." *Kratkie Soobshcheniya Instituta Arkheologii* 36 (1973): 11–16.

Khlobystin, L. P., and G. M. Levkovskaya. "Rol' Sotsial'nogo i Ekologicheskogo Faktorov v Razvitii Arkticheskikh Kul'tur Evrazii." In *Pervobytnyi Chelovek, Ego Material'naya Kul'tura i Prirodnaya Sreda v Pleistotsene i Golotsene,* edited by I. P. Gerasimov, 235–242. Moscow: USSR Academy of Sciences, 1974.

Khotinskiy, N. A. "Holocene Climatic Change." In *Late Quaternary Environments of the Soviet Union,* edited by A. A. Velichko, 305–309. Minneapolis: University of Minnesota Press, 1984.

Kittler, Ralf, Manfred Kayser, and Mark Stoneking, "Molecular Evolution of *Pediculus humanus* and the Origin of Clothing." *Current Biology* 13 (2003): 1414–1417.

Kir'yak, M. A. *Arkheologiya Zapadnoi Chukotki.* Moscow: Nauka, 1993.

Klein, Richard G. "Archeology and the Evolution of Human Behavior." *Evolutionary Anthropology* 9 (2000): 17–36.

———. *The Human Career.* 2nd ed. Chicago: University of Chicago Press, 1999.

———. *Ice-Age Hunters of the Ukraine.* Chicago: University of Chicago Press, 1973.

———. "Problems and Prospects in Understanding How Early People Exploited Animals." In *The Evolution of Human Hunting,* edited by M. H. Nitecki and D. V. Nitecki, 11–45. New York: Plenum Press, 1987.

———. "Whither the Neanderthals?" *Science* 299 (2003): 1525–27.

Knuth, Eigil. "Archaeology of the Musk-Ox Way." *Contributions du Centre d'Etudes Arctiques et Finno-Scandinaves* 5 (1967).

Koc Karpuz, N., and E. Jansen. "A High-Resolution Diatom Record of the Last Deglaciation from the SE Norwegian Sea: Documentation of Rapid Climatic Changes." *Paleooceanography* 7 (1992): 499–520.

Koenigswald, W. von. "Various Aspects of Migrations in Terrestrial Animals in Relation to Pleistocene Faunas of Central Europe." *Courier Forschungsinstitut Senckenberg* 153 (1992): 39–47.

Kol'tsov, L. V. *Final'nyi Paleolit i Mezolit Yuzhnoi i Vostochnoi Pribaltiki.* Moscow: Nauka, 1977.

———. "Mezolit Severa Sibiri i Dal'nego Vostoka." In *Mezolit SSSR,* edited by L. V. Kol'tsov, 187–194. Moscow: Nauka, 1989.

Kordos, Laszlo, and David R. Begun. "Rudabanya: A Late Miocene Subtropical Swamp Deposit with Evidence of the Origin of the African Apes and Humans." *Evolutionary Anthropology* 11 (2002): 45–57.

Korniets, N. L., M. I. Gladkikh, A. A. Velichko, G. V. Antonova, Yu. N. Gribchenko, E. M. Zelikson, E. I. Kurenkova, T. Kh. Khalcheva, and A. L. Chepalyga, "Mezhirich." In *Arkheologiya i Paleogeografiya Pozdnego Paleolita Russkoi Ravniny,* edited by I. P. Gerasimov, 106–119. Moscow: Nauka, 1981.

Kozlowski, J. K. "The Gravettian in Central and Eastern Europe." In *Advances in World Archaeology,* vol. 5, edited by F. Wendorf and A. E. Close, 131–200. Orlando, FL: Academic Press, 1986.

Kozlowski, Janusz, and H.-G. Bandi. "The Paleohistory of Circumpolar Arctic Colonization." *Arctic* 37, no. 4 (1984): 359–372.

Kraatz, Reinhart. "A Review of Recent Research on Heidelberg Man, *Homo erectus heidelbergensis.*" In *Ancestors: The Hard Evidence,* edited by E. Delson, 268–271. New York: Alan R. Liss, 1985.

Kretzoi, M., and Dobosi, V., eds. *Vértesszöllös: Man, Site, and Culture.* Budapest: Akademiai Kiado, 1990.

Krings, M., C. Capelli, F. Tschentscher, H. Geisert, S. Meyer, A. von Haeseler, K. Grossschmidt, G. Possnert, M. Paunovic, and S. Pääbo. "A View of Neandertal Genetic Diversity." *Nature Genetics* 26, no. 2 (2000): 144–146.

Krings, M., A. Stone, R. W. Schmitz, H. Krainitzki, M. Stoneking, and S. Pääbo. "Neanderthal DNA Sequences and the Origin of Modern Humans." *Cell* 90 (1997): 19–30.

Kroeber, A. L. *Anthropology.* New York: Harcourt, Brace and World, 1948.

Lahr, M. M., and Foley, R. "Multiple Dispersals and Modern Human Origins." *Evolutionary Anthropology* 3 (1994): 48–60.

Lamb, Hubert H. *Climate, History, and the Modern World.* 2nd ed. London: Routledge, 1995.

Larsen, Helge, and Froelich Rainey. *Ipiutak and the Arctic Whale Hunting Culture.* Anthropological Papers of the American Museum of Natural History, vol. 42 (1948).

Laughlin, William S. "Aleuts: Ecosystem, Holocene History, and Siberian Origin." *Science* 189 (1975): 507–515.

Laville, Henri, Jean-Philippe Rigaud, and James Sackett. *Rock Shelters of the Perigord.* New York: Academic Press, 1980.

Leakey, L.S.B., P. V. Tobias, and J. R. Napier. "A New Species of the Genus *Homo* from Olduvai Gorge, Tanzania." *Nature* 202 (1964): 7–9.

Leakey, Mary D. *Olduvai Gorge: Excavations in Beds I and II, 1960–1963.* Cambridge: Cambridge University Press, 1971.

Levin, M. G., and L. P. Potapov, eds. *The Peoples of Siberia.* Translated by Stephen Dunn. Chicago: University of Chicago Press, 1964.

Lévi-Strauss, Claude. *The Savage Mind.* Chicago: University of Chicago Press, 1966.

———. *Structural Anthropology.* Translated by C. Jacobson and B. Schoepf. New York: Basic Books, 1963.

Lewin, Roger. *Bones of Contention: Controversies in the Search for Human Origins.* New York: Simon and Schuster, 1987.

———. *Human Evolution: An Illustrated Introduction.* 3rd ed. Boston: Blackwell Scientific Publications, 1993.

Lewis-Williams, David. *The Mind in the Cave: Consciousness and the Origins of Art.* London: Thames and Hudson, 2002.

Lieberman, Philip. *Eve Spoke: Human Language and Human Evolution.* New York: W. W. Norton and Co., 1998.

Lieberman, P., J. T. Laitman, J. S. Reidenberg, and P. J. Gannon. "The Anatomy, Physiology, Acoustics, and Perception of Speech: Essential Elements in the Analysis of the Evolution of Human Speech." *Journal of Human Evolution* 23 (1992): 447–467.

Lindly, John M., and Geoffrey A. Clark. "Symbolism and Modern Human Origins." *Current Anthropology* 31 (1990): 233–261.

Lisitsyn, N. F., and Yu. S. Svezhentsev. "Radiouglerodnaya Khronologiya Verkhnego Paleolita Severnoi Azii." In *Radiouglerodnaya Khronologiya Paleolita Vostochnoi Evropy i Severnoi Azii: Problemy i Perspektivy,* edited by A. A. Sinitsyn and N. D. Praslov, 67–108. Saint Petersburg: Russian Academy of Sciences, 1997.

Lowe, J. J., and M.J.C. Walker. *Reconstructing Quaternary Environments.* 2nd ed. London: Longman, 1997.

Lydolph, Paul. *Geography of the U.S.S.R.* 3rd ed. New York: John Wiley, 1977.

Lynnerup, Niels. "Life and Death in Norse Greenland." In *Vikings: The North Atlantic Saga,* edited by W. W. Fitzhugh and E. I. Ward, 285–294. Washington, DC: Smithsonian Institution Press, 2000.

Madella, Marco, Martin K. Jones, Paul Goldberg, Yuval Goren, and Erella Hovers. "The Exploitation of Plant Resources by Neanderthals in Amud Cave (Israel): The Evidence from Phytolith Studies." *Journal of Archaeological Science* 29 (2002): 703–719.

Mandryk, Carole A. S., Heiner Josenhans, Daryl W. Fedje, and Rolf W. Mathewes. "Late Quaternary Paleoenvironments of Northwestern North America: Implications for Inland Versus Coastal Migration Routes." *Quaternary Science Reviews* 20, nos. 1–3 (2001): 301–314.

Mania, Dietrich. "The Earliest Occupation of Europe: The Elbe-Saale Region (Germany)." In *The Earliest Occupation of Europe,* edited by W. Roebroeks and T. van Kolfschoten, 85–101. Leiden: University of Leiden, 1995.

Marean, Curtis W., and Zelalem Assefa. "Zooarchaeological Evidence for the Faunal Exploitation Behavior of Neandertals and Early Modern Humans." *Evolutionary Anthropology* 8, no. 1 (1999): 22–37.

Marks, J., C. W. Schmid, and V. M. Sarich. "DNA Hybridization as a Guide to Phylogeny: Relations of the Hominoidea." *Journal of Human Evolution* 17 (1988): 769–786.

Marshack, Alexander. *The Roots of Civilization.* London: Weidenfeld and Nicolson, 1972.
———. "The Taï Plaque and Calendrical Notation in the Upper Palaeolithic." *Cambridge Archaeological Journal* 1 (1991): 25–61.
———. "Upper Paleolithic Symbol Systems of the Russian Plain: Cognitive and Comparative Analysis." *Current Anthropology* 20 (1979): 271–311.
Martin, Lawrence. "Significance of Enamel Thickness in Hominid Evolution." *Nature* 314 (1985): 260–263.
Mason, Owen K. "Archaeological Rorshach in Delineating Ipiutak, Punuk, and Birnirk in NW Alaska: Masters, Slaves, or Partners in Trade?" In *Identities and Cultural Contacts in the Arctic,* edited by M. Appelt, J. Berglund, and H. C. Gullov, 229–251. Copenhagen: Danish National Museum and Danish Polar Center, 2000.
———. "The Contest between the Ipiutak, Old Bering Sea, and Birnirk Polities and the Origin of Whaling during the First Millennium A.D. along Bering Strait." *Journal of Anthropological Archaeology* 17 (1998): 240–325.
Mason, Owen K., Peter M. Bowers, and David M. Hopkins. "The Early Holocene Milankovitch Thermal Maximum and Humans: Adverse Conditions for the Denali Complex of Eastern Beringia." *Quaternary Science Reviews* 20, nos. 1–3 (2001): 525–548.
Mason, Owen K., and S. Craig Gerlach. "Chukchi Hot Spots, Paleo-Polynas, and Caribou Crashes: Climatic and Ecological Dimensions of North Alaska Prehistory." *Arctic Anthropology* 32, no. 1 (1995): 101–130.
Matthews, J. V. "East Beringia during Late Wisconsin Time: A Review of the Biotic Evidence." In *Paleoecology of Beringia,* edited by D. M. Hopkins, J. V. Matthews, Jr., C. E. Schweger, and S. B. Young, 127–150. New York: Academic Press, 1982.
Maxwell, Moreau S. *Prehistory of the Eastern Arctic.* Orlando, FL: Academic Press, 1985.
McBrearty, S., and A. S. Brooks. "The Revolution That Wasn't: A New Interpretation of the Origin of Modern Human behavior." *Journal of Human Evolution* 39, no. 5 (2000): 453–563.
McBurney, Charles B. M. "The Geographical Study of the Older Palaeolithic Stages in Europe." *Proceedings of the Prehistoric Society* 16 (1950): 163–183.
McCartney, Allen P., and Douglas W. Veltre. "Anangula Core and Blade Site." In *American Beginnings: The Prehistory and Palaeoecology of Beringia,* edited by F. H. West, 443–450. Chicago: University of Chicago Press, 1996.
McGhee, Robert. *Ancient People of the Arctic.* Vancouver: University of British Columbia, 1996.
———. *Canadian Arctic Prehistory.* Hull, Quebec: Canadian Museum of Civilization, 1990.
———. "Speculations on Climate Change and Thule Culture Development." *Folk* 11/12 (1970): 173–184.

McGovern, Thomas H. "The Demise of Norse Greenland." In *Vikings: The North Atlantic Saga,* edited by W. W. Fitzhugh and E. I. Ward, 327–339. Washington, DC: Smithsonian Institution Press, 2000.

McGrew, William C. *Chimpanzee Material Culture.* Cambridge: Cambridge University Press, 1992.

Medvedev, G. I. "Results of the Investigations of the Mesolithic in the Stratified Settlement of Ust-Belaia 1957–1964." *Arctic Anthropology* 6, no. 1 (1969): 61–73.

———. "Upper Paleolithic Sites in South-Central Siberia." In *The Palaeolithic of Siberia: New Discoveries and Interpretations,* edited by A. P. Derevianko, 122–132. Urbana: University of Illinois Press, 1998.

Mellars, Paul. "Major Issues in the Emergence of Modern Humans." *Current Anthropology* 30, no. 3 (1989): 349–385.

———. *The Neanderthal Legacy: An Archaeological Perspective from Western Europe.* Princeton: Princeton University Press, 1996.

Merriam, Alan P. *The Anthropology of Music.* Evanston, I L: Northwestern University Press, 1964.

Milan, F. A., ed. *The Biology of Circumpolar Populations.* Cambridge: Cambridge University Press, 1980.

Miller, D., and D. R. Bjornson. "An Investigation of Cold Injured Soldiers in Alaska." *Military Medicine* 127 (1962): 247–252.

Mochanov, Yu. A. *Arkheologicheskie Pamyatniki Yakutii: Basseiny Aldana i Olekmy.* Novosibirsk: Nauka, 1983.

———. "The Bel'kachinsk Neolithic Culture on the Aldan." *Arctic Anthropology* 6, no. 1 (1969): 104–114.

———. *Drevneishie Etapy Zaseleniya Chelovekom Severo-Vostochoi Azii.* Novosibirsk: Nauka, 1977.

———. "The Ymyiakhtakh Late Neolithic Culture." *Arctic Anthropology* 6, no. 1 (1969): 115–118.

Mochanov, Yuri A., and Svetlana A. Fedoseeva. "Dyuktai Cave." In *American Beginnings: The Prehistory and Palaeoecology of Beringia,* edited by F. H. West, 164–174. Chicago: University of Chicago Press, 1996.

Mochanov, Yu. A., S. A. Fedoseeva, I. V. Konstantinov, N. V. Antipina, and A. G. Argunov. *Arkheologicheskie Pamyatniki Yakutii: Basseiny Vilyuya, Anabara i Oleneka.* Moscow: Nauka, 1991.

Monahan, C. M. "New Zooarchaeological Data from Bed II, Olduvai Gorge, Tanzania: Implications for Hominid Behavior in the Early Pleistocene." *Journal of Human Evolution* 31 (1996): 93–128.

Montet-White, Anta. *Le Malpas Rockshelter.* University of Kansas Publications in Anthropology no. 4. 1973.

Morlan, Richard E., and Jacques Cinq-Mars. "Ancient Beringians: Human Occupation in the Late Pleistocene of Alaska and the Yukon Territory." In *Paleoecology of Beringia,* edited by D. M. Hopkins, J. V. Matthews, Jr., C. E. Schweger, and S. B. Young, 353–381. New York: Academic Press, 1982.

Movius, Hallam L. "The Lower Paleolithic Cultures of Southern and Eastern Asia." *Transactions of the American Philosophical Society* 38 (1948): 329–420.

———. "A Wooden Spear of Third Interglacial Age from Lower Saxony." *Southwestern Journal of Anthropology* 6 (1950): 139–142.

Mulvaney, John, and Johan Kamminga. *Prehistory of Australia.* Washington, DC: Smithsonian Institution Press, 1999.

Murray, Maribeth S. "Local Heroes: The Long-Term Effects of Short-Term Prosperity—an Example from the Canadian Arctic." *World Archaeology* 30, no. 3 (1999): 466–483.

Napier, John. "The Antiquity of Human Walking." *Scientific American* 216, no. 4 (1967): 56–66.

Nettl, Bruno. *Music in Primitive Culture.* Cambridge: Harvard University Press, 1956.

Nielsen, J. M. *Armed Forces on a Northern Frontier: The Military in Alaska's History.* New York: Greenwood Press, 1988.

Nygaard, Signe E. "The Stone Age of Northern Scandinavia: A Review" *Journal of World Prehistory* 3, no. 1 (1989): 71–116.

Odess, Daniel, Stephen Loring, and William W. Fitzhugh. "Skraeling: First Peoples of Helluland, Markland, and Vinland." In *Vikings: The North Atlantic Saga,* edited by W. W. Fitzhugh and E. I. Ward, 193–205. Washington, DC: Smithsonian Institution Press, 2000.

Odner, Knut. *The Varanger Saami: Habitation and Economy AD 1200–1900.* Oslo: Scandinavian University Press, 1992.

Odum, Eugene P. *Ecology and Our Endangered Life-Support Systems.* Sunderland, MA: Sinauer Associates, 1993.

Ogilvie, Astrid E. J. "Documentary Evidence for Changes in the Climate of Iceland, A.D. 1500 to 1800." In *Climate since A.D. 1500,* edited by R. S. Bradley and P. D. Jones, 92–117. London: Routledge, 1992.

Okladnikov, A. P., and N. A. Beregovaya. *Drevnie Poseleniya Baranova Mysa.* Novosibirsk: Nauka, 1971.

Olsen, Haakon. "Osteologisk Materiale, Innledning: Fisk-Fugl. Varangerfunnene VI." *Tromsø Museums Skrifter* 7, no. 6 (1967).

Orr, K. D., and D. C. Fainer. 1952. "Cold Injuries in Korea during Winter of 1950–51." *Military Medicine* 31 (1952): 177–220.

Osgood, Cornelius. *Ingalik Material Culture.* Yale University Publications in Anthropology no. 22. 1940.

Oshibkina, S. V. "The Material Culture of the Veretye-type Sites in the Region to the East of Lake Onega." In *The Mesolithic in Europe,* edited by C. Bonsall, 402–413. Edinburgh: John Donald Publishers, 1989.

———. "Mezolit Tsentral'nykh i Severo-Vostochnykh Raionov Severa Evropeiskoi Chasti SSSR." In *Mezolit SSSR,* edited by L. V. Kol'tsov, 32–45. Moscow: Nauka, 1989.

Oswalt, Wendell H. *An Anthropological Analysis of Food-Getting Technology.* New York: John Wiley and Sons, 1976.

———. *Eskimos and Explorers.* 2nd ed. Lincoln: University of Nebraska Press, 1999.

———. "Technological Complexity: The Polar Eskimos and the Tareumiut." *Arctic Anthropology* 24, no. 2 (1987): 82–98.

Ovchinnikov, I. V., Götherström, A., Romanova, G. P., Kharitonov, V. M., Lidén, K., and Goodwin, W. "Molecular Analysis of Neanderthal DNA from the Northern Caucasus." *Nature* 404 (2000): 490–493.

Parés, J. M., and A. Pérez-González. "Magnetochronology and Stratigraphy at Gran Dolina Section, Atapuerca (Burgos, Spain)." *Journal of Human Evolution* 37 (1999): 325–342.

Parfitt, S. A., and M. B. Roberts. "Human Modification of Faunal Remains." In *Boxgrove: A Middle Pleistocene Hominid Site at Eartham Quarry, Boxgrove, West Sussex,* edited by M. B. Roberts and S. A. Parfitt, 395–415. English Heritage Archaeological Report no. 17. 1999.

Pavlov, Pavel, John Inge Svendsen, and Svein Indrelid. "Human Presence in the European Arctic nearly 40,000 Years Ago." *Nature* 413 (2001): 64–67.

Pennisi, Elizabeth. "Jumbled DNA Separates Chimps and Humans." *Science* 298 (2002): 719–721.

Péwé, Troy L. *Quaternary Geology of Alaska.* Geological Survey Professional Paper 835. 1975.

Pianka, Eric R. *Evolutionary Ecology.* 2nd ed. New York: Harper and Row Publishers, 1978.

Pidoplichko, I. G. *Mezhirichskie Zhilishcha iz Kostei Mamonta.* Kiev: Naukova Dumka, 1976.

———. *Pozdnepaleoliticheskie Zhilishcha iz Kostei Mamonta na Ukraine.* Kiev: Naukova Dumka, 1969.

Pilbeam, David. *The Ascent of Man: An Introduction to Human Evolution.* New York: Macmillan Publishing Co. 1969.

Pitul'ko, Vladimir V. "An Early Holocene Site in the Siberian High Arctic." *Arctic Anthropology* 30, no. 1 (1993): 13–21.

———. "Terminal Pleistocene—Early Holocene Occupation in Northeast Asia and the Zhokhov Assemblage." *Quaternary Science Reviews* 20, nos. 1–3 (2001): 267–275.

Pitul'ko, V. V., and A. K. Kasparov. "Ancient Arctic Hunters: Material Culture and Survival Strategy." *Arctic Anthropology* 33 (1996): 1–36.

Pitulko, V. V., P. A. Nikolski, E. Yu. Girya, A. E. Basilyan, V. E. Tumskoy, S. A. Koulakov, S. N. Astakhov, E. Yu. Pavlova, and M. A. Anisimov. "The Yana RHS Site: Humans in the Arctic before the Last Glacial Maximum." *Science* 303 (2004): 52–56.

Potts, R., and P. Shipman. "Cutmarks Made by Stone Tools on Bones from Olduvai Gorge, Tanzania." *Nature* 291 (1981): 577–580.

Powers, William Roger. "Paleolithic Man in Northeast Asia." *Arctic Anthropology* 10, no. 2 (1973): 1–106.

Powers, William R., and John F. Hoffecker. "Late Pleistocene Settlement in the Nenana Valley, Central Alaska." *American Antiquity* 54, no. 2 (1989): 263–287.

Powers, W. R., and R. H. Jordan. "Human Biogeography and Climate Change in Siberia and Arctic North America in the Fourth and Fifth Millennia BP." *Philosophical Transactions of the Royal Society London A* 330 (1990): 665–670.

Praslov, N. D. "Paleolithic Cultures in the Late Pleistocene." In *Late Quaternary Environments of the Soviet Union,* edited by A. A. Velichko, 313–318. Minneapolis: University of Minnesota Press, 1984.

Prokof'yeva, E. D. "The Nentsy." In *The Peoples of Siberia,* edited by M. G. Levin and L. P. Potapov, 547–570. Chicago: University of Chicago Press, 1964.

Puech, P. F., A. Prone, and R. Kraatz. "Microscopie de l'Usure Dentaire chez l'Homme Fossile: Bol Alimentaire et Environnement." *CRASP* 290 (1980): 1413–16.

Rainey, Froelich G. "Eskimo Prehistory: The Okvik Site on the Punuk Islands." *Anthropological Papers of the American Museum of Natural History* 37, no. 4 (1941): 443–569.

Raynal, Jean-Paul, Lionel Magoga, and Peter Bindon. "Tephrofacts and the First Human Occupation of the French Massif Central." In *The Earliest Occupation of Europe,* edited by W. Roebroeks and T. van Kolfschoten, 129–146. Leiden: University of Leiden, 1995.

Renouf, M.A.P. "Northern Coastal Hunter-Fishers: An Archaeological Model." *World Archaeology* 16, no. 1 (1984): 18–27.

Richards, Michael P., Paul B. Pettitt, Mary C. Stiner, and Erik Trinkaus. "Stable Isotope Evidence for Increasing Dietary Breadth in the European Mid-Upper Paleolithic." *Proceedings of the National Academy of Sciences* 98 (2001): 6528–32.

Richards, M. P., P. B. Pettitt, E. Trinkaus, F. H. Smith, M. Paunovic, and I. Karavanic. "Neanderthal Diet at Vindija and Neanderthal Predation: The Evidence from Stable Isotopes." *Proceedings of the National Academy of Sciences* 97, no. 13 (2000): 7663–66.

Rightmire, G. Philip. *The Evolution of* Homo erectus: *Comparative Anatomical Studies of an Extinct Human Species.* Cambridge: Cambridge University Press, 1990.

———. "Human Evolution in the Middle Pleistocene: The Role of *Homo heidelbergensis.*" *Evolutionary Anthropology* 6, no. 6 (1998): 218–227.

———. "Patterns of Hominid Evolution and Dispersal in the Middle Pleistocene." *Quaternary International* 75 (2001): 77–84.

Roberts, D. F. "Body Weight, Race, and Climate." *American Journal of Physical Anthropology* 11 (1953): 533–558.

———. *Climate and Human Variability.* Reading: Addison-Wesley, 1973.

Roberts, M. B., and S. A. Parfitt, eds. *Boxgrove: A Middle Pleistocene Hominid Site at Eartham Quarry, Boxgrove, West Sussex.* English Heritage Archaeological Report no. 17. 1999.

Roberts, M. B., C. B. Stringer, and S. A. Parfitt. "A Hominid Tibia from Middle Pleistocene Sediments at Boxgrove, UK." *Nature* 369 (1994): 311–313.

Roberts, Neil. *The Holocene: An Environmental History*. 2nd ed. Oxford: Blackwell Publishers, 1998.

Roberts, R. G., R. Jones, N. A. Spooner, M. J. Head, A. S. Murray, and M. A. Smith. "The Human Colonisation of Australia: Optical Dates of 53,000 and 60,000 Years Bracket Human Arrival at Deaf Adder Gorge, Northern Territory." *Quaternary Science Reviews* 13 (1994): 575–586.

Robinson, John T. "Adaptive Radiation in the Australopithecines and the Origin of Man." In *African Ecology and Human Evolution*, edited by F. C. Howell and F. Bourliere, 385–416. Chicago: Aldine, 1963.

Rodman, Peter S., and Henry M. McHenry. "Bioenergetics of Hominid Bipedalism." *American Journal of Physical Anthropology* 52 (1980): 103–106.

Roe, Derek. "The Orce Basin (Andalucia, Spain) and the Initial Palaeolithic of Europe." *Oxford Journal of Archaeology* 14 (1995): 1–12.

Roebroeks, W. "Archaeology and Middle Pleistocene Stratigraphy: The Case of Maastricht-Belvédère (NL)." In *Chronostratigraphie et Faciès Culturels du Paléolithiqure Inférieur et Moyen dans l'Europe de Nord-Ouest*, edited by A. Tuffreau and J. Somme, 81–86. Paris: Supplement au Bulletin de l'Association Française pour l'Étude du Quaternaire, 1986.

Roebroeks, Wil, Nicholas J. Conard, and Thijs van Kolfschoten. "Dense Forests, Cold Steppes, and the Palaeolithic Settlement of Northern Europe." *Current Anthropology* 33 (1992): 551–586.

Roebroeks, Wil, J. Kolen, and E. Rensink. "Planning Depth, Anticipation, and the Organization of Middle Palaeolithic Technology: The 'Archaic Natives' Meet Eve's Descendents." *Helinium* 28, no. 1 (1988): 17–34.

Roebroeks, Wil, and Thijs van Kolfschoten. "The Earliest Occupation of Europe: A Reappraisal of Artefactual and Chronological Evidence." In *The Earliest Occupation of Europe*, edited by W. Roebroeks and T. van Kolfschoten, 297–315. Leiden: University of Leiden, 1995.

Rogachev, A. N., and Sinitsyn, A. A. "Kostenki 15 (Gorodtsovskaya Stoyanka)." In *Paleolit Kostenkovsko-Borshchevskogo Raiona na Donu 1879–1979*, edited by N. D. Praslov and A. N. Rogachev, 162–171. Leningrad: Nauka, 1982.

Rolland, Nicholas, and Harold L. Dibble. "A New Synthesis of Middle Paleolithic Variability." *American Antiquity* 55 (1990): 480–499.

Roth, Henry Lee. *The Aborigines of Tasmania*. London: Kegan Paul, Trench, Trubner, 1890.

Rudenko, S. I. "The Ancient Culture of the Bering Sea and the Eskimo Problem." *Arctic Institute of North America, Anthropology of the North, Translations from Russian Sources*, no. 1. 1961.

Ruff, Christopher. "Climate, Body Size, and Body Shape in Human Evolution." *Journal of Human Evolution* 21 (1991): 81–105.

Sablin, Mikhail V., and Gennady A. Khlopachev. "The Earliest Ice Age Dogs: Evidence from Eliseevichi I." *Current Anthropology* 43, no. 5 (2002): 795–799.

Sahlins, Marshall. *Culture and Practical Reason.* Chicago: University of Chicago Press, 1976.

Sahnouni, M., and J. de Heinzelin. "The Site of Aïn Hanech Revisited: New Investigations at This Lower Pleistocene Site in Northern Algeria." *Journal of Archaeological Science* 25 (1998): 1083–1101.

Saragusti, Idit, and Naama Goren-Inbar. "The Biface Assemblage from Gesher Benot Ya'aqov, Israel: Illuminating Patterns in 'Out of Africa' Dispersal." *Quaternary International* 75 (2001): 85–89.

Sarich, V. M., and A. C. Wilson. "Immunological Time Scale for Hominid Evolution." *Science* 158 (1967): 1200–1203.

Schaffel, Kenneth. *The Emerging Shield: The Air Force and the Evolution of Continental Air Defense, 1945–1960.* Washington, DC: Office of Air Force History, 1991.

Schick, Kathy D., and Nicholas Toth. *Making Silent Stones Speak: Human Evolution and the Dawn of Technology.* New York: Simon and Schuster, 1993.

Schledermann, Peter. "Ellesmere: Vikings in the Far North." In *Vikings: The North Atlantic Saga,* edited by W. W. Fitzhugh and E. I. Ward, 248–256. Washington, DC: Smithsonian Institution Press, 2000.

———. "Preliminary Results of Archaeological Investigations in the Bache Peninsula Region, Ellesmere Island, N.W.T." *Arctic* 31, no. 4 (1978): 459–474.

Scott, G. Richard, Scott Legge, Robert W. Lane, Susan L. Steen, and Steven R. Street. "Physical Anthropology of the Arctic." In *The Arctic: Environment, People, Policy,* edited by M. Nuttall and T. V. Callaghan, 339–373. Amsterdam: Harwood Academic Publishers, 2000.

Scott, Katherine. "Mammoth Bones Modified by Humans: Evidence from La Cotte de St. Brelade, Jersey, Channel Islands." In *Bone Modification,* edited by R. Bonnichsen and M. H. Sorg, 335–346. Orono, ME: Center for the Study of the First Americans, 1989.

Semenov, S. A. *Prehistoric Technology.* Translated by M. W. Thompson. New York: Barnes and Noble, 1964.

Shackleton, N. J., and N. D. Opdyke. "Oxygen Isotope and Paleomagnetic Stratigraphy of Equatorial Pacific Core V28-238: Temperatures and Ice Volumes on a 10^3 and 10^6 Year Scale." *Quaternary Research* 3 (1973): 39–55.

Shea, John J. "Spear Points from the Middle Paleolithic of the Levant." *Journal of Field Archaeology* 15 (1988): 441–450.

Shen, Guanjun, Wei Wang, Qian Wang, Jianxin Zhao, Kenneth Collerson, Chunlin Zhou, and Phillip V. Tobias. "U-Series Dating of Liujiang Hominid Site in Guangxi, Southern China." *Journal of Human Evolution* 43 (2002): 817–829.

Shipman, Pat. "Scavenging or Hunting in Early Hominids." *American Anthropologist* 88 (1986): 27–43.

Shipman, P., and J. Rose. "Evidence of Butchery and Hominid Activities at Torralba and Ambrona: An Evaluation Using Microscopic Techniques." *Journal of Archaeological Science* 10 (1983): 465–474.

Shovkoplyas, I. G. *Mezinskaya Stoyanka.* Kiev: Naukova Dumka, 1965.

Simonsen, Povl. "Varanger-Funnene II. Fund og Udgravninger pa Fjordens Sydkyst." *Tromsø Museums Skrifter* 7, no. 2 (1961).

———. "When and Why Did Occupational Specialization Begin at the Scandinavian North Coast?" In *Prehistoric Maritime Adaptations of the Circumpolar Zone,* edited by W. Fitzhugh, 75–85. The Hague: Mouton Publishers, 1975.

Singer, Ronald, Bruce G. Gladfelter, and John J. Wymer. *The Lower Paleolithic Site at Hoxne, England.* Chicago: University of Chicago Press, 1993.

Sinitsyn, A. A. "Nizhnie Kul'turnye Sloi Kostenok 14 (Markina Gora) (Raskopki 1998–2001 gg.)." In *Kostenki v Kontekste Paleolita Evrazii,* edited by A. A. Sinitsyn, V. Ya. Sergin, and J. F. Hoffecker, 219–236. Saint Petersburg: Russian Academy of Sciences, 2002.

Soffer, Olga. *The Upper Paleolithic of the Central Russian Plain.* San Diego: Academic Press, 1985.

Soffer, Olga, J. M. Adovasio, and D. C. Hyland. "The 'Venus' Figurines: Textiles, Basketry, Gender, and Status in the Upper Paleolithic." *Current Anthropology* 41, no. 4 (2000): 511–537.

Soffer, Olga, Pamela Vandiver, Bohuslav Klima, and Jiří Svoboda. "The Pyrotechnology of Performance Art: Moravian Venuses and Wolverines." In *Before Lascaux: The Complex Record of the Early Upper Paleolithic,* edited by H. Knecht, A. Pike-Tay, and R. White, 259–275. Boca Raton, FL: CRC Press, 1993.

Solbakk, Aage, ed. *The Sami People.* Karasjok, Norway: Sámi Instituhtta/Davvi Girji O.S., 1990.

Solecki, Ralph S. *Shanidar, the First Flower People.* New York: Alfred Knopf, 1971.

Sommer, Jeffrey D. "The Shanidar IV 'Flower Burial': A Re-evaluation of Neanderthal Burial Ritual." *Cambridge Archaeological Journal* 9, no. 1 (1999): 127–129.

Spoonheimer, Matt, and Julia A. Lee-Thorp. "Isotopic Evidence for the Diet of an Early Hominid, *Australopithecus africanus.*" *Science* 283 (1999): 368–370.

Spoor, F., B. Wood, and F. Zonneveld. "Implications of Early Hominid Labyrinthine Morphology for Evolution of Human Bipedal Locomotion." *Nature* 369 (1994): 645–648.

Stanford, Dennis J. *The Walakpa Site, Alaska: Its Place in the Birnirk and Thule Cultures.* Smithsonian Contributions to Anthropology no. 20. 1976.

Stiner, Mary C. *Honor among Thieves: A Zooarchaeological Study of Neandertal Ecology.* Princeton: Princeton University Press, 1994.

Stiner, M. C., N. D. Munro, T. A. Surovell, E. Tchernov, and O. Bar-Yosef. "Paleolithic Population Growth Pulses Evidenced by Small Animal Exploitation."

Science 283 (1999): 190–194.

Straus, Lawrence Guy. *Iberia before the Iberians: The Stone Age Prehistory of Cantabrian Spain*. Albuquerque: University of New Mexico Press, 1992.

———. "The Upper Paleolithic of Europe: An Overview." *Evolutionary Anthropology* 4, no. 1 (1995): 4–16.

Stringer, C. B. "Secrets of the Pit of the Bones." *Nature* 362 (1993): 501–502.

Stringer, C. B., and E. Trinkaus. "The Human Tibia from Boxgrove." In *Boxgrove: A Middle Pleistocene Hominid Site at Eartham Quarry, Boxgrove, West Sussex,* edited by M. B. Roberts and S. A. Parfitt, 420–422. English Heritage Archaeological Report no. 17. 1999.

Stringer, Christopher, and Clive Gamble. *In Search of the Neanderthals: Solving the Puzzle of Human Origins*. New York: Thames and Hudson, 1993.

Stringer, Christopher, and Robin McKie. *African Exodus: The Origins of Modern Humanity*. New York: Henry Holt and Co., 1996.

Sugiyama, Yukimaru. "Social Tradition and the Use of Tool-Composites by Wild Chimpanzees." *Evolutionary Anthropology* 6, no. 1 (1997): 23–27.

Sulimirski, Tadeusz. *Prehistoric Russia: An Outline*. London: John Baker, 1970.

Sumner, D. S., T. L. Criblez, and W. H. Doolittle. "Host Factors in Human Frostbite." *Military Medicine* 139 (1974): 454–461.

Susman, R. L., and J. T. Stern. "Functional Morphology of *Homo habilis*." *Science* 217 (1982): 931–934.

Susman, R. L., J. T. Stern, and W. L. Jungers. "Arboreality and Bipedality in the Hadar Hominids." *Folia Primatologica* 43 (1984): 113–156.

Sutherland, Patricia. 2000. "The Norse and Native North Americans." In *Vikings: The North Atlantic Saga,* edited by W. W. Fitzhugh and E. I. Ward, 238–247. Washington, DC: Smithsonian Institution Press, 2000.

Svoboda, Jiří, Vojen Ložek, and Emanuel Vlček. *Hunters between East and West: The Paleolithic of Moravia*. New York: Plenum Press, 1996.

Swisher, C. C., G. H. Curtis, T. Jacob, A. G. Getty, A. Suprijo, and Widiasmoro. "Age of the Earliest Known Hominids in Java, Indonesia." *Science* 263 (1994): 1118–21.

Swisher, Carl C., Garniss H. Curtis, and Roger Lewin. *Java Man*. New York: Scribner, 2000.

Szathmary, Emőke J. E. "Human Biology of the Arctic." In *Handbook of the North American Indian,* vol. 5, *Arctic,* edited by D. Damas, 64–71. Washington, DC: Smithsonian Institution, 1984.

Tarasov, L. M. *Gagarinskaya Stoyanka i Ee Mesto v Paleolite Evropy*. Leningrad: Nauka, 1979.

Tattersall, Ian. *The Fossil Trail: How We Know What We Think We Know about Human Evolution*. New York: Oxford University Press, 1995.

———. *The Last Neanderthal: The Rise, Success, and Mysterious Extinction of Our Clos-*

est Human Relatives. Rev. ed. Boulder, CO: Westview Press, 1999.

Taylor, R. E. "Radiocarbon Dating: The Continuing Revolution." *Evolutionary Anthropology* 4 (1996): 169–181.

Taylor, William E., and George Swinton. "Prehistoric Dorset Art." *The Beaver* (winter 1967): 32–47.

Teleki, Geza. *The Predatory Behavior of Wild Chimpanzees*. Lewisburg, PA: Bucknell University Press, 1973.

Thieme, Hartmut. "Altpaläolithische Wurfspeere aus Schöningen, Niedersachsen: Ein Vorbericht." *Archäologisches Korrespondenzblatt* 26 (1996): 377–393.

———. "Lower Palaeolithic Hunting Spears from Germany." *Nature* 385 (1997): 807–810.

Thomson, A., and L.H.D. Buxton. "Man's Nasal Index in Relation to Certain Climatic Conditions." *Journal of the Royal Anthropological Institute* 53 (1923): 92–122.

Titon, Jeff Todd, James T. Koetting, David P. McAllester, David B. Reck, and Mark Slobin. *Worlds of Music: An Introduction to the Music of the World's Peoples*. New York: Schirmer Books, 1984.

Torrence, Robin. "Time Budgeting and Hunter-Gatherer Technology." In *Hunter-Gatherer Economy in Prehistory: A European Perspective*, edited by G. Bailey, 11–22. Cambridge: Cambridge University Press, 1983.

Toth, Nicholas. "The Oldowan Reassessed: A Close Look at Early Stone Artifacts." *Journal of Archaeological Science* 12 (1985): 101–120.

Trigger, Bruce G. *A History of Archaeological Thought*. Cambridge: Cambridge University Press, 1989.

Trinkaus, Erik. "Bodies, Brawn, Brains, and Noses: Human Ancestors and Human Predation." In *The Evolution of Human Hunting*, edited by M. Nitecki and D. V. Nitecki, 107–145. New York: Plenum Press, 1987.

———. "Neanderthal Limb Proportions and Cold Adaptation." In *Aspects of Human Evolution*, edited by C. Stringer, 187–224. London: Taylor and Francis, 1981.

———. *The Shanidar Neandertals*. New York: Academic Press, 1983.

Trinkaus, Erik, et al. "An Early Modern Human from the Pestera cu Oase, Romania." *Proceedings of the National Academy of Sciences* 100, no. 20 (2003): 11231–36.

Trinkaus, Erik, and Pat Shipman. *The Neandertals: Of Skeletons, Scientists, and Scandal*. New York: Vintage Books, 1994.

Troeng, John. *Worldwide Chronology of Fifty-three Prehistoric Innovations. Acta Archaeologica Lundensia* 8, no. 21 (1993).

Tuffreau, Alain, and Pierre Antoine. "The Earliest Occupation of Europe: Continental Northwestern Europe." In *The Earliest Occupation of Europe*, edited by W. Roebroeks and T. van Kolfschoten, 147–163. Leiden: University of Leiden, 1995.

Tuffreau, A., P. Antoine, P. Chase, H. L. Dibble, B. B. Ellwood, Th. Van Kolfschoten, A. Lamotte, M. Laurent, S. P. McPherron, A.-M. Moigne, and A. V. Munaut. "Le Gisement Acheuléen de Cagny-L'Epinette (Somme)." *Bulletin de la Société Préhistorique Française* 92 (1995): 169–199.

Turner, Alan. "Large Carnivores and Earliest European Hominids: Changing Determinants of Resource Availability during the Lower and Middle Pleistocene." *Journal of Human Evolution* 22 (1992): 109–126.

Turner, Christy G. "Teeth, Needles, Dogs, and Siberia: Bioarchaeological Evidence for the Colonization of the New World." In *The First Americans,* 123–158. Memoirs of the California Academy of Sciences no. 27. 2002.

Turner, Elaine. "The Problems of Interpreting Hominid Subsistence Strategies at Lower Palaeolithic Sites—a Case Study from the Central Rhineland of Germany." In *Hominid Evolution: Lifestyles and Survival Strategies,* edited by H. Ullrich, 365–382. Gelsenkirchen-Schwelm: Edition Archaea, 1999.

Turner, Victor. *The Forest of Symbols: Aspects of Ndembu Ritual.* Ithaca, NY: Cornell University Press, 1967.

Tuttle, Russell H. *Apes of the World: Their Social Behavior, Communication, Mentality, and Ecology.* Park Ridge, NJ: Noyes Publications, 1986.

———. "Knuckle-walking and the Problems of Human Origins." *Science* 166 (1969): 953–961.

Valoch, Karel. "The Earliest Occupation of Europe: Eastern Central and Southeastern Europe." In *The Earliest Occupation of Europe,* edited by W. Roebroeks and T. van Kolfschoten, 67–84. Leiden: University of Leiden, 1995.

Vandiver, Pamela P., Olga Soffer, Bohuslav Klima, and Jiři Svoboda. "The Origins of Ceramic Technology at Dolni Vestonice, Czechoslovakia." *Science* 246 (1989): 1002–1008.

Vasil'ev, Sergey A. "The Final Paleolithic in Northern Asia: Lithic Assemblage Diversity and Explanatory Models." *Arctic Anthropology* 38, no. 2 (2001): 3–30.

Vekua, Abesalom, et al. "A New Skull of Early *Homo* from Dmanisi, Georgia." *Science* 297 (2002): 85–89.

Velichko, A. A. "Late Pleistocene Spatial Paleoclimatic Reconstructions." In *Late Quaternary Environments of the Soviet Union,* edited by A. A. Velichko, 261–285. Minneapolis: University of Minnesota Press, 1984.

———. "Loess-Paleosol Formation on the Russian Plain." *Quaternary International* 7/8 (1990): 103–114.

Velichko, A. A., A. B. Bogucki, T. D. Morozova, V. P. Udartsev, T. A. Khalcheva, and A. I. Tsatkin. "Periglacial Landscapes of the East European Plain." In *Late Quaternary Environments of the Soviet Union,* edited by A. A. Velichko, 94–118. Minneapolis: University of Minnesota Press, 1984.

Vereshchagin, N. K., and G. F. Baryshnikov. "Paleoecology of the Mammoth Fauna in the Eurasian Arctic." In *Paleoecology of Beringia,* edited by D. M. Hopkins, J. V. Matthews, C. E. Schweger, and S. B. Young, 267–279. New York: Academic Press, 1982.

Vereshchagin, N. K., and Kuz'mina, I. E. "Ostatki Mlekopitayushchikh iz Paleoliticheskikh Stoyanok na Donu i Verkhnei Desne." *Trudy Zoologicheskogo Instituta AN SSSR* 72 (1977): 77–110.

Villa, Paola. "Early Italy and the Colonization of Western Europe." *Quaternary International* 75 (2001): 113–130.

———. *Terra Amata and the Middle Pleistocene Archaeological Record of Southern France.* Berkeley: University of California Press, 1983.

Villa, P., and F. Bon. "Fire and Fireplaces in the Lower, Middle and Early Upper Paleolithic of Western Europe." *Journal of Human Evolution* 42, no. 3 (2002): A37–A38.

Vlček, Emanuel. "Patterns of Human Evolution." In *Hunters between East and West: The Paleolithic of Moravia,* by J. Svoboda, V. Ložek, and E. Vlček, 37–74. New York: Plenum Press, 1996.

Vorren, Ørnulv. *Norway North of 65.* Oslo: Oslo University Press, 1960.

Wahlgren, Erik. *The Vikings and America.* London: Thames and Hudson, 1986.

Walker, Alan, and Pat Shipman. *The Wisdom of the Bones: In Search of Human Origins.* New York: Alfred A. Knopf, 1996.

Walker, Alan, and Mark Teaford. "Inferences from Quantitative Analysis of Dental Microwear." *Folia Primatologica* 53 (1989): 177–189.

Waters, Michael R., Steven L. Forman, and James M. Pierson. "Diring Yuriakh: A Lower Paleolithic Site in Central Siberia." *Science* 275 (1997): 1281–1284.

West, Frederick Hadleigh. *The Archaeology of Beringia.* New York: Columbia University Press, 1981.

West, Frederick Hadleigh, ed. *American Beginnings: The Prehistory and Palaeoecology of Beringia.* Chicago: University of Chicago Press, 1996.

Whallon, Robert. "Elements of Cultural Change in the Later Paleolithic." In *The Human Revolution,* edited by P. Mellars and C. Stringer, 433–454. Princeton: Princeton University Press, 1989.

White, Leslie A. "On the Use of Tools by Primates." *Journal of Comparative Psychology* 34 (1942): 369–374.

———. *The Science of Culture: A Study of Man and Civilization.* New York: Grove Press, 1949.

Whittaker, Robert H. *Communities and Ecosystems.* 2nd ed. New York: Macmillan Publishing Co., 1975.

Wiessner, Polly. "Risk, Reciprocity, and Social Influences on !Kung San Economics." In *Politics and History in Band Societies,* edited by E. Leacock and R. B. Lee, 61–84. Cambridge: Cambridge University Press, 1982.

Wilmsen, Edwin N. "Interaction, Spacing Behavior, and the Organization of Hunting Bands." *Journal of Anthropological Research* 29 (1973): 1–31.

Winterhalder, Bruce. "Diet Choice, Risk, and Food Sharing in a Stochastic Environment." *Journal of Anthropological Archaeology* 5 (1986): 369–392.

Woillard, G. "Grande Pile Peat Bog: A Continuous Pollen Record for the Last 140,000 Years." *Quaternary Research* 9 (1978): 1–21.

Wolpoff, Milford H. *Paleoanthropology*. 2nd ed. Boston: McGraw-Hill, 1999.

Wood, B. "Origin and Evolution of the Genus *Homo.*" *Nature* 355 (1982): 783–790.

Wright, Jr., H. E., J. E. Kutzbach, T. Webb III, W. F. Ruddimann, F. A. Street-Perrott, and P. J. Bartlein, eds. *Global Climates since the Last Glacial Maximum.* Minneapolis: University of Minnesota Press, 1993.

Wymer, John J., and Ronald Singer. "Flint Industries and Human Activity." In *The Lower Paleolithic Site at Hoxne, England,* edited by R. Singer, B. G. Gladfelter, and J. J. Wymer, 74–128. Chicago: University of Chicago Press, 1993.

Wynn, Thomas G. "The Evolution of Tools and Symbolic Behaviour." In *Handbook of Human Symbolic Evolution,* edited by Andrew Lock and Charles R. Peters, 263–287. Oxford: Blackwell Publishers, 1999.

———. "Handaxe Enigmas." *World Archaeology* 27, no. 1 (1995): 10–24.

———. "Piaget, Stone Tools, and the Evolution of Human Intelligence." *World Archaeology* 17, no. 1 (1985): 32–43.

Yesner, David R. "Human Dispersal into Interior Alaska: Antecedent Conditions, Mode of Colonization, and Adaptations." *Quaternary Science Reviews* 20, nos. 1–3 (2001): 315–327.

Young, Steven B. *To the Arctic: An Introduction to the Far Northern World.* New York: John Wiley and Sons, 1994.

Zagorska, Ilga, and Francis Zagorskis. "The Bone and Antler Inventory from Zvejnieki II, Latvian SSR." In *The Mesolithic in Europe,* edited by C. Bonsall, 414–423. Edinburgh: John Donald Publishers, 1989.

Zaloga, S. J. *Target America: The Soviet Union and the Strategic Arms Race, 1945–1964.* Novato: Presidio Press, 1993.

Zavernyaev, F. M. *Khotylevskoe Paleoliticheskoe Mestonakhozhdenie.* Leningrad: Nauka, 1978.

Zhu, R. X., K. A. Hoffman, R. Potts, C. L. Deng, Y. X. Pan, B. Guo, C. D. Shi, Z. T. Guo, B. Y. Yuan, Y. M. Hou, and W. W. Huang. "Earliest Presence of Humans in Northeast Asia." *Nature* 413 (2001): 413–417.

图书在版编目（CIP）数据

北极史前史：人类在高纬度地区的定居／（美）约翰·F. 霍菲克尔（John F. Hoffecker）著；崔艳嫣，周玉芳，曲枫译. -- 北京：社会科学文献出版社，2020.5（2021.4 重印）
（北冰洋译丛）
书名原文：A Prehistory of the North：Human Settlement of the Higher Latitudes
ISBN 978-7-5201-5938-8

Ⅰ.①北… Ⅱ.①约… ②崔… ③周… ④曲… Ⅲ.①北极-古人类学-研究 Ⅳ.①Q981

中国版本图书馆 CIP 数据核字（2020）第 010335 号

北冰洋译丛
北极史前史
——人类在高纬度地区的定居

著　　者／［美］约翰·F. 霍菲克尔（John F. Hoffecker）
译　　者／崔艳嫣　周玉芳　曲　枫

出 版 人／王利民
组稿编辑／张晓莉　叶　娟
责任编辑／叶　娟
文稿编辑／肖世伟

出　　版／社会科学文献出版社·国别区域分社（010）59367078
地址：北京市北三环中路甲 29 号院华龙大厦　邮编：100029
网址：www.ssap.com.cn
发　　行／市场营销中心（010）59367081　59367083
印　　装／北京玺诚印务有限公司

规　　格／开　本：787mm×1092mm　1/16
印　张：16.5　字　数：202 千字
版　　次／2020 年 5 月第 1 版　2021 年 4 月第 2 次印刷
书　　号／ISBN 978-7-5201-5938-8
著作权合同登记号／图字 01-2019-3673 号
定　　价／98.00 元